Teubner Studienbücher Chemie

S. Hauptmann
Reaktion und Mechanismus
in der organischen Chemie

Teubner Studienbücher Chemie

Herausgegeben von

Prof. Dr. rer. nat. Christoph Elschenbroich, Marburg
Prof. Dr. rer. nat. Friedrich Hensel, Marburg
Prof. Dr. phil. Henning Hopf, Braunschweig

Die Studienbücher der Reihe Chemie sollen in Form einzelner Bausteine grundlegende und weiterführende Themen aus allen Gebieten der Chemie umfassen. Sie streben nicht die Breite eines Lehrbuchs oder einer umfangreichen Monographie an, sondern sollen den Studenten der Chemie — aber auch den bereits im Berufsleben stehenden Chemiker — kompetent in aktuelle und sich in rascher Entwicklung befindende Gebiete der Chemie einführen. Die Bücher sind zum Gebrauch neben der Vorlesung, aber auch — da sie häufig auf Vorlesungsmanuskripten beruhen — anstelle von Vorlesungen geeignet. Es wird angestrebt, im Laufe der Zeit alle Bereiche der Chemie in derartigen Lernbüchern vorzustellen. Die Reihe richtet sich auch an Studenten anderer Naturwissenschaften, die an einer exemplarischen Darstellung der Chemie interessiert sind.

Reaktion und Mechanismus in der organischen Chemie

Von Prof. Dr. rer. nat. Siegfried Hauptmann
Universität Leipzig

B. G. Teubner Stuttgart 1991

Prof. Dr. rer. nat. Siegfried Hauptmann

Geboren 1931 in Dürrhennersdorf, Kreis Löbau in Sachsen. Studium der Chemie an der Universität Leipzig. Promotion 1958 bei W. Treibs mit einer Arbeit über Synthesen ausgehend von Dicarbonsäuren. Habilitation 1961 für das Fach Organische Chemie und Ernennung zum Dozenten. Seit 1969 ordentlicher Professor an der Universität Leipzig. Von 1963 bis 1967 Gastprofessor an mehreren Universitäten Südamerikas, Ehrenprofessor der Universidad Tomás Frías Potosí/Bolivien.

Die Deutsche Bibliothek — CIP-Einheitsaufnahme

Hauptmann, Siegfried:
Reaktion und Mechanismus in der organischen Chemie / von Siegfried Hauptmann. — Stuttgart : Teubner, 1991
  (Teubner-Studienbücher : Chemie)
  ISBN 978-3-519-03515-2   ISBN 978-3-322-94724-6 (eBook)
  DOI 10.1007/978-3-322-94724-6

Einband: P.P.K,S — Konzepte T. Koch, Ostfildern/Stuttgart

Vorwort

Wegen der praktisch unbegrenzten Menge der chemischen Verbindungen ist auch die Anzahl der möglichen chemischen Reaktionen unendlich groß. Jede von ihnen hat individuelle Reaktions- und Aktivierungsparameter sowie einen charakteristischen Mechanismus. Im vorliegenden Buch erfolgt eine Beschränkung auf die wichtigsten Typen der organisch-chemischen Reaktionen. Es wird versucht darzulegen, wie die Struktur der Edukte und die Reaktionsbedingungen den Reaktionsmechanismus (Reaktionsablauf, Reaktionsweg) und damit die Struktur der Produkte determinieren. Die Aufklärung des Mechanismus der Reaktionen bildet somit die wesentlichste Voraussetzung für die Planung von regio- und stereokontrollierten Synthesewegen, die 50 und mehr Syntheseschritte umfassen können. Die Ausarbeitung derartiger Synthesen ist eine der gegenwärtigen Hauptentwicklungsrichtungen der organischen Chemie.
Für Studenten ist die Kenntnis der Mechanismen der wichtigsten Reaktionstypen deswegen von großer Bedeutung, weil dadurch der Einblick in Zusammenhänge zwischen ganz unterschiedlichen Reaktionen ermöglicht wird, z.B. zwischen Cycloadditionen und sigmatropen Umlagerungen. Andererseits sind die Reaktionen organischer Verbindungen so zahlreich, und laufend werden noch neue entdeckt, daß ihr Mechanismus als Ordnungsprinzip für die organische Chemie allein nicht ausreichend ist.
In diesem Buch wird zuerst die Sonderstellung des Elementes Kohlenstoff erklärt. Davon ausgehend werden im Abschnitt 2 die Grundbegriffe der elektronischen Struktur organischer Verbindungen behandelt. Es folgen im Abschnitt 3 die Grundbegriffe der Reaktionen organischer Verbindungen.
Im Abschnitt 4, dem Hauptteil des Buches, werden die Mechanismen der wichtigsten Reaktionstypen beschrieben. Im Abschnitt 5 schließlich wird die Aufklärung des Mechanismus einiger ausgewählter Reaktionen detailliert erläutert.
Das Buch hat den Charakter einer Einführung. Dementsprechend werden die Zusammenhänge an möglichst einfachen und typischen Beispielen erläutert. Zur Vertiefung wird auf weiterführende Literatur verwiesen.
Für helfende Diskussionen und Hinweise bin ich Prof. Dr. H. Hopf, Technische Universität Braunschweig, zu großem Dank verpflichtet. Den Mitarbeitern des Verlages B. G. Teubner Stuttgart danke ich für die gute Zusammenarbeit.

Leipzig, im März 1991   Siegfried Hauptmann

Inhaltsverzeichnis

Folgende Abkürzungen werden benutzt:

    Me   für Methyl
    Et   für Ethyl
    Bu   für Butyl
    Ph   für Phenyl
    Ar   für Aryl
    Ac   für Acetyl
    Tos   für Tosyl (p-Toluensulfonyl)

1 Die Sonderstellung des Elementes Kohlenstoff

Alle organischen Verbindungen enthalten Kohlenstoff als charakteristischen Bestandteil. Viele ihrer Eigenschaften und Reaktionen lassen sich daher aus dem Bau der Kohlenstoffatome oder, was eine Folge davon ist, aus der Mittelstellung des Kohlenstoffs im Periodensystem der Elemente erklären (s. Abb. 1).

0	1 2 3	4	5 6 7	8
He	H·			·He·
Ne	Li· ·Be· ·Ḃ·	·Ç·	·N̈· :Ö: :F̈:	:N̈e:
	Na· ·Mg· ·A̤l·	·Si·	·P̈· :S̈: :C̈l:	:Är:
	Metalle	metallische und nichtmetallische Modifikation	Nichtmetalle	
	Kationenbildner	elektroneutral	Anionenbildner	
	Na^+ Mg^{2+} Al^{3+}		P^{3-} S^{2-} Cl^-	
	Basestärke der Hydroxide		Säurestärke der Wasserstoffverbindungen	

Abb. 1. Stellung des Kohlenstoffs im Periodensystem der Elemente

Die Atome der Elemente der ersten Achterperiode verfügen über vier Valenzorbitale, ein s- und drei p-Orbitale. Links vom Kohlenstoff herrscht Elektronenmangel, die Anzahl der Valenzelektronen ist kleiner als die Anzahl der Valenzorbitale. Diese Elemente bilden durch Abgabe von Elektronen Kationen, wobei die dazu erforderliche Energie, die Ionisierungsenergie E_I, immer größer wird. Die Ursache dafür ist, daß bei der Bildung des Li^+-Ions aus dem Li-Atom das Valenzelektron lediglich die anziehende Kraft einer positiven Kernladung zu überwinden hat (E_I = 5,39 eV). Bei der Bildung des Be^{2+}-Ions muß das zweite Valenzelektron gegen die anziehende Kraft von zwei positiven Kernladungen entfernt werden (E_I = 18,21 eV). Die Entstehung von B^{3+}- oder gar von C^{4+}-Ionen erfordert noch mehr Energie.

Demgegenüber herrscht rechts vom Kohlenstoff Elektronenüberschuß, die Anzahl der Valenzelektronen ist größer als die Anzahl der Valenzorbitale. Diese Elemente bilden durch Aufnahme von Elektronen Anionen, die dabei freiwerdende Energie nennt man Elektronenaffinität E_E, sie beträgt z.B. bei der Entstehung eines F^--Ions aus einem F-Atom 3,57 eV. Dagegen ist zur Bildung des O^{2-}-Ions Energie erforderlich, denn das zweite Elektron muß gegen die abstoßende Kraft des schon vorhandenen zusätzlichen Elektrons im O^--Ion untergebracht werden (E_E = -8,48 eV). Noch ungünstiger liegen die Verhältnisse bei der Bildung von N^{3-}- und C^{4-}-Ionen. Allerdings kommen C^{4-}-Ionen in den Ionengittern des Aluminiumcarbids Al_4C_3 und des Berylliumcarbids Be_2C vor.

Auf die Elemente der zweiten Achterperiode lassen sich diese energetischen Betrachtungen sinngemäß übertragen (s. Abb. 1).

Bestrebt, im Verlauf chemischer Reaktionen eine Edelgaskonfiguration (ein Elektronenoktett) zu erlangen, bilden die Metalle Kationen und die Nichtmetalle Anionen, den Elementen der 4. Hauptgruppe aber sind beide Möglichkeiten verwehrt. Diese Elemente, vor allem Kohlenstoff und Silicium, können durch Bildung von Verbindungen eine Edelgaskonfiguration nur erreichen, indem sie kovalente Bindungen (Atombindungen) eingehen, z.B.:

$$\cdot \overset{\cdot\cdot}{\underset{\cdot\cdot}{C}} \cdot \ + \ 4H \cdot \ \longrightarrow \ H : \overset{\overset{\textstyle H}{\cdot\cdot}}{\underset{\underset{\textstyle H}{\cdot\cdot}}{C}} : H$$

$$\cdot \overset{\cdot\cdot}{Si} \cdot \ + \ 4 : \overset{\cdot\cdot}{\underset{\cdot\cdot}{Cl}} \cdot \ \longrightarrow \ : \overset{\cdot\cdot}{\underset{\cdot\cdot}{Cl}} : \overset{\overset{\textstyle :\overset{\cdot\cdot}{Cl}:}{\cdot\cdot}}{\underset{\underset{\textstyle :\overset{\cdot\cdot}{Cl}:}{\cdot\cdot}}{Si}} : \overset{\cdot\cdot}{\underset{\cdot\cdot}{Cl}} :$$

Aufgrund seines Atombaus ist Kohlenstoff vierbindig, und seine Verbindungen sind mit wenigen Ausnahmen nicht aus Ionen aufgebaut. Die Vielfalt der Kohlenstoffverbindungen erklärt sich daraus, daß Kohlenstoffatome auch untereinander kovalente Bindungen eingehen. Dabei können kettenförmige (aliphatische) oder ringförmige (cyclische) Strukturen entstehen.

Das Silicium zeigt in vielen Eigenschaften eine große Ähnlichkeit mit dem Kohlenstoff [1.1]. Jedoch besteht ein besonders tiefgreifender Unterschied, der den Kohlenstoff aus den Elementen der 4. Hauptgruppe heraushebt. Kohlenstoff ist vierbindig, und bei ihm als einem Element der ersten Achterperiode ist keine Oktettüberschreitung möglich, so daß seine maximale Koordinationszahl vier beträgt. Silicium ist zwar ebenfalls vierbindig, aber als Element der zweiten Achterperiode zur Oktettüberschreitung befähigt, und seine maximale Koordinationszahl beträgt sechs, z.B. im Hexafluorosilication SiF_6^{2-}. Die schon bei Raumtemperatur sehr schnell verlaufende Hydrolyse von Tetrachlorsilan $SiCl_4$ beginnt mit der koordinativen Anlagerung von Wasser:

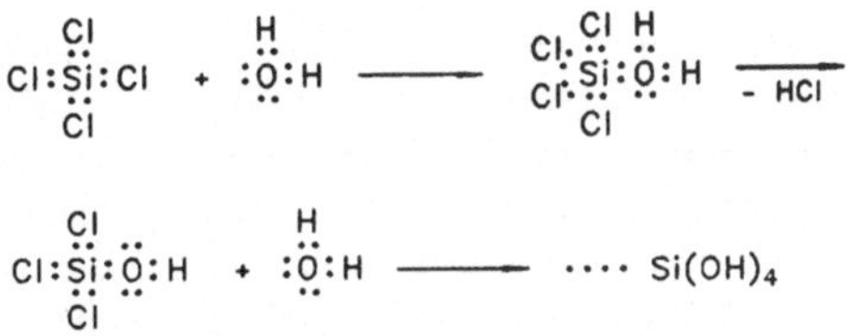

$$Cl\!:\!\overset{\overset{\textstyle Cl}{\cdot\cdot}}{\underset{\underset{\textstyle Cl}{\cdot\cdot}}{Si}}\!:\!Cl \;+\; \overset{\textstyle H}{\underset{}{:\!\overset{\cdot\cdot}{\underset{\cdot\cdot}{O}}\!:\!H}} \longrightarrow \; Cl\cdot\!\!:\!\overset{\overset{\textstyle Cl}{\cdot\cdot}}{\underset{\underset{\textstyle Cl}{}}{Si}}\!:\!\overset{\textstyle H}{\overset{\cdot\cdot}{\underset{\cdot\cdot}{O}}}\!:\!H \;\xrightarrow{\;-\,HCl\;}$$

$$Cl\!:\!\overset{\overset{\textstyle Cl}{\cdot\cdot}}{\underset{\underset{\textstyle Cl}{}}{Si}}\!:\!\overset{\cdot\cdot}{\underset{\cdot\cdot}{O}}\!:\!H \;+\; \overset{\textstyle H}{:\!\overset{\cdot\cdot}{\underset{\cdot\cdot}{O}}\!:\!H} \longrightarrow \;\cdots\; Si(OH)_4$$

Eine derartige Anlagerung ist beim Tetrachlormethan CCl_4 nicht möglich, daher reagiert diese Verbindung unter Normalbedingungen nicht mit Wasser.

Die höheren Homologen des Kohlenstoffs und des Siliciums haben keinen ausgeprägt elektroneutralen Charakter mehr, es sind Metalle (Ge, Sn, Pb). Durch die größere Entfernung der Valenzelektronen vom Atomkern wird die anziehende Kraft geringer, so daß die Bildung von Kationen (z.B. Sn^{2+} und Sn^{4+}) möglich ist.

Die Sonderstellung des Elementes Kohlenstoff beruht darauf, daß die Zahl der Valenzelektronen, die Zahl der Valenzorbitale und die maximale Koordinationszahl gleich sind. In den Verbindungen des Kohlenstoffs liegen überwiegend *kovalente Bindungen* vor. Die Verbindungen sind aus *Molekülen* aufgebaut. Folgende allgemeine Eigenschaften der organischen Verbindungen werden dadurch verursacht:

1. Die meisten Verbindungen sind in festem Zustand nicht aus Ionenkristallen aufgebaut, sondern aus Molekülkristallen. Die Gitterenergie, die im wesentlichen durch die schwachen van der Waals-Kräfte bestimmt wird, ist gering. Daher sind die organischen Verbindungen oft leicht flüchtig und haben relativ niedrige Schmelzpunkte (meist unter 300°C).
2. Die meisten Verbindungen sind Nichtelektrolyte, d. h., ihre Lösungen leiten den elektrischen Strom nicht.
3. Die meisten Verbindungen sind brennbar und besitzen relativ hohe Verbrennungswärmen. Die Bindungsenergie einer Bindung wird bei ihrer Bildung frei, die Bindungsenergien der kovalenten Bindungen sind geringer als die Energien der Bindungen in den Verbrennungsprodukten Kohlendioxid und Wasser. Deshalb sind der Energieinhalt und damit auch die Verbrennungswärme organischer Verbindungen groß.
4. Eine große Anzahl von Verbindungen zeigt eine geringe Widerstandsfähigkeit gegen höhere Temperatur, meist zersetzen sie sich bei starkem Erhitzen, sowie gegen chemische Reagenzien, sie sind sehr wandlungsfähig, und Zahl und Art ihrer Reaktionen sind groß. Die geringeren Bindungsenergien der kovalenten Bindungen haben zur Folge, daß diese Bindungen relativ leicht gespalten werden, z. B. durch Erhitzen oder durch chemische Reagenzien.
5. Während viele Reaktionen der anorganischen Chemie Ionenreaktionen sind und sehr schnell verlaufen, findet man Ionenreaktionen in der organischen Chemie nur selten. Die meisten organisch-chemischen Reaktionen werden durch Zusammenstöße elektrisch neutraler Moleküle eingeleitet. Sie verlaufen

oft sehr langsam und müssen vielfach durch Erhitzen beschleunigt werden. Dadurch entstehen infolge von Zersetzungen unerwünschte, häufig dunkelgefärbte und harzige Nebenprodukte. Wenn bei solchen Reaktionen Ionen auftreten, dann nur als kurzlebige, oft nicht nachweisbare Zwischenstufen. Die einmaligen Eigenschaften des Elementes Kohlenstoff, die durch seinen Atombau bedingt sind, müssen auch als Ursache dafür angesehen werden, daß Kohlenstoffverbindungen die chemische Basis des Lebens bilden. Die Bezeichnung organische Verbindungen besteht in diesem Sinne zu Recht. Es ist unwahrscheinlich, daß auf anderen Himmelskörpern unter anderen Bedingungen andere Elemente die Rolle des Kohlenstoffs in Organismen übernehmen können.

2 Die elektronische Struktur organischer Verbindungen

Unter der elektronischen Struktur von Verbindungen versteht man die Verteilung der Valenzelektronen der Atome in den Molekülen. Sie ermöglicht Erklärungen und Modelle für das Zustandekommen von kovalenten Bindungen. Bereits 1916 zog Lewis das Rutherford-Bohrsche Atommodell (1911 bis 1913) zur Deutung der kovalenten Bindung heran. Danach symbolisiert jeder Valenzstrich in den Konstitutionsformeln ein beiden Bindungspartnern gemeinsames (anteiliges) Elektronenpaar. Als wesentlich leistungsfähiger erwies sich jedoch das wellenmechanische Atommodell (Schrödinger 1926). Auf seiner Grundlage entwickelten Mulliken, Hund und Hückel in den Jahren 1927 bis 1931 die MO-Theorie (Molekülorbital-Theorie) der chemischen Bindung [2.1].

2.1 Grundlagen der MO-Theorie

Wird an eine auf 0,01 Pa evakuierte Entladungsröhre eine genügend hohe Spannung angelegt, so verursacht die von der Katode emittierte negative Elektrizität an der gegenüberliegenden Glaswand eine grüne oder blaue Fluoreszenz. Es hat sich gezeigt, daß man die Eigenschaften dieser negativen Elektrizität nur mit Hilfe zweier verschiedener Modelle vollständig erklären kann. Ihr Verhalten im elektrischen und magnetischen Feld wird mit Hilfe des korpuskularen Modells beschrieben. Danach emittiert die Katode Korpuskeln (Elektronen) der Masse m und der Ladung e mit der Geschwindigkeit v. Ihre Bewegungsgröße ist $B = m\,v$, ihre kinetische Energie $E_k = m/2\,v^2$.

Die Beugungs- und Interferenzerscheinungen der negativen Elektrizität dagegen lassen sich nur mit Hilfe des undulatorischen Modells beschreiben. Danach emittiert die Katode Materiewellen der Wellenlänge λ mit der Fortpflanzungsgeschwindigkeit u. Beide Modelle sind miteinander verknüpft durch die Gleichung von De Broglie:

$$\lambda = \frac{h}{m\,v}$$

h Plancksches Wirkungsquantum

Seit den Streuversuchen von Rutherford ist bekannt, daß die Atomhülle ebenfalls aus negativer Elektrizität besteht. Demzufolge kann auch die Atomhülle entweder korpuskular oder undulatorisch beschrieben werden. Die korpuskulare Beschreibung ist das *Rutherford-Bohrsche Atommodell.* Danach besteht die Atomhülle aus Elektronen, die auf bestimmten Bahnen vom Radius r um den positiv geladenen Kern kreisen, wobei Gleichgewicht zwischen der Zentrifugalkraft $m\,v^2\,/r$ und der elektrostatischen Anziehung e^2/r^2 herrscht. Erheblich leistungsfähiger ist die undulatorische Beschreibung der Atomhülle, das *wellenmechanische Atommodell.* Es besagt, daß die Atomhülle aus dreidimensionalen, stehenden Materiewellen aufgebaut ist. Durch Kombination der d'Alembertschen Differentialgleichung (Wellengleichung) mit der Gleichung von De Broglie kann die Schrödinger-Gleichung abgeleitet werden:

$$(T_{op} + V_{op})\,\Psi = E\,\Psi$$

Darin bedeutet T_{op} den Operator der kinetischen Energie und V_{op} den Operator der potentiellen Energie eines Elektrons. Wenn man T_{op} und V_{op} zum Hamilton-Operator H zusammenfaßt, dann läßt sich die Schrödinger-Gleichung wie folgt schreiben:

$$H\Psi = E\,\Psi$$

2.1.1 Atomorbitale

Das einfachste Atom ist das Wasserstoffatom. Seine Atomhülle enthält nur ein Elektron. *Ein Atomorbital (AO) des Wasserstoffatoms ist eine Eigenfunktion Ψ der Schrödinger-Gleichung in Abhängigkeit von den Koordinaten x, y, und z , wobei der Atomkern (das Proton) im Ursprung des Koordinatensystems liegt.*
Der Parameter E in der Schrödinger-Gleichung kann im Prinzip beliebige Werte haben, physikalisch gesehen gibt er die Gesamtenergie des Elektrons im Wasserstoffatom an. Eine mathematische Eigenschaft derartiger partieller Differentialgleichungen ist jedoch, daß nur zu ganz bestimmten Werten von E, den sogenannten *Eigenwerten,* eine oder mehrere *Eigenfunktionen* Ψ existieren. Durch Lösen der Schrödinger-Gleichung erhält man die Eigenfunktionen Ψ und die dazugehörigen Eigenenergiewerte E. Daraus können dann die Funktionswerte $\Psi(x,y,z)$ für alle Raumpunkte in der Umgebung des Atomkerns berechnet werden. Daß nicht für beliebige, sondern nur für ganz bestimmte E-Werte eindeutige, endliche und stetige Lösungen der Schrödinger-Gleichung existieren, läßt sich physikalisch folgendermaßen erklären.
Bei vielen Schwingungsvorgängen, z. B. einer schwingenden Saite oder einem elektrischen Schwingungskreis, ist das schwingende System durch Randbedingungen in seiner vollen Bewegungsfreiheit beschränkt. Daher kann es nicht in allen Frequenzen schwingen, sondern nur in ganz bestimmten *Eigenfrequenzen.* So sind etwa die beiden Enden einer schwingenden Saite irgendwie befestigt, und es sind prinzipiell nur solche stehenden Wellen

möglich, an deren Enden sich Schwingungsknoten befinden (s. Abb. 2). Die Randbedingung lautet dann: Für $x = 0$ und $x = L$ (L Länge der Saite) ist $\Psi = 0$, und es sind nur stehende Wellen der Wellenlänge $\lambda = 2L/n$, der Frequenz $\nu = n\,u\,/2L$ und der Energie $E = h\,\nu$ möglich, wobei $n = 1, 2, 3, \ldots$ sein kann.

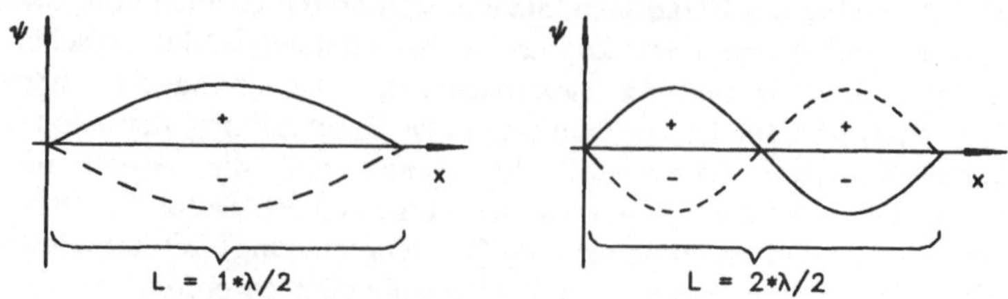

Abb. 2. Stehende Wellen einer schwingenden Saite

Dieses eindimensionale Beispiel mit Knotenpunkten muß jetzt über das zweidimensionale Beispiel einer schwingenden Membran mit Knotenlinien auf den dreidimensionalen Fall der Atomhülle übertragen werden, wobei die Randbedingung lautet, daß Ψ in unendlicher Entfernung vom Kern Null ist, die stehenden Wellen also in großer Entfernung vom Kern verschwinden. Die Atomhülle kann danach verglichen werden mit einem kugelförmigen Hohlraum, in dessen luftgefülltem Innern stehende Schallwellen (mit Knotenflächen) schwingen.

$\Psi(x,y,z)$ stellt demnach physikalisch gesehen die Amplitude einer stehenden Welle dar, sein Vorzeichen ist positiv oder negativ. $\Psi^2(x,y,z)$ ist stets positiv und läßt sich im Fall des Wasserstoffatoms wie folgt interpretieren:

1. Das Elektron wird als Korpuskel aufgefaßt. $\Psi^2(x,y,z)$ gibt dann die *Aufenthaltswahrscheinlichkeit des Elektrons* in einem bestimmten Raumpunkt an.

2. Man denkt sich eine negative Elementarladung in Form einer Wolke um den Atomkern versprüht oder verteilt. $\Psi^2(x,y,z)$ gibt dann die *Dichte ρ der Ladungswolke* in dem betreffenden Raumpunkt an.

In Abb. 3 sind einige AO des Wasserstoffatoms dargestellt. Sie weisen außer dem AO mit dem niedrigsten Energieeigenwert eine oder mehrere Knotenflächen auf, das sind Flächen, in denen $\Psi(x,y,z)$ sein Vorzeichen umkehrt. Zwischen der Anzahl der Knotenflächen eines AO und seiner *Hauptquantenzahl* n besteht folgende Beziehung:

Zahl der Knotenflächen $= n - 1$

n ist ein Maß für die Energie E des AO, die mit der Zahl der Knotenflächen zunimmt, sowie für seine räumliche Ausdehnung. Die *Nebenquantenzahl* l beschreibt die Winkelabhängigkeit des AO. $l = 0$ bedeutet, daß die Ladungswolke kugelsymmetrisch ist, die Knotenflächen sind Kugelschalen. Derartige AO nennt man s-AO. AO mit $l = 1$ heißen p-AO und haben eine

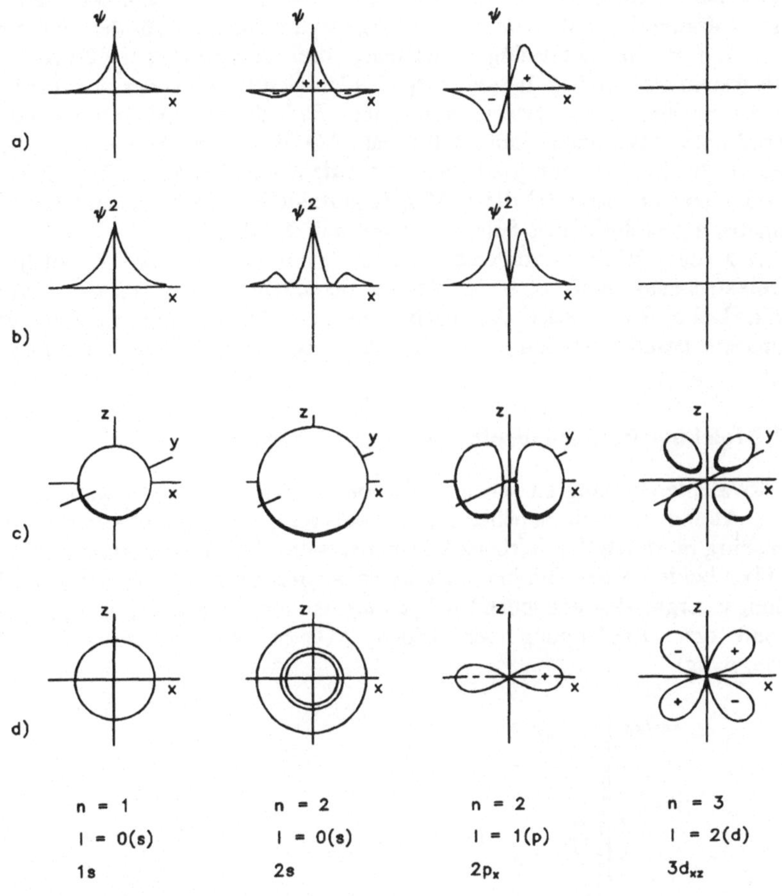

Abb. 3. Atomorbitale (AO) des Wasserstoffatoms

    a) Eigenfunktionen $\Psi(x)$

    b) Aufenthaltswahrscheinlichkeit bzw. Ladungsdichte $\Psi^2(x)$

    c) Perspektivische Darstellung der AO

    d) Schematische Darstellung der AO. Innerhalb der Umhüllenden der

       Ladungswolke befinden sich etwa 90% der Ladung des Elektrons.

Symmetrieachse, AO mit l = 2 heißen d-AO. Das 1s-AO ist das einfachste und niedrigste (energieärmste) AO. Nähert sich ein Elektron einem Proton und besetzt das 1s-AO, dann wird ein Energiebetrag von 1310 kJ/mol frei, und das Wasserstoffatom befindet sich im *elektronischen Grundzustand*. Das 2s-AO hat

eine Knotenfläche und eine größere Ausdehnung. Es ist um 987 kJ/mol energiereicher. Besetzt das Elektron das 2s-AO, dann befindet sich das Wasserstoffatom im *ersten elektronisch angeregten Zustand*. Für den Fall n = 2, l = 1 liefert die Schrödinger-Gleichung drei energiegleiche 2p-AO, die symmetrieentartet sind, d. h., sie unterscheiden sich voneinander nur durch die Orientierung ihrer Symmetrieachse im Raum. Fällt die Symmetrieachse mit der x-Koordinate zusammen, dann führt das AO die Bezeichnung $2p_x$. Seine Knotenfläche liegt in der y,z-Ebene. Außerdem existieren das $2p_y$- und das $2p_z$-AO. Obschon diese AO die in Abb. 3c gezeigte Form aufweisen, werden sie schematisch gewöhnlich als Schleifen dargestellt (s. Abb. 3d).
Die AO des Wasserstoffatoms benutzt man näherungsweise auch für Mehrelektronensysteme, d. h. für Atome, deren Hülle mehr als ein Elektron enthält. Dabei kann jedes AO nach dem Pauli-Prinzip mit maximal zwei Elektronen besetzt werden. Diese müssen aber antiparallele Spinmomente haben.

2.1.2 Molekülorbitale in nichtkonjugierten Systemen

Eine kovalente Bindung zwischen zwei Atomen kommt zustande, wenn sich die beiden Atome so weit annähern, daß zwei geeignete AO überlappen (sich gegenseitig räumlich durchdringen). Dabei entstehen *Molekülorbitale (MO)*, die sich über beide an der Bindung beteiligten Atome erstrecken (s. Abb. 4). Die Bindungsenergie der entstehenden Bindung ist um so größer, je größer das Ausmaß der Überlappung der beiden AO ist (*Prinzip der maximalen Überlappung*).

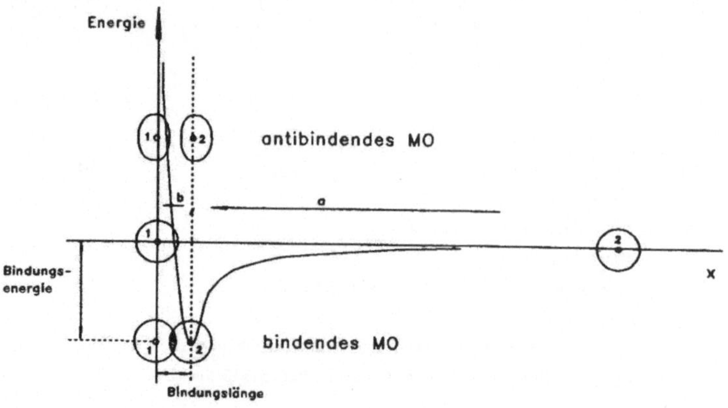

Abb. 4. Das H-Atom 2 nähert sich aus sehr großer Entfernung dem H-Atom 1

a: Zunahme der Bindungsenergie infolge zunehmender Überlappung der beiden 1s-AO.

b: Abnahme der Bindungsenergie infolge stark zunehmender Abstoßung der beiden Atomkerne.

Die Bindungsenergie nimmt daher mit zunehmender gegenseitiger Annäherung der beiden Atome zunächst zu, bei allzu großer Annäherung aber infolge zunehmender Abstoßung zwischen den positiv geladenen Kernen ab. Es gibt deshalb eine Entfernung der beiden Atomkerne, bei der der Gewinn an Bindungsenergie maximal ist. Diese Entfernung ist die Bindungslänge der entstehenden Bindung.

Zur mathematischen Erfassung des Überlappungsvorganges bedient sich die MO-Theorie des sog. *LCAO-Verfahrens* (*linear* combination of *atomic orbitals*). Die molekularen Wellenfunktionen Ψ (die MO) erhält man durch Linearkombination der Eigenfunktionen χ_1 und χ_2, also durch Linearkombination der am Zustandekommen der Bindung beteiligten AO, der sogenannten Basis-AO, mit c_1 und c_2 als Entwicklungskoeffizienten:

$$\Psi = c_1\chi_1 + c_2\chi_2. \tag{1}$$

Gleichung (1) wird in die umgeformte und integrierte Schrödinger-Gleichung eingesetzt:

$$H\Psi = E\,\Psi \qquad \text{Multiplikation mit } \Psi$$

$$\Psi\,H\Psi = E\,\Psi^2 \qquad \text{Integration über den Raum (} \tau \text{ Volumenelement)}$$

$$\int \Psi\,H\Psi\,d\tau = E \int \Psi^2\,d\tau$$

$$E = \frac{\int \Psi\,H\Psi\,\delta\tau}{\int \Psi^2\,d\tau}$$

$$E = \frac{\int (c_1\chi_1 + c_2\chi_2)\,H(c_1\chi_1 + c_2\chi_2)\,d\tau}{\int (c_1\chi_1 + c_2\chi_2)^2\,d\tau}$$

Die Multiplikation der Klammerausdrücke ergibt

$$E = \frac{c_1{}^2\alpha_{11} + 2c_1c_2\beta + c_2{}^2\alpha_{22}}{c_1{}^2S_{11} + 2c_1c_2S_{12} + c_2{}^2S_{22}}\,, \tag{2}$$

wobei α, β und S folgende Bedeutung haben:

Coulomb-Integrale $\quad \alpha_{11} = \int \chi_1 H\chi_1 d\tau, \quad \alpha_{22} = \int \chi_2 H\chi_2 d\tau$.

Sie beschreiben näherungsweise die Energie eines Elektrons des Atoms 1 bzw. 2 mit der Eigenfunktion χ_1 bzw. χ_2. Da in unserem Fall zwei gleichartige Atome vorliegen, gilt $\alpha_{11} = \alpha_{22} = \alpha$.

Resonanzintegrale $\quad \beta = \int \chi_1 H\chi_2 d\tau = \int \chi_2 H\chi_1 d\tau$.

Überlappungsintegrale $S_{11} = \int \chi_1{}^2 d\tau$, $S_{12} = \int \chi_1 \chi_2 d\tau$, $S_{22} = \int \chi_2{}^2 d\tau$.

Das Überlappungsintegral S_{12} ist ein Maß für die Überlappung (gegenseitige Durchdringung) der Basis-AO χ_1 und χ_2. Die Integrale S_{11} und S_{22} haben den Wert 1, weil die Eigenfunktionen χ_1 bzw. χ_2 so normiert (mit Normierungsfaktoren versehen) wurden, daß

$$\chi_1{}^2 d\tau = 1 \quad \text{und} \quad \chi_2{}^2 d\tau = 1$$

ist (Normierungsbedingung), d. h., daß die über alle Raumelemente eines AO integrierte Ladungsdichte 1 ist, also einer Elementarladung entspricht.

Die exakte Berechnung aller Integrale ist nur für das $H_2{}^+$-Ion möglich. Alle anderen Moleküle und Molekülionen sind Mehrelektronensysteme und erfordern Näherungsverfahren, in denen einige Integrale vernachlässigt, andere näherungsweise bestimmt oder aus experimentellen Daten ermittelt werden.

Zur Lösung der Gleichung (2) wird das *Variationsprinzip* benutzt, indem die Koeffizienten c so gewählt werden, daß die Gesamtenergie des Moleküls minimal, der Gewinn an Bindungsenergie also maximal ist:

$$\frac{\delta E}{\delta c_1} = 0, \qquad \frac{\delta E}{\delta c_2} = 0.$$

Die Ausführung der Differentiation ergibt die Säkulargleichungen:

$$c_1(\alpha - ES_{11}) + c_2(\beta - ES_{12}) = 0 \qquad S_{11} = S_{22} = 1$$

$$c_1(\beta - ES_{12}) + c_2(\alpha - ES_{22}) = 0.$$

Dieses homogene Gleichungssystem hat nur dann nichttriviale Lösungen, wenn die Säkulardeterminante gleich Null ist, und zwar so viele, wie der Ordnung der Linearkombination entspricht, d. h., aus wieviel AO das System zustandegekommen ist.

$$\begin{vmatrix} \alpha - E & \beta - ES_{12} \\ \beta - ES_{12} & \alpha - E \end{vmatrix} = 0.$$

Setzt man das Überlappungsintegral S_{12} näherungsweise gleich Null, dann vereinfacht sich die Determinante wie folgt:

$$\begin{vmatrix} \alpha - E & \beta \\ \beta & \alpha - E \end{vmatrix} = 0.$$

Ihre Auflösung ergibt zwei Eigenwerte:

$$E_2 = \alpha - \beta,$$

$$E_1 = \alpha + \beta.$$

Aus der Linearkombination zweier 1s-AO resultieren somit zwei MO, von denen das mit dem Eigenwert E_1 eine geringere Energie hat als ein 1s-AO (β ist negativ). Es wird *bindendes MO* genannt. Die Energie des zweiten MO ist größer als α, es heißt *antibindendes MO* und wird durch einen Stern gekennzeichnet (s. Abb. 5). Mit den Eigenwerten können nun aus den Säkulargleichungen die Koeffizienten c und somit die MO berechnet werden. Man erhält:

$$\Psi_2 = \chi_1 - \chi_2 \,,$$
$$\Psi_1 = \chi_1 + \chi_2 \,.$$

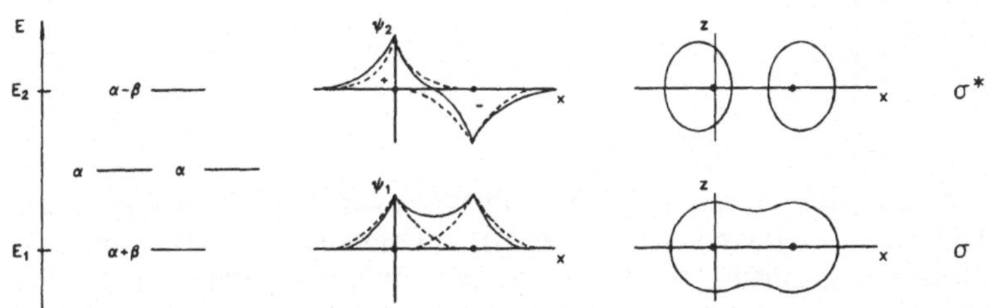

Abb. 5. Entstehung eines bindenden und eines antibindenden MO durch Linearkombination von zwei 1s-AO. Die gestrichelten Linien geben den Verlauf von χ_1 und χ_2 an.

Aus Abb. 5 geht hervor, daß sich die MO über beide an der Bindung beteiligten Atome erstrecken, es handelt sich um Zweizentren-MO. Sie sind weiterhin rotationssymmetrisch in Bezug auf die Bindungsachse. Derartige MO werden σ-MO genannt. Die durch sie beschriebenen Bindungen heißen σ-*Bindungen*. Eine Überlappung zweier $2p_x$-AO ergibt ebenfalls σ-MO.
Für MO gilt nun ebenso wie für AO das Pauli-Prinzip, sie können also maximal zwei Elektronen mit antiparallelen Spinmomenten aufnehmen, wobei zuerst das energieärmste MO besetzt wird. Im H_2-Molekül sind die beiden zur Verfügung stehenden Elektronen im bindenden MO untergebracht, während das antibindende unbesetzt bleibt. Daher ist dieses Molekül ein stabiles Gebilde. Ein He_2-Molekül könnte im Prinzip ebenfalls durch Überlappung der 1s-AO zweier He-Atome zustande kommen. Hier stehen aber vier Elektronen zur Verfügung, so daß auch das antibindende MO mit zwei Elektronen besetzt werden müßte, insgesamt also keine Bindungsenergie frei werden kann. Helium ist deshalb ein einatomiges Gas.
Die Ausführungen über die kovalente Bindung im H_2^+-Ion und im H_2-Molekül können im Prinzip auf Kohlenwasserstoffe, also auf C-H- und C-C-Bindungen, übertragen werden. Es handelt sich jedoch um Moleküle, die aus mehr als zwei Atomen aufgebaut sind. Die Anwendung der LCAO-MO-Methode führt deswegen nicht zu Zweizentren-MO, sondern zu Mehrzentren-MO, die keine Beziehung zu den Valenzstrichen der Konstitutionsformeln erkennen lassen. Für das Anliegen dieses Buches, den Ablauf organisch-chemischer Reaktionen zu beschreiben, ist jedoch gerade ein derartiger Bezug entscheidend. Er läßt sich mit Hilfe der Modellvorstellung der *Hybridisierung* herbeiführen [2.2]. Im

Folgenden wird das Hybridisierungsmodell am Beispiel des Methanmoleküls, des Ethenmoleküls und des Acetylenmoleküls erklärt.
Das Element Kohlenstoff hat die Ordnungszahl sechs, und seine Atomhülle ist im Grundzustand folgendermaßen aufgebaut:

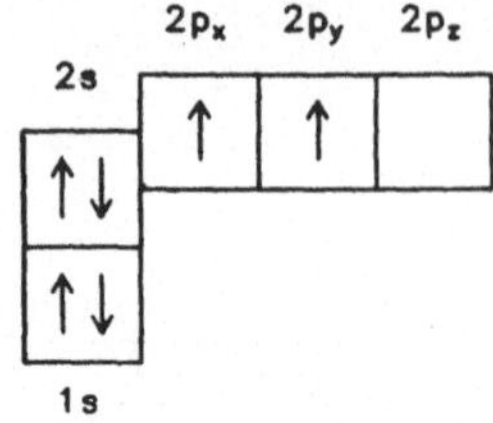

Das *Prinzip der maximalen Multiplizität* von Hund besagt, daß bei energiegleichen (symmetrieentarteten) Orbitalen erst dann eine Doppelbesetzung eintritt, wenn alle Orbitale einfach besetzt sind. Im Fall des Kohlenstoffs sind daher zwei Elektronen mit parallelen Spinmomenten auf zwei der drei untereinander symmetrieentarteten 2p-AO verteilt; sie besetzen nicht, was nach dem Pauli-Prinzip auch möglich wäre, mit antiparallelen Spinmomenten das 2p_x-AO.
Nach diesem Schema könnte das C-Atom im Grundzustand höchstens zwei Bindungen betätigen. Wenn eine Verbindung wie z. B. Methan mit vierbindigem Kohlenstoff zustande kommen soll, muß das C-Atom zuvor in einen angeregten Zustand versetzt werden, indem ein Elektron aus dem 2s-AO in das noch unbesetzte 2p_z-AO übergeht. Man nennt dies die *Promotion* des C-Atoms. Sie erfordert eine Energiezufuhr von etwa 300 kJ/mol.

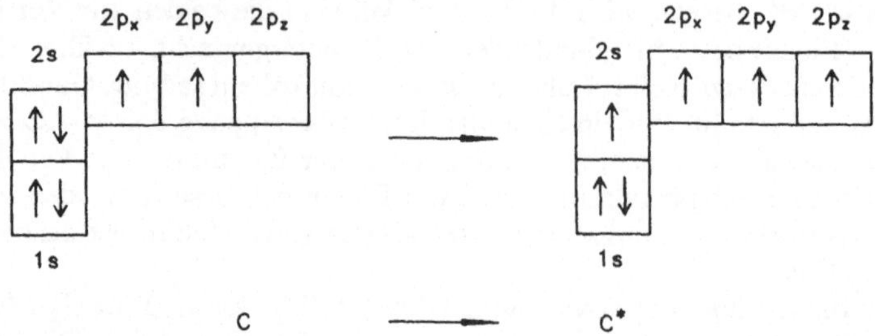

Die vier AO des promovierten C-Atoms können nun durch Überlappung mit den 1s-AO von vier H-Atomen vier Bindungen eingehen und so das CH$_4$-Molekül bilden. Dabei wären die drei von den 2p-AO ausgehenden Bindungen untereinander energetisch gleichwertig. Die vom 2s-AO ausgehende Bindung dagegen wäre wesentlich schwächer, weil sich beim gleichen Kernabstand 2p- und 1s-AO stärker überlappen können als 2s- und 1s-AO (s. Abb. 6). Die genaue Berechnung ergibt, daß sich die Bindungsenergien der Bindungen

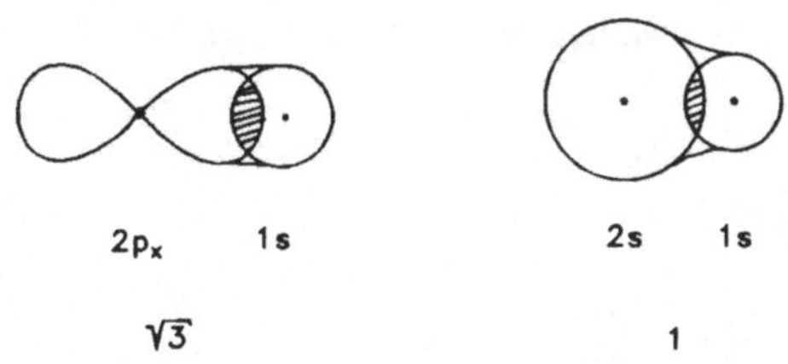

Abb. 6. Überlappung (2p$_x$ + 1s) und (2s + 1s)

(2p + 1s) : (2s + 1s) wie $\sqrt{3}$: 1 verhalten. Das CH$_4$-Molekül enthielte demnach drei stabile und eine ziemlich lockere C-H-Bindung. Eine alte Erfahrung der organischen Chemie besagt jedoch, daß die vier Valenzen des gesättigten C-Atoms einander gleichwertig (äquivalent) sind. Dies wird dadurch verursacht, daß sich die vier AO des promovierten C-Atoms untereinander überlagern. Dieser Vorgang wird als *Hybridisierung* bezeichnet und erfordert 100 kJ/mol. Er wird ermöglicht durch das für alle Wellenvorgänge gültige Überlagerungsprinzip (s. Abb. 7). Die auf diese Weise entstehenden AO heißen

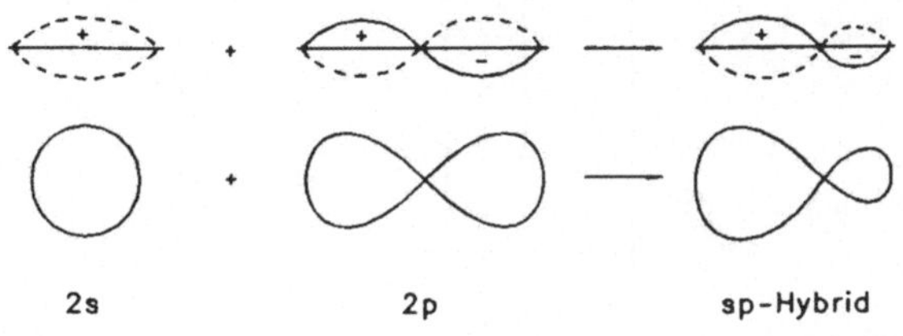

Abb. 7. Hybridisierung

Hybridorbitale. Das promovierte C-Atom hat drei Hybridisierungsmöglichkeiten.

1. Die tetraedrische oder sp^3-Hybridisierung

$$C^* \longrightarrow 4\ sp^3\text{-Hybridorbitale}$$

Die Linearkombination der vier an der Hybridisierung beteiligten AO führt zu dem Ergebnis, daß die Symmetrieachsen der vier entstehenden sp^3-Hybridorbitale untereinander einen Winkel von 109,5° bilden, also nach den vier Ecken eines Tetraeders ausgerichtet sind. Dies kann als theoretische Begründung für das von van't Hoff und Le Bel aus der Erfahrung abgeleitete Tetraedermodell des C-Atoms aufgefaßt werden. Durch die Überlappung der vier sp^3-Hybridorbitale mit den 1s-AO von vier H-Atomen entstehen vier energiegleiche bindende σ-MO und vier untereinander ebenfalls energiegleiche antibindende σ-MO. Die vier bindenden MO sind mit den acht zur Verfügung stehenden Elektronen paarweise besetzt und entsprechen so den vier äquivalenten C-H-Bindungen im Methanmolekül (s. Abb. 8). Die bei der

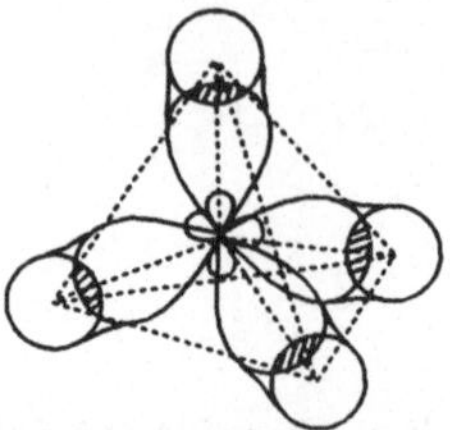

Abb. 8. sp^3-Hybridisierung des C-Atoms im Molekül des Methans

Entstehung der Bindungen freiwerdende Bindungsenergie von $4 \cdot 415$ kJ/mol ist größer als die Summe der für die Promotion und Hybridisierung erforderlichen Energiebeträge (s. Abb. 9).

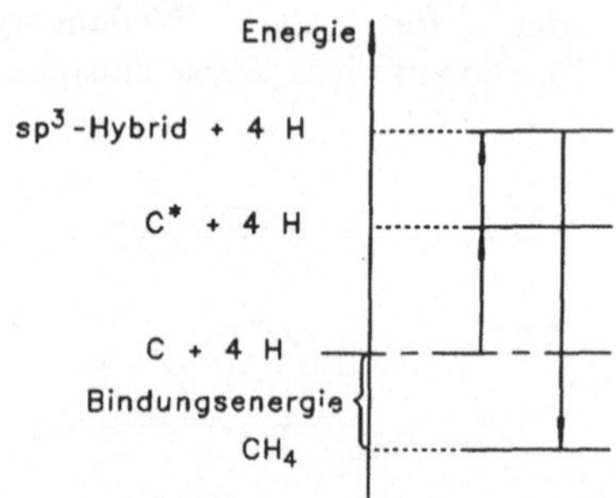

Abb. 9. Entstehung des Methanmoleküls nach dem Hybridisierungsmodell

Das Ethanmolekül enthält sechs C-H-Bindungen, die sämtlich σ-Bindungen sind. Die C-C-Bindung kommt durch gegenseitige Überlappung von je einem sp^3-Hybridorbital der beiden C-Atome zustande und ist ebenfalls eine σ-Bindung. Diese Aussagen können wie folgt verallgemeinert werden:
Alle vierbindigen C-Atome, von denen keine Mehrfachbindungen ausgehen, sind sp^3-hybridisiert und die betreffenden Moleküle demzufolge tetraedrisch gebaut. Die Bindungswinkel sind Tetraederwinkel, sie betragen 109,5°.
Demnach geben die Konstitutionsformeln die Elektronenverteilung in den gesättigten Kohlenwasserstoffen völlig ausreichend wieder. *Jeder Valenzstrich symbolisiert ein mit zwei Elektronen besetztes bindendes σ-MO.*

2. Die trigonale oder sp^2-Hybridisierung

$$C^* \longrightarrow 3\ sp^2\text{-Hybridorbitale} + 2p_z$$

Die Linearkombination führt zu dem Ergebnis, daß die Symmetrieachsen der drei entstehenden sp²-Hybridorbitale in einer Ebene liegen und untereinander Winkel von 120° bilden, also nach den Ecken eines gleichseitigen Dreiecks ausgerichtet sind. Senkrecht auf dieser Ebene steht die Symmetrieachse des von der Hybridisierung nicht betroffenen $2p_z$-AO (s. Abb. 10).

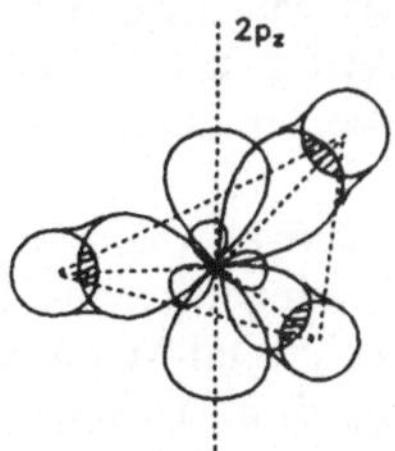

Abb. 10. sp²-Hybridisierung im CH_3-Radikal und im CH_3^+-Ion

Trigonal hybridisierte C-Atome liegen in den Kohlenstoffradikalen und in den Carbeniumionen vor. Das CH_3-Radikal enthält drei σ-Bindungen, das ungepaarte Elektron befindet sich im $2p_z$-Orbital. Für dieses einfach besetzte MO der Kohlenstoffradikale ist die Abkürzung SOMO üblich (*single occupied molecular orbital*). Im CH_3^+-Ion ist dieses MO unbesetzt. Das Hybridisierungsmodell erklärt somit den durch physikalische Messungen nachgewiesenen ebenen Bau der Kohlenstoffradikale und Carbeniumionen.

Die große Bedeutung der MO-Theorie für die organische Chemie begann sich mit ihrer Anwendung auf die ungesättigten Kohlenwasserstoffe abzuzeichnen. Im Ethenmolekül sind beide C-Atome trigonal hybridisiert. Durch gegenseitige Überlappung zweier sp²-Hybridorbitale sowie durch Überlappung der übrigen mit den 1s-AO der vier H-Atome entstehen fünf σ-Bindungen. Sie bilden das *σ-Bindungsgerüst* des Moleküls (s. Abb. 11a). Die beiden von der

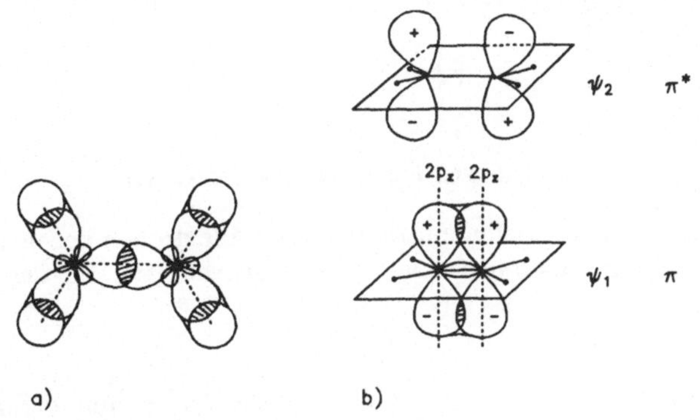

Abb. 11. sp²-Hybridisierung im Molekül des Ethens

    a) σ-Bindungsgerüst

    b) Bindendes und antibindendes π-MO

Hybridisierung nicht betroffenen $2p_z$-AO überlappen seitlich (lateral), wodurch noch ein bindendes und ein antibindendes MO zustande kommen (s. Abb. 11b). Diese Überlappung ist maximal, wenn alle sechs Atome des Moleküls in einer Ebene liegen. Beide MO haben eine Knotenebene, die mit der Ebene des σ-Bindungsgerüstes identisch ist. Derartige MO heißen π-MO, die durch sie verursachten Bindungen werden *π-Bindungen* genannt. Das antibindende π-MO hat noch eine zusätzliche Knotenebene, die senkrecht auf der Bindungsachse steht und diese halbiert.

Zur quantitativen Beschreibung der Bindungsverhältnisse im Molekül des Ethens hat sich eine von E. Hückel (1930) eingeführte Näherung bewährt, die heute als HMO-Methode (*H*ückel-*M*olekülorbital-Methode) bezeichnet wird [2.3]. Sie beruht auf einer σ,π-Separierung, d. h., Gegenstand der Berechnung sind nur die π-MO ohne Berücksichtigung des σ-Bindungsgerüstes. Dann gibt das Coulomb-Integral α näherungsweise die Energie eines Elektrons im $2p_z$-AO des sp^2-hybridisierten C-Atoms an. Durch Linearkombination der beiden $2p_z$-AO erhält man für das bindende und das antibindende π-MO des Ethens (s. S. 16):

$$E_2 = \alpha - \beta, \quad \Psi_2 = \chi_1 - \chi_2 ,$$
$$E_1 = \alpha + \beta, \quad \Psi_1 = \chi_1 + \chi_2 .$$

Da zwei Elektronen zur Verfügung stehen und das energieärmste MO zuerst besetzt wird, ergibt sich, daß die beiden Elektronen im bindenden π-MO untergebracht sind (s. Abb. 12).

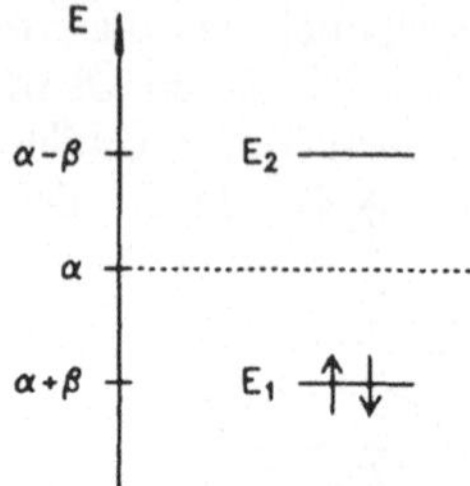

Abb. 12. Elektronischer Grundzustand des Ethenmoleküls nach der HMO-Methode

Elektronen, die sich in π-MO befinden, werden als π-Elektronen bezeichnet und solche in σ-MO als σ-Elektronen. Die *π-Elektronenenergie* E_π des Ethens beträgt:

$$E_\pi = 2\,(\alpha + \beta) = 2\alpha + 2\beta$$

$(\alpha + \beta)$ ist die Energie des MO und 2 die Anzahl der in ihm befindlichen Elektronen. Für die *Bindungsenergie* ΔE der π-Bindung ergibt sich:

$$\Delta E = 2\,(\alpha + \beta) - 2\alpha = 2\beta$$

Der erste elektronisch angeregte Zustand des Ethens entsteht durch den Übergang eines Elektrons aus dem π-MO in das π^*-MO. Eine weitere Näherung in der HMO-Methode besteht in der Vernachlässigung der gegenseitigen Abstoßung der π-Elektronen. Dies führt dazu, daß bei der Berechnung des λ_{max}-Wertes der Bande des $\pi \longrightarrow \pi^*$-Überganges aus der Energiedifferenz der betreffenden MO nicht der experimentell ermittelte Wert erhalten wird.

Das HMO-Modell des Ethenmoleküls erklärt viele Eigenschaften dieser Verbindung, insbesondere ihren ungesättigten Charakter (s. S. 55). In der Konstitutionsformel hat jeder der beiden Valenzstriche der C-C-Doppelbindung eine andere Bedeutung. *Ein Valenzstrich symbolisiert ein mit zwei Elektronen besetztes bindendes σ-MO (eine σ-Bindung), der andere ein mit zwei Elektronen besetztes bindendes π-MO (eine π-Bindung).* Die π-Bindung bewirkt eine Verkürzung der Bindungslänge um $0{,}21 \cdot 10^{-10}$m gegenüber der C-C-Einfachbindung. Da sich die $2p_z$-AO nur geringfügig seitlich überlappen können, ist das π-MO energiereicher als das σ-MO, anders ausgedrückt, die Bindungsenergie der σ-Bindung (347 kJ/mol) ist größer als die der π-Bindung (260 kJ/mol). Die Aufhebung der freien Drehbarkeit der C-C-Doppelbindung, wodurch die π-Diastereomerie verursacht wird, ergibt sich direkt aus dem Prinzip der maximalen Überlappung. Jeder Verdrehung des einen C-Atoms gegen das andere wird ein Widerstand entgegengesetzt, weil dabei das Ausmaß der Überlappung der beiden $2p_z$-AO abnimmt.

3. Die digonale oder sp-Hybridisierung

$$C^* \longrightarrow 2 \text{ sp-Hybridorbitale} + 2p_y + 2p_z$$

Die Symmetrieachsen der beiden sp-Hybridorbitale fallen mit der x-Koordinate zusammen, $2p_y$- und $2p_z$-AO bleiben unverändert.

Digonal hybridisierte C-Atome liegen in Molekülen mit Dreifachbindungen vor. Im Acetylen ergibt die gegenseitige Überlappung zweier sp-Hybridorbitale der C-Atome eine σ-Bindung, deren Bindungsachse mit denen der beiden C-H-Bindungen zusammenfällt. Die freie Drehbarkeit ist zwar ebenfalls aufgehoben, aber wegen der Identität aller Symmetrieachsen mit der C-C-Bindungsachse ist keine π-Diastereomerie möglich. Die Knotenebenen der durch Überlappung der $2p_y$- und $2p_z$-AO zustande kommenden zwei bindenden π-MO stehen senkrecht aufeinander (s. Abb. 13).

Die C-N- und die N-N-Dreifachbindung bestehen analog aus einer σ-Bindung und zwei π-Bindungen.

Das mittlere C-Atom des Allens $H_2C{=}C{=}CH_2$ ist ebenfalls sp-hybridisiert.

Die am Beispiel des Ethens und des Acetylens erläuterten Modellvorstellungen lassen sich auf alle ungesättigten Kohlenwasserstoffe übertragen, in denen eine Mehrfachbindung oder in denen isolierte Mehrfachbindungen vorliegen. Das sind Mehrfachbindungen, zwischen denen sich mindestens ein vierbindiges, sp^3-hybridisiertes C-Atom befindet, wie z. B. im Penta-1,4-dien $H_2C{=}CH{-}CH_2{-}CH{=}CH_2$. Man kann derartige Moleküle auch als nichtkonjugierte π-Systeme bezeichnen. Im Folgenden wird die HMO-Methode auf konjugierte π-Systeme angewendet.

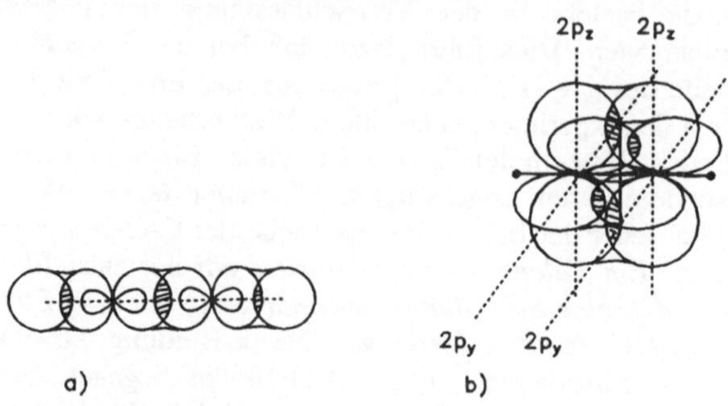

Abb. 13. sp-Hybridisierung im Molekül des Acetylens

    a) σ-Bindungsgerüst

    b) Bindende π-MO

2.1.3 Molekülorbitale in konjugierten Systemen

Konjugierte Systeme liegen vor, wenn sich zwischen zwei oder mehr Doppel- und/oder Dreifachbindungen nur jeweils eine Einfachbindung befindet. Beispiele sind:

Auch nichtbindende Elektronenpaare (von Heteroatomen oder in Carbanionen), ungepaarte Elektronen (bei Radikalen) und positiv geladene C-Atome (in Carbeniumionen) können Bestandteile konjugierter Systeme sein, z. B.:

In diesem Buch erfolgt eine Beschränkung auf Kohlenwasserstoffe mit konjugierten π-Systemen, das sind die *Polyene* und die *Annulene*.

Polyene (offen konjugiert)

$$H_2C=CH-CH=CH_2 \qquad\qquad H_2C=CH-CH=CH-CH=CH_2 \qquad \cdots$$

Buta-1,3-dien   Hexa-1,3,5-trien

Annulene (cyclisch konjugiert)

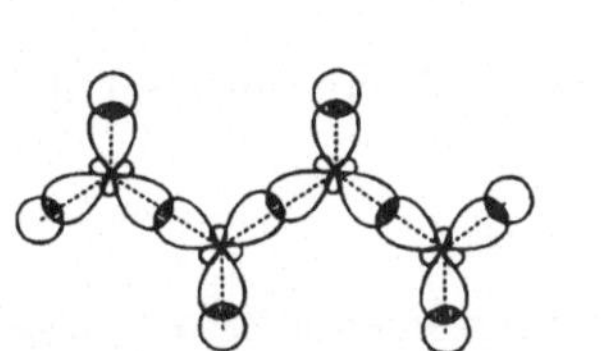

[4] Annulen   [6] Annulen   [8] Annulen
Cyclobutadien   Benzen   Cyclooctatetraen

Die eingeklammerte Zahl gibt die Anzahl der C-Atome der Annulene an.
Bei den *Polyenen* hat das konjugierte System einen Anfang und ein Ende. Man kann sie auch als offen konjugierte Systeme charakterisieren. Bereits aus der Konstitutionsformel des Buta-1,3-diens und des Hexa-1,3,5-triens ist ersichtlich, daß lückenlose Folgen von sp^2-hybridisierten C-Atomen vorliegen. Die σ-Bindungsgerüste sind eben, und die $2p_z$-Atomorbitale der C-Atome bilden durch seitliche Überlappung π-MO, die sich über alle an der Konjugation beteiligten C-Atome erstrecken, oder wie man sagt, delokalisiert sind (s. Abb. 14).

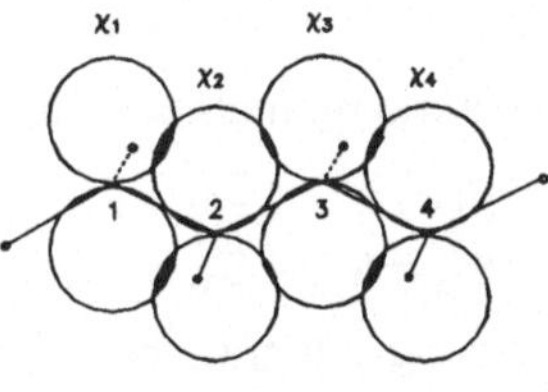

Abb. 14. σ-Bindungsgerüst und delokalisierte π-MO im Buta-1,3-dienmolekül

π-MO, die sich über mehr als zwei Atome erstrecken, heißen delokalisierte π-MO, in ihnen befindliche Elektronen nennt man delokalisierte π-Elektronen.
Aus Abb. 14 geht auch hervor, warum die Konjugation bei der Trennung der Doppelbindungen durch ein sp^3-hybridisiertes C-Atom unterbrochen wird, etwa im Penta-1,4-dien $H_2C=CH-CH_2-CH=CH_2$. Die $2p_z$-AO der C-Atome 2 und 4 können nicht überlappen, da sie zu weit voneinander entfernt sind, es existieren lediglich zwei lokalisierte π-MO, entsprechend zwei isolierten Doppelbindungen.
Die Anwendung der HMO-Methode auf die Polyene erfolgt in Analogie zum Ethen. Für das Buta-1,3-dien ergeben sich die Eigenfunktionen Ψ_i der vier π-MO aus der Linearkombination der vier $2p_z$-AO, die an der Überlappung beteiligt sind.

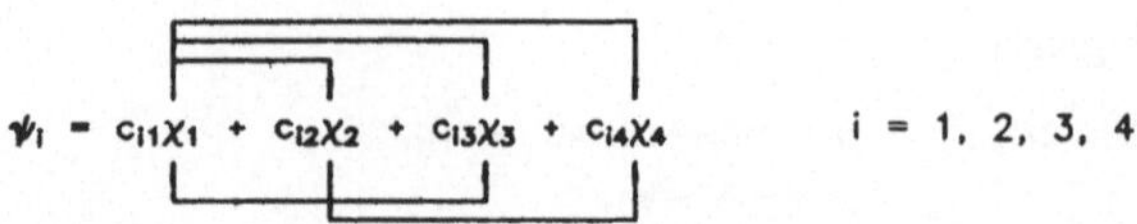

$$\psi_i = c_{i1}\chi_1 + c_{i2}\chi_2 + c_{i3}\chi_3 + c_{i4}\chi_4 \qquad i = 1, 2, 3, 4$$

Unter Berücksichtigung der Ausführungen auf S. 16 und S. 22 kann man die Säkulargleichungen formulieren. Die erste wird aus der Kombination des AO χ_1 mit den anderen drei $2p_z$-AO erhalten:

$$c_{11}(\alpha_{11}\text{-}ES_{11}) + c_{12}(\beta_{12}\text{-}ES_{12}) + c_{13}(\beta_{13}\text{-}ES_{13}) + c_{14}(\beta_{14}\text{-}ES_{14}) = 0$$

Elektron im Feld	Elektron im Feld	Elektron im Feld
des Atoms 1	der Atome 1 und 2	der Atome 1 und 3

Die drei übrigen Säkulargleichungen werden analog abgeleitet, z. B.:

$$c_{21}(\beta_{21}\text{-}ES_{21}) + c_{22}(\alpha_{22}\text{-}ES_{22}) + c_{23}(\beta_{23}\text{-}ES_{23}) + c_{24}(\beta_{24}\text{-}ES_{24}) = 0$$

Elektron im Feld	Elektron im Feld	Elektron im Feld
der Atome 2 und 1	des Atoms 2	der Atome 2 und 3

Wieder gilt

$$\alpha_{11} = \alpha_{22} = \alpha_{23} = \alpha_{44} = \alpha$$
$$\beta_{12} = \beta_{21} = \beta_{23} = \beta_{32} = \beta_{34} = \beta_{43} = \beta$$
$$S_{11} = S_{22} = S_{33} = S_{44} = 1 \,.$$

Die Wechselwirkung nichtbenachbarter $2p_z$-AO wird vernachlässigt, daher ist:

$$\beta_{13} = \beta_{14} = \beta_{24} = \beta_{31} = \beta_{41} = \beta_{42} = 0 \quad \text{und}$$
$$S_{13} = S_{14} = S_{24} = S_{31} = S_{41} = S_{42} = 0 \,.$$

Die Überlappungsintegrale benachbarter $2p_z$-AO werden näherungsweise gleich Null gesetzt:

$$S_{12} = S_{21} = S_{23} = S_{32} = S_{34} = S_{43} = 0 \,.$$

Die Säkulardeterminante bekommt dadurch folgende einfache Form:

$$\begin{vmatrix} \alpha\text{-}E & \beta & 0 & 0 \\ \beta & \alpha\text{-}E & \beta & 0 \\ 0 & \beta & \alpha\text{-}E & \beta \\ 0 & 0 & \beta & \alpha\text{-}E \end{vmatrix} = 0 \,.$$

Ihre Auflösung nach den bekannten Regeln ergibt die Eigenwerte der vier π-MO:

$$E_4 = -1{,}618\,\beta \,,$$
$$E_3 = -0{,}618\,\beta \,, \qquad \text{antibindende MO}$$

$$E_2 = +0{,}618\,\beta \,,$$
$$E_1 = +1{,}618\,\beta \,. \qquad \text{bindende MO}$$

In der HMO-Methode werden die Integrale α und β nicht ausgedrückt, sondern α wird gleich Null gesetzt, wodurch die Energien der vier π-MO in β-Einheiten erhalten werden. Nun kann das Energieniveau-Schema des Buta-1,3-diens aufgestellt werden (s. Abb. 15). Im elektronischen Grundzustand besetzen die vier Elektronen paarweise die beiden bindenden π-MO. Das MO mit dem

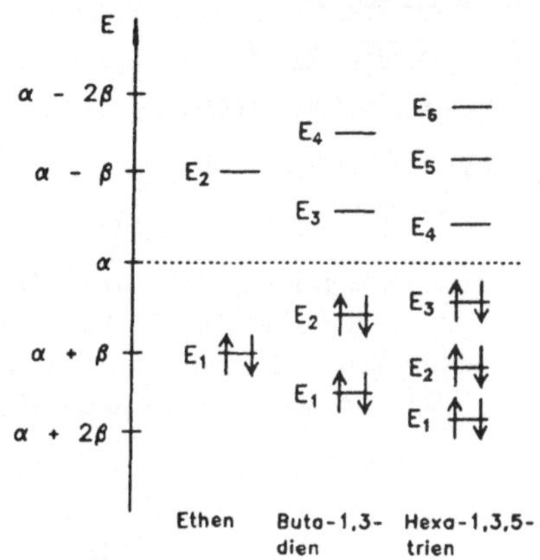

Abb. 15. HMO-Modell der Polyene. Energieniveaus der delokalisierten π-MO und Besetzung mit Elektronen (Zum Vergleich wurden die Energieniveaus des Ethens mit eingetragen.)

Eigenwert E_2 ist das höchste besetzte MO des Buta-1,3-diens, das sogenannte HOMO (*h*ighest *o*ccupied *m*olecular *o*rbital). Demgegenüber stellt das MO mit dem Eigenwert E_3 das LUMO (*l*owest *u*noccupied *m*olecular *o*rbital) des Buta-1,3-diens dar. HOMO und LUMO bezeichnet man als *Grenzorbitale*, abgekürzt FO oder FMO (*f*rontier *o*rbitals).

Da im Grundzustand des Buta-1,3-diens jedes bindende π-MO mit zwei Elektronen besetzt ist, erhält man die π-*Elektronenenergie* E_π, indem die Summe der Energien der bindenden π-MO mit 2 multipliziert wird:

$$E_\pi = 2(\alpha + 1{,}618\ \beta) + 2(\alpha + 0{,}618\ \beta) = 4\ \alpha + 4{,}472\ \beta$$

Andererseits kennt man die Energie $E_{lok} = 2\ \alpha + 2\ \beta$ eines lokalisierten π-MO der C-C-Doppelbindung, wie es im Ethen vorliegt (s. S. 22). Somit kann die Energie berechnet werden, die bei der Bildung delokalisierter π-MO aus zwei lokalisierten π-MO infolge Konjugation freigesetzt wird. Dieser Energiebetrag heißt *Resonanzenergie (Delokalisierungsenergie)* ΔE_π.

$$\Delta E_\pi = E_\pi - 2E_{lok} = (4\ \alpha + 4{,}472\ \beta) - 2(2\ \alpha + 2\ \beta) = 0{,}472\ \beta$$

Die Resonanzenergie ist ein Maß für die Stabilisierung des Moleküls infolge Konjugation.

Durch thermochemische Messungen läßt sich die Resonanzenergie experimentell bestimmen (s. S. 32). Diese sogenannte *empirische*

Resonanzenergie beträgt für Buta-1,3-dien 14,5 kJ/mol. Daraus folgt:

$$0,472 \, \beta = -14,5 \text{ kJ/mol}$$

$$\beta = -31 \text{ kJ/mol}$$

Durch Einsetzen der Energieeigenwerte in die Säkulargleichungen ergeben sich die delokalisierten π-MO des Buta-1,3-diens:

$$\Psi_4 = 0,3717 \, \chi_1 - 0,6015 \, \chi_2 + 0,6015 \, \chi_3 - 0,3717 \, \chi_4 \, ,$$

$$\Psi_3 = 0,6015 \, \chi_1 - 0,3717 \, \chi_2 - 0,3717 \, \chi_3 + 0,6015 \, \chi_4 \, ,$$

$$\Psi_2 = 0,6015 \, \chi_1 + 0,3717 \, \chi_2 - 0,3717 \, \chi_3 - 0,6015 \, \chi_4 \, ,$$

$$\Psi_1 = 0,3717 \, \chi_1 + 0,6015 \, \chi_2 + 0,6015 \, \chi_3 + 0,3717 \, \chi_4 \, .$$

Im Gegensatz zum Ethen unterscheiden sich im Buta-1,3-dien die Koeffizienten der π-MO an den C-Atomen. In Abb. 16a sind die delokalisierten π-MO des Buta-1,3-diens dargestellt. Sie erstrecken sich über alle vier C-Atome. Ihre Energie ist umso höher, je größer die Zahl der Knotenflächen ist. Das

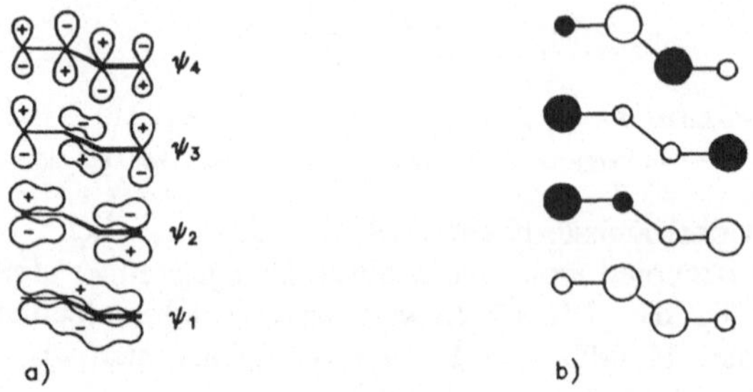

Abb. 16. HMO-Modell der Polyene. Delokalisierte π-MO im Buta-1,3-dienmolekül

    a) σ-Bindungsgerüst senkrecht auf der Papierebene

    b) σ-Bindungsgerüst in der Papierebene

energieärmste π-MO hat keine zusätzliche Knotenebene. Das nächsthöhere weist eine Knotenebene zwischen den C-Atomen 2 und 3 auf. Schließlich folgen MO mit zwei und drei Knotenebenen.

Für viele Zwecke ist eine Darstellung der delokalisierten π-MO gemäß Abb. 16b vorteilhaft. Man zeichnet das σ-Bindungsgerüst in die Papierebene und blickt von oben auf das Molekül. Die Fläche der Kreise ist dem Quadrat des Koeffizienten c des betreffenden MO am jeweiligen Atom des konjugierten Systems proportional, schwarz und weiß entsprechen den Vorzeichen plus und minus der Eigenfunktionen Ψ. Die Lage der Knotenebenen ist klar ersichtlich.

In Abb. 15 sind auch die Energieniveaus der π-MO des Hexa-1,3,5-triens und ihre Besetzung angegeben. Folgendes gilt allgemein für Polyene, Polyenylionen und Polyenylradikale:

1. Die Anzahl der π-MO ist gleich der Anzahl der AO, die in die Linearkombination eingehen.
2. Die Energieeigenwerte liegen symmetrisch zum α-Niveau.
3. Der Abstand zwischen HOMO und LUMO (engl. HOMO-LUMO-gap) wird umso geringer, je länger das konjugierte System ist.
4. Das energieärmste π-MO hat nur die Knotenebene, die in der Ebene des σ-Bindungsgerüstes liegt. Jedes nach höherer Energie folgende MO hat eine Knotenebene mehr.

Die Koeffizienten c dienen außerdem zur Berechnung der π-Elektronendichte, der π-Bindungsordnung und der freien Valenz, mit deren Hilfe Aussagen über die Reaktivität (Reaktionsfähigkeit) konjugierter Systeme möglich sind. Die π-*Elektronendichte* am C-Atom 1 ist definiert als die mit 2 multiplizierte Summe der Quadrate ($\rho = \Psi^2$!) c_{11} und c_{21}, weil beide Orbitale mit je zwei Elektronen besetzt sind:

$$q_1 = 2(c_{11}^2 + c_{21}^2) = 1{,}000 \ .$$

Im Buta-1,3-dien ist an jedem C-Atom $q = 1$. In komplizierten konjugierten Systemen, z. B. im Azulen, gibt es jedoch C-Atome mit $q < 1$ und solche mit $q > 1$.

Die π-*Bindungsordnung* zwischen zwei benachbarten C-Atomen ist ein Maß dafür, wie stark die π-MO die beiden C-Atome aneinander binden (zusätzlich zur ohnehin vorhandenen σ-Bindung) und ist daher den entsprechenden π-Bindungsenergien proportional. Sie wird folgendermaßen definiert:

$$p_{12} = 2(c_{11} \cdot c_{12} + c_{21} \cdot c_{22}) = 0{,}894$$

$$p_{23} = 2(c_{12} \cdot c_{13} + c_{22} \cdot c_{23}) = 0{,}447$$

$$p_{34} = 2(c_{13} \cdot c_{14} + c_{23} \cdot c_{24}) = 0{,}894$$

Für eine lokalisierte π-Bindung (Ethen) ist $p = 1$. Daraus folgt, daß die π-Bindung zwischen den C-Atomen 1 und 2 bzw. 3 und 4 des Buta-1,3-diens schwächer ist als im Ethen, andererseits sind aber auch die C-Atome 2 und 3 durch "fast eine halbe π-Bindung" zusätzlich zur σ-Bindung miteinander verbunden. Diese Vorstellung nicht ganzzahliger Bindungen ist der klassischen chemischen Strukturlehre fremd und kann durch Konstitutionsformeln nicht dargestellt werden.

Man hat berechnet, daß ein trigonal hybridisiertes C-Atom nur dann valenzmäßig vollständig abgesättigt ist, wenn die Summe der π-Bindungsordnungen der von ihm ausgehenden π-Bindungen $N_{max} = \sqrt{3}$ ist. Diesen Wert erreichen C-Atome in konjugierten Systemen nur selten. Der Differenzbetrag wird *freie Valenz* F genannt. Für Buta-1,3-dien gilt:

$$F_1 = F_4 = \sqrt{3} - 0{,}894 = 0{,}838$$

$$F_2 = F_3 = \sqrt{3} - (0{,}894 + 0{,}447) = 0{,}391 \ .$$

Demnach sind die C-Atome 2 und 3 valenzmäßig stärker abgesättigt als die C-Atome 1 und 4, womit das Überwiegen der 1,4-Addition erklärt werden kann. C-Atome in konjugierten Systemen können also, obwohl formal vierbindig, noch unterschiedliche Beträge an freier Valenz (Partialvalenzen im Sinne von Thiele) besitzen, was durch Konstitutionsformeln ebenfalls nicht zum Ausdruck gebracht werden kann. In der MO-Theorie tritt daher an die Stelle der Konstitutionsformel das *Moleküldiagramm* mit quantitativen Angaben über π-Elektronendichten, π-Bindungsordnungen und freie Valenzen (s. Abb. 17a). Will man lediglich die Delokalisierung der π-Elektronen ohne quantitative Angaben zum Ausdruck bringen, so zeichnet man an das σ-Bindungsgerüst eine punktierte Linie, die sich über alle an der Konjugation beteiligten Atome erstreckt (s. Abb. 17b).

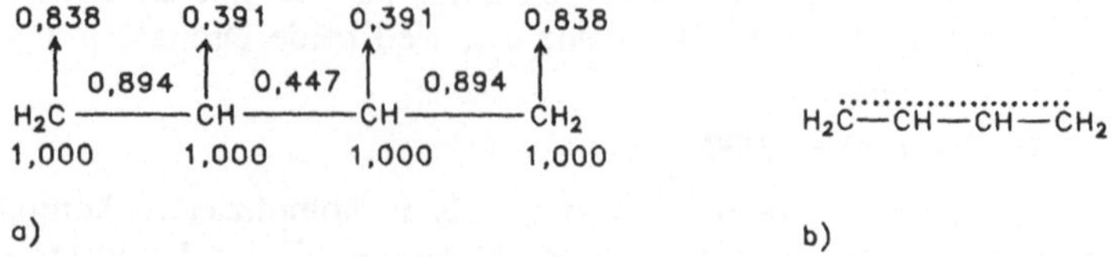

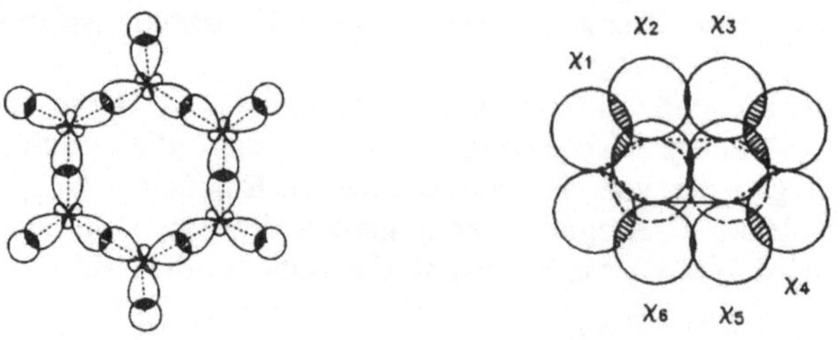

Abb. 17. HMO-Modell der Polyene.

 a) Moleküldiagramm des Buta-1,3-diens

 b) Vereinfachte Darstellung der delokalisierten π-MO

Die HMO-Methode ermöglicht also im wesentlichen nur Aussagen über die Beschaffenheit des π-Systems, während das σ-Bindungsgerüst nicht in die Berechnungen einbezogen wird. Dies stimmt insofern mit der chemischen Erfahrung überein, daß die Reaktionen der betreffenden Verbindungen in fast allen Fällen unter maßgeblicher Beteiligung der π-Elektronen ablaufen. Allgemein gilt, daß konjugierte Verbindungen durch *elektrophile Reagenzien* (s. S. 94) an den C-Atomen mit der höchsten π-Elektronendichte, durch *nucleophile Reagenzien* (s. S. 87) an den C-Atomen mit der niedrigsten π-Elektronendichte und durch Radikale an den C-Atomen mit der höchsten freien Valenz angegriffen werden.

Abb. 18. σ-Bindungsgerüst und delokalisierte π-MO im Benzenmolekül

In den Molekülen der *Annulene* ist das konjugierte System ringförmig geschlossen. Man bezeichnet sie daher als cyclisch konjugierte Systeme. Bei der Anwendung der HMO-Methode werden die σ-Bindungsgerüste der Annulene als eben angesehen. Im Benzenmolekül sind alle sechs C-Atome trigonal hybridisiert. Wie Abb. 18 zeigt, folgt daraus automatisch die Struktur des σ-Bindungsgerüstes als regelmäßiges und spannungsfreies Sechseck. Senkrecht auf seiner Ebene stehen die $2p_z$-AO und bilden durch Überlappung delokalisierte π-MO, die sich über alle C-Atome erstrecken und ringförmig geschlossen sind. Die Linearkombinationen der sechs $2p_z$-AO ergibt sechs π-MO, von denen drei bindend und drei antibindend sind. Die ringförmig-

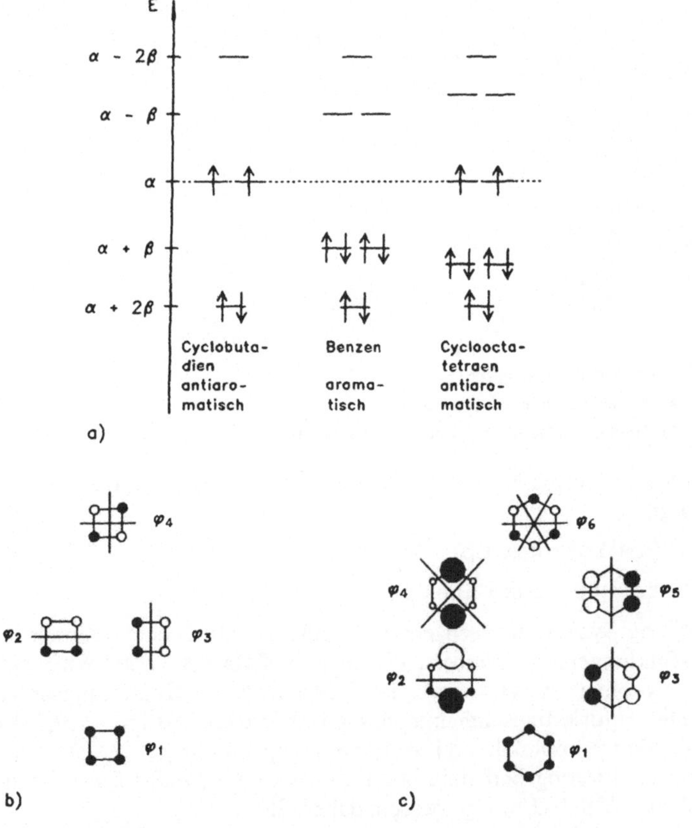

Abb. 19. HMO-Modell der Annulene

a) Energieniveaus der delokalisierten π-MO und Besetzung mit Elektronen

b) schematische Darstellung der delokalisierten π-MO des Cyclobutadiens

c) schematische Darstellung der delokalisierten π-MO des Benzens

symmetrische Struktur des σ-Bindungsgerüstes hat zur Folge, daß je zwei bindende und zwei antibindende π-MO untereinander symmetrieentartet sind ($E_2 = E_3$, $E_4 = E_5$). Die drei bindenden π-MO sind im elektronischen Grundzustand mit den sechs zur Verfügung stehenden Elektronen paarweise besetzt (s. Abb. 19a). Aus Abb. 19c geht die Form der sechs π-MO des Benzens hervor. Wiederum steigt die Energie der MO mit der Zahl der Knotenebenen. Das Moleküldiagramm des Benzens ist in Abb. 20a angegeben. Die übliche Darstellung des Benzenmoleküls gemäß Abb. 20b läßt sich nun leicht verstehen. Das regelmäßige Sechseck symbolisiert das σ-Bindungsgerüst, der Kreis stellt die drei mit sechs Elektronen paarweise besetzten delokalisierten π-MO dar. Aus Gründen der Einheitlichkeit ist jedoch ein punktierter Kreis vorzuziehen (s. S. 30).

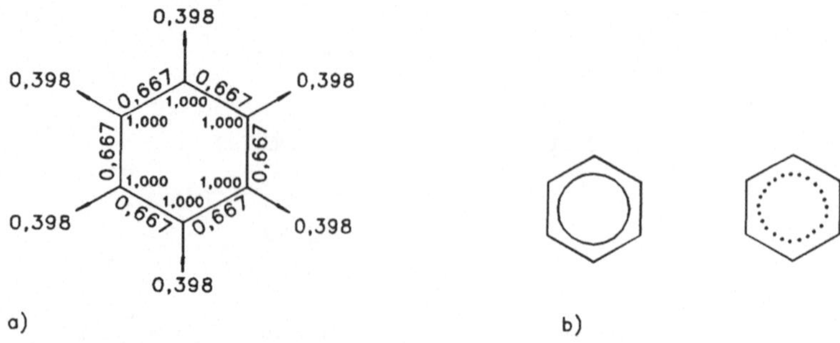

a)   b)

Abb. 20. HMO-Modell der Annulene

    a) Moleküldiagramm des Benzens

    b) Vereinfachte Darstellung der delokalisierten π-MO

Die π-Elektronenenergie E_π und die Resonanzenergie ΔE_π des Benzens ergeben sich wie folgt:

$$E_\pi = 2(\alpha + 2\beta) + 4(\alpha + \beta) = 6\alpha + 8\beta \, ,$$

$$\Delta E_\pi = 6\alpha + 8\beta - 6(\alpha + \beta) = 2\beta \, .$$

Das konjugierte System des Benzens ist somit wesentlich energieärmer als drei isolierte π-Bindungen, wie sie beispielsweise im Octa-1,4,7-trien vorliegen. Die empirische Resonanzenergie wurde durch Messung der Hydrierungsenthalpien ermittelt. Die Hydrierungsenthalpie des Cyclohexens beträgt –119,6 kJ/mol. Würden im Benzenmolekül drei isolierte Doppelbindungen existieren, dann müßte seine Hydrierungsenthalpie bei 3 · (–119,6) = –358,8 kJ/mol liegen. Sie wird jedoch zu –208,3 kJ/mol gemessen, daher gilt:

$$2\beta = -358{,}8 - (-208{,}3) = -150{,}5 \text{ kJ/mol}$$

$$\beta = -75{,}25 \text{ kJ/mol}$$

Auf S. 14 war dargelegt worden, daß bei den Atomen die 2p-AO dreifach symmmetrieentartet sind. Mit insgesamt acht Elektronen sind die 2s- und die drei 2p-AO vollständig besetzt, es liegt das Edelgas Neon vor. Das σ-Bindungsgerüst des Benzens ist jedoch im Gegensatz zu den Atomen ein ebenes Gebilde, die z-Koordinate entfällt und die π-MO mit einer Knotenebene können nur zweifach symmetrieentarten. Im π-Elektronensextett der monocyclisch konjugierten Verbindungen liegt daher ein ähnlich stabiles Gebilde wie im Elektronenoktett der Atome vor, was durch die hohe Resonanzenergie des Benzens bestätigt wird. Dies ist die Ursache für die Stabilität und den relativ gesättigten Charakter der benzoiden Verbindungen.

Im Fall des Cyclobutadiens resultieren aus der Linearkombination der vier $2p_z$-AO vier π-MO (s. Abb. 19a). Das energieärmste π-MO ist bindend. Es folgen zwei symmetrieentartete π-MO mit der Energie $E_2 = E_3 = \alpha$. Derartige Orbitale sind *nichtbindende MO*. Das vierte π-MO schließlich ist antibindend. Für die Besetzung stehen nur vier Elektronen zur Verfügung. Da das Prinzip der maximalen Multiplizität auch für MO gilt, sind zwei Elektronen mit parallelen Spinmomenten auf die beiden nichtbindenden π-MO verteilt. Aus Abb. 19b geht die Form der vier π-MO des Cyclobutadiens hervor. Die π-Elektronenenergie E_π und die Resonanzenergie ΔE_π ergeben sich wie folgt:

$$E_\pi = 2(\alpha + 2\beta) + 2\alpha = 4\alpha + 4\beta \ .$$

$$\Delta E_\pi = 4\alpha + 4\beta - 4(\alpha - \beta) = 0 \ .$$

Die Delokalisierung der π-MO bewirkt in diesem Fall keine Stabilisierung des π-Systems. Verglichen mit dem entsprechenden offen konjugierten System Buta-1,3-dien ($\Delta E_\pi = 0{,}472\beta$) ist Cyclobutadien sogar destabilisiert. Dies ist eine Folge der Besetzung nichtbindender π-MO mit Elektronen.

Alle cyclisch konjugierten Systeme haben ein energiearmes π-MO, zu dessen Besetzung zwei Elektronen erforderlich sind, sowie energiereichere, paarweise symmetrieentartete π-MO, wobei ein Paar durch vier Elektronen vollständig besetzt wird. Daraus ergibt sich die sogenannte *Hückel-Regel*:

Beträgt die Anzahl der π-Elektronen in cyclisch konjugierten Systemen 4n + 2 (n = 0, 1, 2, ...), dann ist das System stabilisiert.

Es ist üblich, cyclisch konjugierte Systeme, die die Hückel-Regel erfüllen, als *aromatisch* zu bezeichnen. Beispiele sind:

n = 0 , Cyclopropenyl-Kation

n = 1 , Cyclopentadienyl-Anion, Benzen, Cycloheptatrienyl-Kation (Tropylium-ion)

n = 2 , Cyclooctatetraenyl-Dianion, Cyclononatetraenyl-Anion, 1,6-Methano-cyclodecapentaen

Cyclisch konjugierte Systeme mit 4n π-Elektronen, wie Cyclobutadien und Cyclooctatetraen (s. Abb. 19a), werden *antiaromatisch* genannt.

Diese Aussagen der MO-Theorie stimmen mit der chemischen Erfahrung überein. So konnte Cyclobutadien bis heute nicht als reine Substanz hergestellt werden. Es ist nur bei sehr tiefen Temperaturen in gefrorenem Argon (einer

Argon-Matrix) existenzfähig. Aus den unter diesen Bedingungen aufgenommenen Spektren geht hervor, daß das Molekül nicht quadratisch planar, sondern rechteckig planar ist (s. Abb. 21a). Dadurch wird die Entartung der nichtbindenden π-MO aufgehoben und die Destabilisierung verringert (s. Abb. 21b).

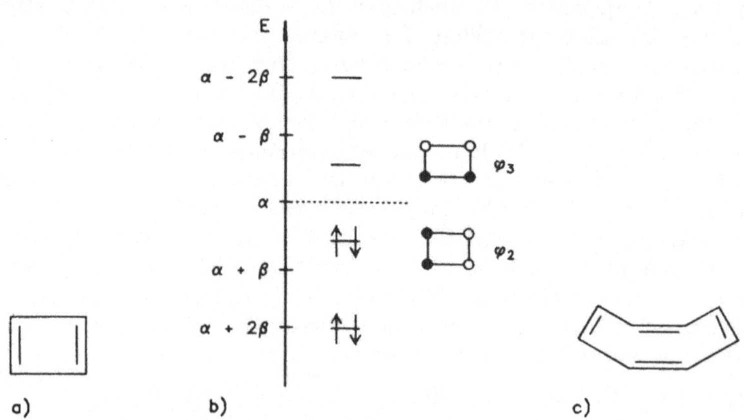

Abb. 21. Struktur der antiaromatischen Annulene

a) Cyclobutadien

b) Elektronischer Grundzustand des Cyclobutadienmoleküls

c) Cyclooctatetraen

Benzen wurde erstmals von Faraday (1825) aus komprimiertem Leuchtgas abgetrennt und als reine Substanz erhalten. Benzen ist eine farblose, stark lichtbrechende, charakteristisch riechende, brennbare Flüssigkeit, die bei 80,1°C siedet und sich nicht in Wasser löst. Benzen erweist sich als thermisch sehr stabil und als wenig reaktionsfähig, z. B. reagiert es im Gegensatz zu Ethen bei Raumtemperatur nicht mit Brom. Die besonderen Eigenschaften des Benzens werden mit der Formulierung *aromatischer Charakter* oder *Aromatizität* umschrieben [2.4].

Cyclooctatetraen wurde erstmals von Willstätter (1911) durch Partialsynthese aus dem Alkaloid Pseudopelletierin erhalten, das in der Rinde des Granatapfelbaums vorkommt. Cyclooctatetraen, eine gelbe Flüssigkeit, ist thermisch wenig stabil und sehr reaktionsfähig, z. B. reagiert es bei Raumtemperatur heftig mit Brom. Wie Cyclobutadien weicht es der maximalen Destabilisierung aus. Die Bindungslängen alternieren, und das Molekül ist nicht eben (s. Abb. 21c). In Bezug auf die experimentell ermittelte Struktur kann man die antiaromatischen Annulene als Cyclopolyene auffassen.

Die Delokalisierung von Elektronen in konjugierten Systemen wurde auch durch physikalische Untersuchungen nachgewiesen. Eines der wichtigsten Verfahren ist die Ermittlung der Bindungslängen in den Molekülen durch

Röntgenstrukturanalyse, Elektronenbeugungsaufnahmen oder spektroskopische Untersuchungen (s. Abb. 22). Man vergleicht die in nichtkonjugierten Verbindungen gemessenen Bindungslängen mit den in konjugierten Systemen ermittelten Bindungslängen. Im Fall des Buta-1,3-diens ergibt sich, daß das Vorhandensein der delokalisierten π-MO den Abstand zwischen den C-Atomen 2 und 3 auf $1,46 \cdot 10^{-10}$ m gegenüber $1,54 \cdot 10^{-10}$ m für die reine Einfachbindung verkürzt. Diese Bindung hat partiellen Doppelbindungscharakter, die MO-Theorie kann ihn durch ihre π-Bindungsordnung quantitativ festlegen. Die Bindungslängen in konjugierten Systemen lassen sich daher aus den π-Bindungsordnungen abschätzen. In den Molekülen der höheren Polyene sind die Bindungslängen der C-C-Einfachbindungen zwar ebenfalls kleiner, trotzdem alternieren die Abstände aber von C-Atom zu C-Atom.

C—C	1,54
C=C	1,33
C≡C	1,21
C—Cl	1,77

a)   b)

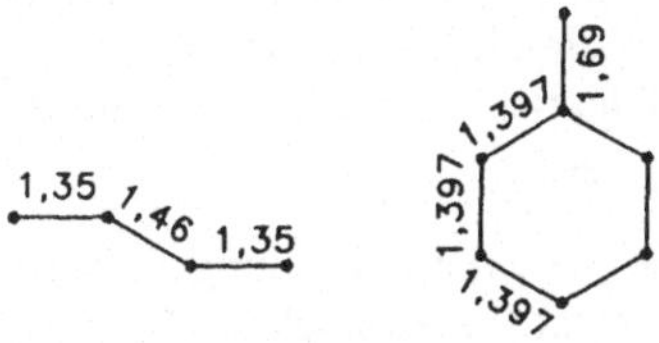

Abb. 22. Bindungslängen (10^{-10} m)

    a) in nichtkonjugierten Verbindungen

    b) im Buta-1,3-dien und im Chlorbenzen

Im Chlorbenzen sind wegen der Ausbildung ringförmig geschlossener delokalisierter π-MO alle C-C-Bindungslängen gleich. Daß aber auch das Chloratom mit seinen nichtbindenden Elektronenpaaren Bestandteil des konjugierten Systems ist, zeigt die Bindungslänge C-Cl. Sie ist mit $1,69 \cdot 10^{-10}$ m kürzer als in nichtkonjugierten Verbindungen. Auch diese Bindung hat partiellen Doppelbindungscharakter.

Insgesamt gesehen zeigt sich, daß durch die elektronische Struktur der Moleküle die räumliche Struktur determiniert ist, also Bindungslängen und Bindungswinkel in den Molekülen festgelegt sind.

Die Absorptionsspektren im ultravioletten und sichtbaren Spektralbereich zeigen ebenfalls das Vorhandensein delokalisierter π-MO. Bei nichtkonjugierten Verbindungen hat jede funktionelle Gruppe oder Mehrfachbindung eine charakteristische Absorptionsbande. Bei konjugierten Systemen dagegen tritt stets ein völlig neuartiges und für das betreffende System charakteristisches Absorptionsspektrum auf. Verbunden damit ist eine Verschiebung der Maxima bei fortschreitender Konjugation nach längeren Wellen, unter Umständen bis ins sichtbare Gebiet hinein, da der Abstand zwischen HOMO und LUMO geringer wird (s. Abb. 15).

Auch durch die Kernresonanz-Spektroskopie und durch die

elektronenparamagnetische Resonanz-Spektroskopie läßt sich die Delokalisierung von Elektronen in konjugierten Systemen nachweisen.

2.2 Polare Bindungen

Die Atome der einzelnen Elemente geben bereits bei der Bildung einwertiger Ionen mit unterschiedlicher Bereitwilligkeit ein Elektron ab oder nehmen es auf. Die entsprechenden Energiebeträge sind die Ionisierungsenergie bzw. die Elektronenaffinität (s. S. 7 und S. 8). Metalle, z. B. Natrium, haben relativ niedrige Ionisierungsenergien (5,14 eV) und niedrige Elektronenaffinitäten (0,84 eV), während Nichtmetalle, z. B. Chlor, hohe Ionisierungsenergien (13,00 eV) und hohe Elektronenaffinitäten (3,63 eV) aufweisen. Daraus geht hervor, daß die Atome der einzelnen Elemente in unterschiedlichem Maße anziehende Kräfte auf Elektronen ausüben. Bei einer kovalenten Bindung zwischen zwei gleichartigen Atomen (homonucleare Bindung) befindet sich das gemeinsame Elektronenpaar in der Mitte zwischen den beiden Atomen:

$$A : A \quad B : B$$

Wenn aber eine kovalente Bindung zwischen zwei verschiedenen Atomen A und B zustande kommt (heteronucleare Bindung), dann sind die Bindungselektronen nicht symmetrisch zwischen A und B verteilt. Wenn zum Beispiel B eine größere Anziehungskraft für Elektronen hat als A, dann ist das gemeinsame Elektronenpaar in Richtung auf B hin verschoben:

$$\overset{(+)}{A} \quad \overset{(-)}{:B}$$

Die Folge ist eine elektrische Unsymmetrie längs der Bindungsachse; die Bindung stellt einen Dipol dar. Solche Bindungen, die in den Molekülen organischer Verbindungen häufig auftreten, nennt man *polare Bindungen*. Sie werden folgendermaßen dargestellt:

$$\overset{\delta^+}{A}\!\!-\!\!\overset{\delta^-}{B}$$

δ willkürlich gedachter Bruchteil der Elementarladung

Zur quantitativen Erfassung dieses Tatbestandes wurde der Begriff Elektronegativität eingeführt [2.5]:
Die Elektronegativität χ eines Elementes ist ein Maß für die Kraft, mit der seine Atome bindende Elektronen innerhalb von Molekülen anziehen.
Die Elektronegativität eines Elementes kann nach Mulliken (1934) aus der Ionisierungsenergie E_I und der Elektronenaffinität E_E seiner Atome berechnet werden:

$$\chi = \frac{E_I + E_E}{2}$$

Einen anderen Weg zur Berechnung der Elektronegativitäten der Elemente hat Pauling angegeben. Ausgangspunkt sind die auf experimentellem Wege ermittelten Bindungsenergien. Man denkt sich die polare Bindung

$$\overset{\delta^+}{A}\!\!-\!\!\overset{\delta^-}{B}$$

entstanden durch Überlagerung der beiden hypothetischen Grenzfälle der reinen Kovalenz A:B und der reinen Elektrovalenz A^+:B^-. Der Grad der Polarität einer Bindung wird auf Grund dieser Vorstellung als *prozentualer Ionencharakter* angegeben. Eine Bindung mit 15% Ionencharakter kommt durch Überlagerung von 85% der Struktur A:B und von 15% der Struktur A^+:B^- zustande. Die Bindungsenergie $E_{A:B}$ der hypothetischen reinen Kovalenz ist gleich dem arithmetischen Mittel aus den Bindungsenergien der reinen Kovalenz A:A und B:B.

$$E_{A:B} = 1/2\,(E_{A:A} + E_{B:B}).$$

Bei der realen polaren Bindung $A^{\delta^+}\!-\!B^{\delta^-}$ ist der hypothetischen reinen Kovalenz A:B noch ein ionischer Anteil A^+:B^- überlagert. Dadurch tritt ein zusätzlicher Betrag an Bindungsenergie Δ_{AB} auf, der die Bindung stabilisiert. Die experimentell bestimmbare Bindungsenergie der polaren Bindung $A^{\delta^+}\!-\!B^{\delta^-}$ ist dann

$$E_{A^{\delta^+}-B^{\delta^-}} = 1/2\,(E_{A:A} + E_{B:B}) + \Delta_{AB}$$

Δ_{AB} ist ein Maß für die Elektronegativitätsdifferenz $\chi_A - \chi_B$ der Elemente A und B:

$$\chi_A - \chi_B \sim \Delta_{AB}.$$

Um aus diesen Differenzen Maßzahlen für die Elektronegativitäten der einzelnen Elemente zu erhalten, setzte Pauling für das elektronegativste Element Fluor $\chi = 4$ und bezog die Elektronegativitäten der übrigen Elemente auf diesen Wert. Auf diesem Wege und nach anderen Methoden wurden folgende Elektronegativitäten berechnet:

			H			
			2,1			
Li	Be	B	C	N	O	F
1,0	1,5	2,0	2,5	3,0	3,5	4,0
Na	Mg	Al	Si	P	S	Cl
0,9	1,2	1,5	1,8	2,1	2,5	3,0
K						Br
0,8						2,8
Rb						I
0,8						2,5

Die Elektronegativitäten nehmen in den Perioden von links nach rechts zu, weil die Zahl der positiven Kernladungen jeweils um eine Einheit ansteigt, die Zahl der die Kernladungen abschirmenden inneren Elektronen (Elektronen auf abgeschlossenen Schalen) aber konstant bleibt, so daß in zunehmendem Maße anziehende Kräfte auf bindende Elektronen ausgeübt werden können. In den Gruppen nehmen die Elektronegativitäten von oben nach unten ab, da die elektronenanziehende Wirkung der positiven Kernladungen durch zunehmende Abschirmung und Vergrößerung des Atomradius abgeschwächt wird.

Aus den Elektronegativitätswerten nach Pauling kann man die Polarität von kovalenten Bindungen abschätzen. Je größer die Elektronegativitätsdifferenz $\Delta\chi$ zweier Elemente ist, zwischen deren Atomen eine kovalente Bindung existiert, desto polarer ist diese Bindung, oder anders ausgedrückt, desto größer ist ihr

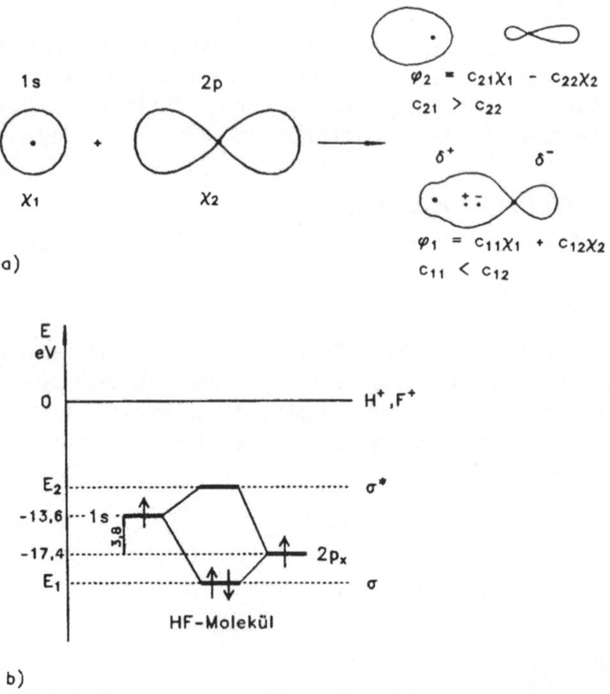

Abb. 23. MO-Theorie des HF-Moleküls

a) bindendes und antibindendes σ-MO durch Linearkombination des 1s-AO des H-Atoms mit dem 2p$_x$-AO des F-Atoms

b) Energieniveaus der Atom- und Molekülorbitale und Besetzung mit Elektronen (E_1 = -20 eV)

partieller Ionencharakter. Mit Hilfe einer von Pauling angegebenen Beziehung läßt sich aus $\Delta\chi$ der Ionencharakter der Bindung in Prozent berechnen. Beträgt beispielsweise $\Delta\chi$ 0,8, dann hat die Bindung 15% Ionencharakter.

Im Rahmen der MO-Theorie werden polare Bindungen durch eine Deformation der MO entlang der Bindungsachse beschrieben. Ein besonders einfaches Beispiel ist das Molekül des Fluorwasserstoffs HF. Bindendes und antibindendes σ-MO resultieren aus der Linearkombination (Überlappung) des 1s-AO des H-Atoms mit dem einfach besetzten 2p-AO des F-Atoms (s. Abb. 23a). Das mit zwei Elektronen besetzte σ-MO ist dahingehend deformiert (polarisiert), daß Ψ^2 entlang der Bindungsachse in der Nähe des F-Atoms größere Werte hat als in der Nähe des H-Atoms. Es gilt $c_{11} < c_{12}$, weil die Energien der AO, aus deren Überlappung die Bindung resultiert, verschieden sind. Die Energien dieser AO beeinflussen sowohl die Ionisierungsenergie als auch die Elektronenaffinität der betreffenden Atome. Im Bild 23b dient die Ionisierungsenergie zur näherungsweisen Charakterisierung der energetischen Lage der AO. Danach beträgt die Energiedifferenz 3,8 eV, und der Bindungspartner mit dem tiefer liegenden AO ist partiell negativ geladen. Im H_2-Molekül (s. Abb. 5) und im F_2-Molekül dagegen haben die AO, durch deren Überlappung die rein kovalente (unpolare) Bindung in diesen Molekülen zustande kommt, die gleiche Energie.

Als Fazit ergibt sich, daß nach der MO-Theorie polare Bindungen immer dann vorliegen, wenn eine Überlappung zwischen AO unterschiedlicher Energie erfolgt und diese deswegen mit unterschiedlichen Koeffizienten c_n in die Linearkombination eingehen. Die freigesetzte Bindungsenergie des Moleküls

$$\overset{\delta^+}{H}\!\!-\!\!\overset{\delta^-}{F}$$

ist somit das Resultat einer *Orbitalwechselwirkung* und einer *Coulomb-Wechselwirkung*. Bei größeren Energiedifferenzen zwischen den AO nimmt die Orbitalwechselwirkung mehr und mehr ab und die Coulomb-Wechselwirkung dementsprechend zu, bis im Lithiumfluorid infolge der Energiedifferenz von 12,0 eV eine rein ionische Bindung vorliegt. Schon Natriumchlorid (Energiedifferenz 7,9 eV) weist eine rein ionische Bindung auf.

Die in der organischen Chemie am häufigsten vorkommenden Bindungen sind die C–C- und die C–H-Bindung. Die C–C-Bindung ist als homonucleare Bindung unpolar, die C–H-Bindung infolge der geringen Elektronegativitätsdifferenz zwischen C und H nur schwach polar (prozentualer Ionencharakter 4%). Allerdings gilt der Wert 2,5 nur für das sp^3-hybridisierte C-Atom. Die Exzentrizität der AO des hybridisierten C-Atoms nimmt mit zunehmenden s-Anteil in der Reihenfolge sp^3-, sp^2-, sp-Hybrid ab, damit verstärkt sich die anziehende Kraft des positiv geladenen Kerns auf die bindenden Elektronen. Die Elektronegativität des Kohlenstoffs ist daher abhängig von der Art der Hybridisierung und nimmt in der angegebenen Reihenfolge zu, dies wirkt sich besonders bei den Acetylenen aus. Die C–H-

Bindung eines dreifach gebundenen C-Atoms ist im Gegensatz zu den C-H-Bindungen der Alkane polar, was sich in einer Deformierung des entsprechenden σ-MO ausdrückt, bezüglich der Bindungsachse bleibt es trotzdem rotationssymmetrisch (s. Abb. 24). Deshalb gehörten Acetylene zu den *CH-aciden Verbindungen* und bilden Metallsalze (Acetylide oder Carbide), sofern sie mindestens einmal die Gruppierung $\equiv$C-H enthalten.

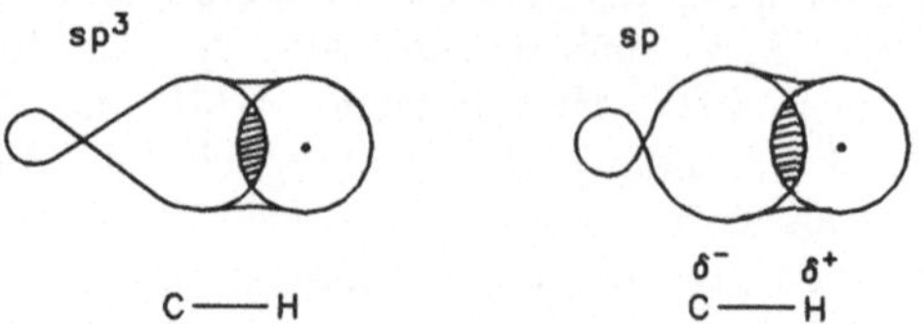

Abb. 24. Einfluß der Hybridisierung auf die Elektronegativität des Kohlenstoffs

Allgemein kann man sagen, daß die Kohlenwasserstoffe die Prototypen rein kovalent gebauter Verbindungen darstellen, ihre Moleküle sind unpolar. Eine Ausnahme bilden Acetylene mit endständiger Dreifachbindung. Anders liegen die Verhältnisse, wenn organische Verbindungen Heteroelemente enthalten. Zwischen Kohlenstoff und Sauerstoff beispielsweise beträgt die Differenz der Elektronegativitäten eine Einheit. In einer C-O-Bindung zieht daher das Sauerstoffatom das Bindungselektronenpaar um einen gewissen Betrag zu sich herüber, die Bindung ist polar. Das Gleiche trifft für die C-F- und die C-Cl-Bindung zu. Auch bei der C-Mg-Bindung handelt es sich um eine polare Bindung, allerdings trägt das C-Atom die negative Partialladung.

2.3 Donor-Akzeptor-Bindungen

Donor-Akzeptor-Bindungen unterscheiden sich von den bisher betrachteten Bindungen dadurch, daß ein Bindungspartner mehr Elektronen beisteuert als der andere. Der einfachste Fall ist eine σ-Bindung, bei der beide Elektronen von einem Bindungspartner stammen, z. B.:

$$
\begin{array}{c}
C_2H_5 \\
 \diagdown \\[-2pt]
 \ddot{O} \quad + \quad BF_3 \quad \longrightarrow \quad (C_2H_5)_2 \overset{\oplus}{\ddot{O}} - \overset{\ominus}{\ddot{B}}F_3 \\[-2pt]
 \diagup \\
C_2H_5
\end{array} \qquad (2.1)
$$

$$(C_2H_5)_2O \rightarrow BF_3$$

Donor   Akzeptor
Lewis-Base   Lewis-Säure
Nucleophil   Elektrophil

Daraus folgt, daß im Molekül des Bortrifluorid-etherates zwei entgegengesetzte Ladungen auftreten. Die positive Ladung ist eine Kernladung des Donors und die negative die eines Elektrons des Donors. Der Valenzstrich symbolisiert wieder eine σ-Bindung. In der zweiten Formel bringt der Pfeil sowohl die σ-Bindung als auch die Ladungsverteilung zum Ausdruck, negative Ladung ist vom Donor zum Akzeptor übergegangen. Die Bindungsenergie beträgt 72,4 kJ/mol. Derartige Bindungen werden auch koordinative Bindungen oder dative Bindungen genannt.

Bereits an dieser Stelle muß darauf hingewiesen werden, daß Donor-Akzeptor-Wechselwirkungen von grundsätzlicher Bedeutung für die Chemie sind. Dies betrifft einmal den Bezug zur Säure-Base-Theorie nach Lewis (1923) [2.6]. Danach sind Verbindungen wie Diethylether mit mindestens einem nichtbindenden Elektronenpaar Lewis-Basen und Verbindungen wie Bortrifluorid mit einer Oktettlücke Lewis-Säuren.

Andererseits läßt sich ein Bezug zu zahlreichen organisch-chemischen Reaktionen herstellen. Verbindungen wie Diethylether nennt man *Nucleophile*, weil viele ihrer Reaktionen darauf beruhen, daß ein nichtbindendes Elektronenpaar bindend wird, sich gewissermaßen einen Kern (eine Oktettlücke) sucht. Demgegenüber reagiert Bortrifluorid als *Elektrophil*, es ist bestrebt, die Oktettlücke durch die Elektronen des Nucleophils zu schließen. Nucleophil und Elektrophil sind zentrale Begriffe der organischen Chemie.

Die MO-Theorie ermöglicht die Zusammenführung und Verallgemeinerung dieser Konzepte, indem jede derartige Reaktion als *Wechselwirkung eines besetzten Orbitals des Donors mit einem unbesetzten Orbital des Akzeptors* aufgefaßt wird. Damit ergibt sich die Möglichkeit zur Erklärung einiger empirischer Prinzipien und Regeln, von denen das Prinzip der harten und weichen Lewis-Säuren und Lewis-Basen (HSAB-Prinzip, von engl. principle of *hard* and *soft* *acids* and *bases*) am bekanntesten ist. Es wurde von Pearson (1963) wie folgt formuliert [2.7]:

Harte Lewis-Säuren verbinden sich vorzugsweise mit harten Lewis-Basen und weiche Lewis-Säuren mit weichen Lewis-Basen.

Diethylether (harte Base) reagiert mit Bortrifluorid (harte Säure) (s. Gleichung 2.1), aber nicht mit Trimethylgallium (weiche Säure). Ethanthiolationen (weiche Base) reagieren mit Hg^{2+}-Ionen (weiche Säure):

$$2\ C_2H_5\!-\!\overset{\ominus}{\underset{\cdot\cdot}{\ddot{S}}} \ +\ Hg^{2+} \longrightarrow Hg(SC_2H_5)_2 \qquad (2.2)$$

Im Fall der Hg^{2+}-Ionen handelt es sich um unbesetzte AO. Demgegenüber reagieren Ethanolationen (harte Base) nicht mit Hg^{2+}-Ionen.

Wenn wie bei den eben beschriebenen Reaktionen A + B $\longrightarrow$ Produkt ein Teilchen des Stoffes A mit einem Teilchen des Stoffes B zusammenstößt, dann sind vier Arten der Wechselwirkung möglich:

1. Abstoßende Kräfte zwischen Ladungen gleichen Vorzeichens von A und B.
2. Anziehende Kräfte zwischen Ladungen entgegengesetzten Vorzeichens von A und B.
3. Abstoßende Kräfte zwischen den besetzten Orbitalen von A und B.
4. Anziehende Kräfte zwischen besetzten Orbitalen von A und unbesetzten Orbitalen von B sowie umgekehrt.

Die *Grenzorbital-Theorie* (FO-Theorie, FMO-Theorie, s. S. 27) geht davon aus, daß der zuletzt genannte Typ der Wechselwirkung hauptsächlich durch die Grenzorbitale von A und B verursacht wird. Für den Fall der Reaktion einer Lewis-Base (eines Nucleophils) A mit einer Lewis-Säure (einem Elektrophil) B tritt das HOMO von A mit dem LUMO von B in Wechselwirkung. Die Gesamtenergie ΔE der Wechselwirkung ergibt sich aus einer vereinfachten Form der Gleichung von Klopman und Salem [2.8] wie folgt:

$$\Delta E = - \frac{Q_A Q_B}{\varepsilon\, r} + \frac{2(c_A c_B \beta)^2}{E_{HOMO,A} - E_{LUMO,B}}$$

$$\underset{\text{Term}}{\underset{\text{Coulomb-}}{}} \qquad \underset{\text{Grenzorbital-Term}}{}$$

$Q_{A,B}$ Ladung an den Reaktionszentren von A und B
ε lokale Dielektrizitätskonstante
r Abstand der Reaktionszentren
c_A Koeffizient des HOMO am Reaktionszentrum von A
c_B Koeffizient des LUMO am Reaktionszentrum von B
β Resonanzintegral
E Energie des HOMO von A bzw. des LUMO von B

ΔE ist groß und positiv, wenn
- Q_A und Q_B entgegengesetzte Vorzeichen haben,
- die Absolutbeträge von Q_A und Q_B groß sind,
- c_A und c_B groß sind,
- die Differenz $E_{HOMO,A} - E_{LUMO,B}$ klein ist.

Im Fall der Reaktion gemäß Gleichung 2.1 sind das Sauerstoffatom des Diethylethers und das Boratom des Bortrifluorids die Reaktionszentren. Die Elektronegativitätsdifferenz zwischen Sauerstoff und Bor beträgt 1,5, somit haben Q_A und Q_B entgegengesetzte Vorzeichen und sind groß (s. S. 39). Bei der Reaktion eines harten Nucleophils mit einem harten Elektrophil dominiert deswegen der Beitrag des Coulomb-Terms zu ΔE. Es handelt sich um eine *ladungskontrollierte Reaktion*.

Im Fall der Reaktion gemäß Gleichung 2.2 beträgt die Elektronegativitätsdifferenz zwischen Schwefel und Quecksilber nur 0,6. Hier ist der Beitrag des Coulomb-Terms klein, dafür aber der des Grenzorbital-Terms groß (s. Abb. 25). Ein weiches Nucleophil und ein weiches Elektrophil ermöglichen eine *orbitalkontrollierte Reaktion*. Aus der Wechselwirkung der Grenzorbitale resultieren bindendes und antibindendes MO der entstehenden Bindung, die dann im Produkt vorliegt. Im Prinzip ist natürlich auch eine Wechselwirkung des LUMO von A mit dem HOMO von B möglich (s. Abb. 25). Die entsprechende Energiedifferenz zwischen beiden MO ist jedoch groß und die Wechselwirkung demnach vernachlässigbar gering.
Bei einer Kombination hart-weich sind sowohl der Coulomb-Term als auch der Grenzorbital-Term unerheblich, und ΔE ist sehr klein.

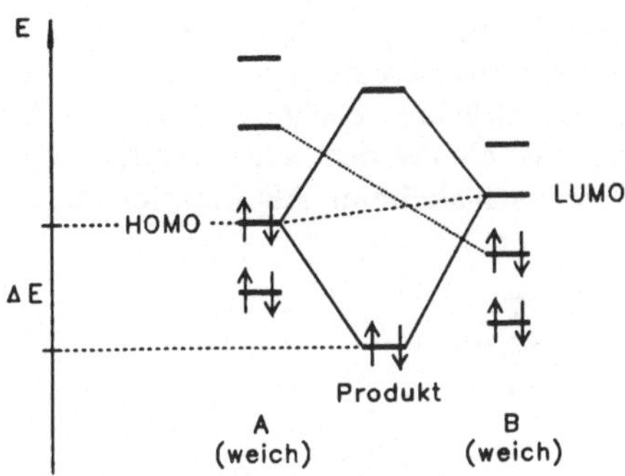

Abb. 25. Orbitalkontrollierte Reaktion und HSAB-Prinzip

Sowohl der Diethylether als auch das Ethanthiolation verdanken ihren nucleophilen Charakter den nichtbindenden Elektronenpaaren. Andererseits können auch π-Elektronen nucleophile Eigenschaften verursachen, etwa im Ethen, Buta-1,3-dien und Benzen. Diese Verbindungen sind durchweg als weich einzustufen und bilden daher z. B. mit Pt^{2+} (weich) sogenannte π-Komplexe, z. B.:

2.4 Polare Substituenteneffekte

Zahlreiche experimentelle Untersuchungen haben ergeben, daß die Reaktivität organischer Verbindungen durch Substituenten beeinflußt wird, die an den Rest R eines Kohlenwasserstoffs oder an ein heterocyclisches System gebunden sind. Zur Deutung und Erklärung dieser Substituenteneinflüsse wurden Modellvorstellungen entwickelt, die gewöhnlich als Effekte bezeichnet werden. Man unterscheidet zwischen den *polaren* und den *sterischen Effekten*. Die polaren Substituenteneffekte werden häufig als elektronische Effekte bezeichnet. In der Chemie sind jedoch alle strukturellen Merkmale, die sich auf die Reaktivität auswirken, letztlich elektronischer Natur. Es hat sich als zweckmäßig erwiesen, bei den polaren Substituenteneffekten zwischen dem induktiven Effekt und dem mesomeren Effekt zu unterscheiden.

Der induktive Effekt (I-Effekt)

Wie im Abschn. 2.2 erläutert, hat die Anwesenheit von Heteroatomen in den Molekülen organischer Verbindungen im Falle größerer Elektronegativitätsdifferenzen der Bindungspartner polare Bindungen zur Folge. Die Polarität einer derartigen Bindung überträgt sich auf benachbarte Bindungen, allerdings in geringerem Grade. Eine polare Bindung induziert im restlichen Teil des Moleküls gleichsinnige Elektronenverschiebungen, wodurch rein kovalente Bindungen in diesem Teil des Moleküls ebenfalls partiellen Ionencharakter aufweisen, der jedoch geringer ist als der der induzierenden Bindung und mit wachsender Entfernung von ihr rasch abnimmt. Als Beispiele dienen Chlorethan und das Ethanolation:

$$-I\text{-Effekt} \qquad +I\text{-Effekt}$$

Der von elektronenanziehend wirkenden Substituenten ausgeübte induktive Effekt wird –I-Effekt genannt. Einen derartigen Effekt üben außer den Halogenatomen noch andere Substituenten aus, von denen die folgenden besonders wichtig sind:

$$-\overset{\oplus}{O}R_2, \quad -\overset{\oplus}{N}R_3, \quad -NO_2, \quad {\Large\diagdown}C{=}O, \quad -C{\equiv}N, \quad -OR, \quad -OH, \quad -NR_2, \quad -NH_2.$$

Der von elektronenabstoßend wirkenden Substituenten ausgeübte Effekt wirkt gegensinnig und heißt +I-Effekt. Die negative Ladung des O-Atoms im Ethanolation drückt das Bindungselektronenpaar weg und verleiht der Bindung zum Kohlenstoff partiellen Ionencharakter, der induktive Effekt überträgt ihn auf die benachbarten Bindungen. Zu den Substituenten mit +I-Effekt gehören weiterhin Metallatome, z. B. in den Grignard-Verbindungen R–MgBr. Auch Alkylgruppen $-CH_3$, $-CH_2CH_3$, $-CH(CH_3)_2$, $-C(CH_3)_3$ besitzen einen zwar schwachen, aber in der angegebenen Reihenfolge zunehmenden +I-Effekt. Im +I-Effekt der tert-Butylgruppe summieren sich die Polaritäten von neun C–H-Bindungen.

Die vom Substituenten ausgehende Polarisierung des Moleküls entlang der σ-Bindungen wird oft als σ-induktiver Effekt vom sogenannten *Feldeffekt* getrennt. Unter letzterem versteht man die vom Substituenten ausgehende Polarisierung durch den Raum oder über Lösungsmittelmoleküle hinweg.

Der experimentelle Nachweis des induktiven Effektes ist durch spektroskopische Untersuchungen oder durch Messung der Dissoziationskonstanten substituierter Essigsäuren möglich:

$$H-CH_2COOH$$
$$1{,}75 \cdot 10^{-5}$$

$$\overset{\delta^-}{X}-CH_2-C\overset{O}{\underset{O-H}{\overset{\delta^+}{\diagup}}}$$

FCH$_2$COOH	$280 \cdot 10^{-5}$
ClCH$_2$COOH	$155 \cdot 10^{-5}$
NCCH$_2$COOH	$370 \cdot 10^{-5}$

$$\overset{\delta^+}{Y}-CH_2-C\overset{O}{\underset{O-H}{\overset{\delta^-}{\diagup}}}$$

$$CH_3CH_2COOH \quad 1{,}38 \cdot 10^{-5}$$

Dissoziation wird
begünstigt

Dissoziation wird
erschwert

Der mesomere Effekt (M-Effekt, Resonanzeffekt)

Der M-Effekt tritt nur auf, wenn Substituenten an ein sp^2- oder sp-hybridisiertes C-Atom gebunden sind. Demnach liegen konjugierte Systeme vor, und die MO-Theorie ermöglicht eine Erklärung des M-Effektes. Hier soll jedoch der M-Effekt zunächst mit Hilfe der *Mesomerielehre* beschrieben werden. Sie hat den Vorteil, die einfache und vertraute Symbolik der klassischen chemischen Strukturlehre größtenteils beizubehalten. Die Mesomerielehre wurde um 1922 von Chemikern entwickelt (A. Lapworth, R. Robinson, C. K. Ingold, F. Arndt, E. Weitz). Als Beispiele dienen eine α,β-ungesättigte Carbonylverbindung und ein Enamin:

$$R-\overset{3}{C}H=\overset{2}{C}H-\overset{1}{C}=\bar{\underline{O}} \quad\longleftrightarrow\quad R-CH=CH-\overset{\oplus}{C}-\overset{\ominus}{\underline{O}}| \quad\longleftrightarrow\quad R-\overset{\oplus}{C}H-CH=\overset{\ominus}{C}-\overset{\ominus}{\underline{O}}|$$
$$\quad\;\;\, I \qquad\qquad\qquad\qquad\quad II \qquad\qquad\qquad\qquad III$$

$$R-\overset{2}{C}H=\overset{1}{C}H-\bar{N}R_2 \quad\longleftrightarrow\quad R-\overset{\ominus}{C}H-CH=\overset{\oplus}{N}R_2$$
$$\qquad\quad I \qquad\qquad\qquad\qquad\quad II$$

Die Mesomerielehre beschreibt den Grundzustand der konjugierten Systeme, der durch *eine* Konstitutionsformel nicht wiedergegeben werden kann, folgendermaßen: Man denkt sich den Grundzustand zustande gekommen durch Überlagerung zweier oder mehrerer Zustände, von denen jeder durch eine Konstitutionsformel (mit dem Zusatz, daß nichtbindende Elektronenpaare durch Striche und ungepaarte Elektronen durch Punkte gekennzeichnet werden) eindeutig wiedergegeben werden kann. Der Grundzustand wird *mesomerer Zustand (Resonanzhybrid)* genannt; die zu seiner Beschreibung überlagert gedachten Konstitutionsformeln · werden als *mesomere Grenzstrukturen* bezeichnet. Die Überlagerung wird durch den Mesomeriepfeil angedeutet. Dabei gilt, daß der Energieinhalt jeder mesomeren Grenzstruktur größer ist als der des mesomeren Grundzustandes. Anders formuliert: bei der gedachten Überlagerung der Grenzstrukturen wird ein Energiebetrag frei; er wird *Mesomerieenergie* genannt und entspricht der Resonanzenergie der MO-Theorie.

Ist der Substituent in mesomeren Grenzstrukturen negativ geladen, dann liegt ein –M-Effekt vor, im umgekehrten Fall ein +M-Effekt. Substituenten mit –M-Effekt sind:

$$-CHO, \quad -COR, \quad -COOR, \quad -CN, \quad -NO_2.$$

Infolge der größeren Elektronegativität der Heteroelemente (O und N) entziehen die Substituenten dem konjugierten System π-Elektronen und sind deshalb negativ geladen.
Einen +M-Effekt weisen folgende Substituenten auf:

$$-NH_2, \quad -NR_2, \quad -\overset{\ominus}{O}, \quad -OH, \quad -OR, \quad -F, \quad -Cl, \quad -Br, \quad -I.$$

Jedes der Heteroatome verfügt über mindestens ein freies Elektronenpaar. Dadurch, daß dieses in das konjugierte System einbezogen wird, trägt der Substituent eine positive Ladung.
Zu Aussagen über die Reaktivität konjugierter Systeme gelangt die Mesomerielehre durch folgende Überlegung: Die einzelnen Grenzstrukturen, die alle energiereicher sind als der mesomere Grundzustand, können, miteinander verglichen, verschiedene Energieinhalte haben. Ist dies der Fall, dann hat jene Struktur den größten Anteil am Grundzustand (das größte Gewicht), die am energieärmsten ist. Da man den relativen Energieinhalt der verschiedenen Grenzstrukturen eines konjugierten Systems abschätzen kann, ist es möglich anzugeben, welche der Grenzstrukturen das größte Gewicht hat. Diese energieärmste mesomere Grenzstruktur, die dem konjugiertem System im wesentlichen das Gepräge gibt, wird *Grundstruktur* genannt. Auch sie ist immer energiereicher als der mesomere Grundzustand. Die Energiedifferenz zwischen ihr und dem Grundzustand ist die Mesomerieenergie (s. Abb. 26). Von verschiedenen Grenzstrukturen sind diejenigen am energieärmsten,

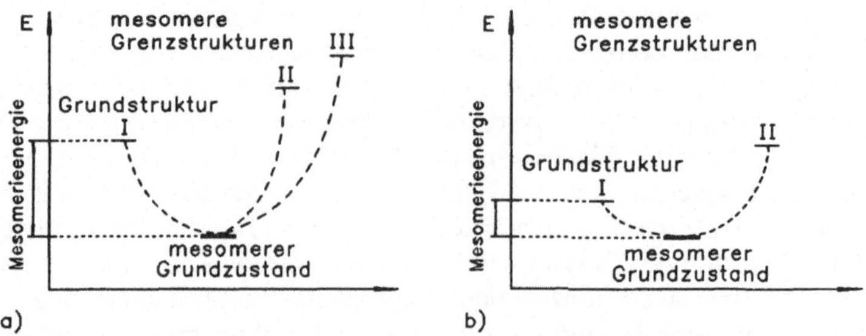

Abb. 26. Mesomerer Grundzustand, Grundstruktur und mesomere Grenzstrukturen

a) α,β-ungesättigte Carbonylverbindungen

b) Enamine

1. die die größte Zahl kovalenter Bindungen enthalten (I bei α,β-ungesättigten Carbonylverbindungen, I bei Enaminen),
2. die eine negative Ladung am elektronegativsten Atom tragen,
3. in denen Ladungen gleichen Vorzeichens möglichst weit und Ladungen entgegengesetzten Vorzeichens möglichst wenig voneinander entfernt sind.

Grenzstrukturen, die entkoppelte Elektronen mit parallelen Spinmomenten enthalten, sind so energiereich, daß sie keinen Beitrag zum mesomeren Grundzustand leisten.

Die Mesomerieenergie, die die Stabilisierung des Moleküls infolge Konjugation ausdrückt, ist um so größer,

1. je größer die Zahl der mesomeren Grenzstrukturen von gleich großem oder ungefähr gleich großem Energieinhalt ist,
2. je kleiner die räumliche Verdrehung der an der Konjugation beteiligten Atome gegeneinander ist. Die Mesomerieenergie erreicht ein Maximum, wenn alle an der Konjugation beteiligten Atome in einer Ebene liegen.

Wenn man konjugierte Systeme aus Gründen der Einfachheit durch eine Konstitutionsformel wiedergeben will, muß man die Grundstruktur (I bei α,β-ungesättigten Carbonylverbindungen, I bei Enaminen) wählen. Sie nähert sich dem wirklichen mesomeren Grundzustand am meisten. Zur Beurteilung der Reaktionsfähigkeit können die anderen Grenzstrukturen herangezogen werden. Beispielsweise bringen die Grenzstrukturen II und III der α,β-ungesättigten Carbonylverbindungen zum Ausdruck, daß die π-Elektronendichte an den C-Atomen 1 und 3 am niedrigsten ist. Nucleophile Reagenzien greifen daher bevorzugt diese Positionen an. Die Grenzstruktur II der Enamine zeigt, daß die π-Elektronendichte am C-Atom 2 am höchsten ist. Dort können demnach elektrophile Reagenzien angreifen (s. S. 30).

Die Betrachtungsweise der konjugierten Systeme durch die Mesomerielehre soll noch an zwei weiteren Beispielen erläutert werden. Bekanntlich ist Phenol stärker sauer als Methanol.

I II III IV V

Mesomere Grenzstrukturen des Phenols, +M-Effekt

I II III IV V

Mesomere Grenzstrukturen des Phenolations, +M-Effekt

Beim Phenol sind die Grenzstrukturen III bis V viel energiereicher als I und II (die Ladungstrennung erfordert Energie), so daß ihr Anteil am Grundzustand gering ist. Im Phenolation tragen alle Grenzstrukturen nur eine negative Ladung. Daher ist die Energiedifferenz zwischen III, IV, V und I, II nicht so groß, und das System Phenolation-Proton hat eine größere Mesomerieenergie als das undissoziierte Phenol. Deswegen hat Phenol eine größere Dissoziationskonstante als Methanol, bei dem die Dissoziation nicht durch den +M-Effekt gefördert werden kann.

Analog dazu läßt sich begründen, daß Anilin eine schwächere Base als Methylamin ist.

Mesomere Grenzstrukturen des Anilins, +M-Effekt

Mesomere Grenzstrukturen des Aniliniumions

Im Anilin kann die Aminogruppe einen +M-Effekt ausüben, so daß die mesomeren Grenzstrukturen I bis V am Grundzustand beteiligt sind. Das Aniliniumion weist nur die beiden Grenzstrukturen I und II auf. Eine Übernahme der positiven Ladung durch den Kern, wie es die Grenzstruktur III ausdrücken würde, ist unmöglich, weil Stickstoff nicht fünfbindig sein kann. Das Pauli-Prinzip verbietet Oktettüberschreitungen auf der L-Schale. Die Mesomerieenergie des Anilins ist also größer als die des Systems Aniliniumion - Chloridion. Daher ist Anilin schwächer basisch als Methylamin, bei dem die Salzbildung nicht durch eine Verminderung der Mesomerieenergie gehemmt werden kann.

Zusammenfassend läßt sich über polare Substituenteneffekte folgendes aussagen: Bei Verbindungen, in denen der Substituent an ein sp^3-hybridisiertes C-Atom gebunden ist, wirkt nur der I-Effekt. Befindet sich der Substituent an einem sp^2- oder sp-hybridisierten C-Atom, dann sind I-Effekt und M-Effekt möglich, wobei der I-Effekt hauptsächlich die σ-Elektronen und der M-Effekt die π-Elektronen betrifft. Substituenten an einem kohlenstoffhaltigen Rest R können somit in zwei Gruppen eingeteilt werden:

- *Akzeptor-Substituenten (elektronenanziehende Substituenten)*. Dies sind Substituenten mit –I- und/oder –M-Effekt.
- *Donor-Substituenten (elektronenabstoßende Substituenten)*. Dazu gehören

Substituenten mit +I- und/oder +M-Effekt.

Haben I- und M-Effekt entgegengesetzte Vorzeichen, dann dominiert meist einer der beiden Effekte. So zählen die Substituenten NR_2 und OR zu den Donor-Substituenten, die Halogenatome zu den Akzeptor-Substituenten.

Für die MO-Theorie ist eine etwas modifizierte Einteilung der Substituenten günstiger:

- *Einfache, nur aus C-Atomen bestehende konjugierte Systeme*, z. B. die Vinylgruppe und die Phenylgruppe. Sie erhöhen die Energie des HOMO und senken die Energie des LUMO, verglichen mit der unsubstituierten Verbindung (fortschreitende Konjugation, s. Abb. 15 S. 27).

- *Akzeptor-Substituenten außer Vinyl-, Phenyl- usw.* Sie senken die Energie von HOMO und LUMO, verglichen mit der unsubstituierten Verbindung.

- *Donor-Substituenten einschließlich Alkylgruppen.* Sie erhöhen die Energie von HOMO und LUMO, verglichen mit der unsubstituierten Verbindung.

Würde z. B. bei der in Abb. 25 (s. S. 43) schematisch dargestellten Reaktion $A + B \longrightarrow$ Produkt eine Verbindung C eingesetzt, die sich von B dadurch unterscheidet, daß an das Reaktionszentrum ein Donor-Substituent gebunden ist, dann würde der Beitrag des Grenzorbital-Terms zu ΔE kleiner werden, und C müßte langsamer reagieren als B. Ein Beispiel für eine derartige Beschreibung der polaren Substituenteneffekte mit Hilfe der Grenzorbital-Theorie wird auf S. 121 gegeben.

2.5 Sterische Substituenteneffekte

Bedingt durch die räumliche Struktur der Moleküle kann es zu einer intramolekularen Annäherung von nicht direkt miteinander verbundenen Atomen oder Atomgruppen kommen. Als Beispiel dient die innere Rotation in den Molekülen der 1-Halogenpropane:

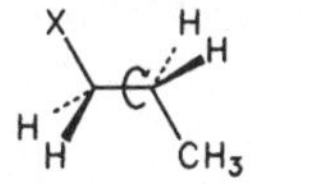

antiperiplanar 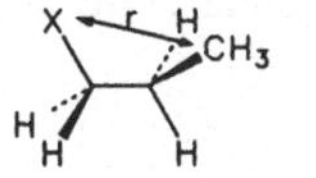   synclinal (gauche)

van der Waals-Radien
$(10^{-10}$ m)

H	1,20
F	1,35
Cl	1,80
Br	1,95
I	2,15
CH_3	2,00

Geht man vom antiperiplanaren Konformer eines 1-Halogenpropans aus und dreht die CH_2–CH_3-Gruppe um die Bindungsachse der C-Atome 1 und 2, dann nähert sich die CH_3-Gruppe dem Halogenatom, bis das synclinale Konformer vorliegt. In diesem Konformer wirken für die Fälle X = Cl, Br anziehende van der Waals-Kräfte zwischen X und CH_3, weil der Abstand r zwischen dem Kern des X-Atoms und dem Kern des C-Atoms der CH_3-Gruppe etwa der Summe der van der Waals-Radien von X und CH_3 gleicht. Demzufolge ist das synclinale Konformer stabiler (energieärmer) als das antiperiplanare Konformer.

Die entscheidende experimentell zugängliche Größe für den Raumbedarf eines Substituenten ist sein van der Waals-Radius. Darunter versteht man den Abstand vom Mittelpunkt des kugelförmig angenommenen Substituenten bis zu einem Punkt, an dem bei der Berührung mit einem anderen Substituenten die anziehenden van der Waals-Kräfte maximal sind. Bei der weiteren Annäherung der beiden Substituenten überwiegen stark abstoßende van der Waals-Kräfte. So unterschreitet in den 1-Halogenpropanen für den Fall X = I der Abstand r im synclinalen Konformer die Summe der van der Waals-Radien von I und CH_3. Jetzt wirken abstoßende van der Waals-Kräfte, und das synclinale Konformer ist instabiler als das antiperiplanare Konformer.

Die soeben beschriebene Wechselwirkung von Substituenten bei einer gegenseitigen Annäherung bezeichnet man als *nichtbindende Wechselwirkung* und meint damit nichtkovalente Wechselwirkung. Allgemein gilt, daß konstitutionsisomere Moleküle um so stabiler sind, je mehr sich nicht direkt miteinander verbundene Atome oder Atomgruppen bis auf eine Entfernung nähern können, die etwa gleich der Summe der entsprechenden van der Waals-Radien ist. Beispielsweise beträgt die Stabilisierung von Neopentan gegenüber n-Pentan infolge anziehender van der Waals-Kräfte (nichtbindender Wechselwirkung) zwischen den vier Methylgruppen 17 kJ/mol.

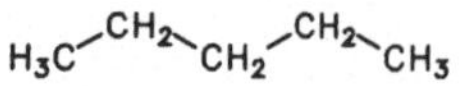

n-Pentan

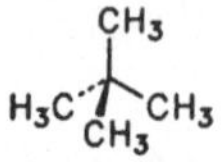

Neopentan

Im Molekül des Tetrachlorethens dagegen würde bei ebenem Bau der Abstand der cis-ständigen Chloratome den doppelten van der Waals-Radius des Chloratoms unterschreiten. Deswegen ist das σ-Bindungsgerüst nicht eben, sondern um die C–C-Bindungsachse verdrillt. Das Resultat ist eine Schwächung der π-Bindung (s. S. 23). Im Molekül existiert eine *sterische Spannung* [2.9].

$Cl_2C{=}CCl_2$

Tetrachlorethen

In Molekülen, die nicht durch Stauchung oder Dehnung von Bindungen, durch Deformation von Bindungswinkeln bzw. Verdrillung ausweichen können oder deren Ausweichmöglichkeiten erschöpft sind, kann die sterische Spannung so groß werden, daß die betreffenden Verbindungen nicht existieren. Dies trifft z. B. auf die Kohlenwasserstoffe 2,2,4,4-Tetramethyl-3,3-di(tert-butyl)pentan und Hexaphenylethan zu.

$$(CH_3)_3C-\underset{\underset{\textstyle C(CH_3)_3}{|}}{\overset{\overset{\textstyle C(CH_3)_3}{|}}{C}}-C(CH_3)_3 \qquad\qquad (C_6H_5)_3C-C(C_6H_5)_3$$

2,2,4,4-Tetramethyl-3,3-   Hexaphenylethan
di(tert-butyl)pentan

Derartige Moleküle bzw. Verbindungen sind infolge *sterischer Hinderung* nicht existenzfähig, man spricht von überhäuften Molekülen (engl. overcrowded molecules) [2.10].

Bei konjugierten Systemen kann sich die sterische Hinderung als *sterische Mesomeriehinderung* auswirken, d. h., die für die Mesomerie (maximale Delokalisierung der π-Elektronen) erforderliche Einebnung des σ-Bindungsgerüstes ist blockiert, z. B. beim s-cis-Buta-1,3-dien und beim [10]Annulen durch H-Atome.

s-cis-Buta-1,3-dien   [10]Annulen   Triphenylmethyl

Aus dem gleichen Grund ist das Triphenylmethylradikal nicht eben, sondern propellerförmig verdrillt [2.11].

Im Molekül des 3,5-Dimethyl-4-nitrophenols bewirken zwei Methylgruppen, daß die Nitrogruppe nicht in der Ebene des Benzenringes liegt. Deswegen kommt ihr –M-Effekt nicht zum Zuge. Sie beeinflußt die Hydroxylgruppe lediglich durch den –I-Effekt.

3,5-Dimethyl-4-nitrophenol

Im Prinzip beruhen auch die bei chemischen Reaktionen beobachteten sterischen Substituenteneffekte auf der sterischen Hinderung. Sie treten als sterische Verzögerung und sterische Beschleunigung (s. S. 90) in Erscheinung.

3 Grundbegriffe der Reaktionen organischer Verbindungen

Der eigentliche Gegenstand der Chemie ist das Phänomen der Stoffumwandlung (Stoffwandlung), das auch als *chemische Reaktion* (chemische Umsetzung, chemischer Prozeß) bezeichnet wird. Historisch gesehen ist die chemische Reaktion ein makroskopisch beobachtbares Phänomen und kann wie folgt definiert werden:

Eine chemische Reaktion ist ein Vorgang, bei dem ein chemisches System aus einem Zustand bestimmter stofflicher Zusammensetzung in einen Zustand anderer stofflicher Zusammensetzung übergeht.

Chemisches System

Ausgangszustand	$\longrightarrow$	Endzustand
Edukt (Reaktant)	$\longrightarrow$	Produkt oder Produkte
Edukte (Reaktanten)	$\longrightarrow$	Produkt oder Produkte
Substrat + Reagens	$\longrightarrow$	Produkt oder Produkte

Im einfachsten Fall wandelt sich ein Stoff, das Edukt (der Reaktant) vollständig in einen anderen Stoff, das Produkt, um. Bei zahlreichen Reaktionen reagieren jedoch zwei oder mehrere Edukte (Reaktanten) vollständig zu den Produkten. In der organischen Chemie bezeichnet man dabei häufig das Edukt als *Substrat*, dessen Moleküle an einer bestimmten Stelle, dem *Reaktionszentrum*, durch das andere Edukt, das sogenannte *Reagens*, verändert werden. Es gibt jedoch auch Reaktionen, bei denen das Edukt bzw. die Edukte nur unvollständig in das Produkt oder die Produkte übergeht, wobei die Reaktion als beendet gilt, sobald sich die stoffliche Zusammensetzung des Systems nicht mehr ändert. In solchen Fällen spricht man von *reversiblen Reaktionen (Gleichgewichtsreaktionen)*. Die praktisch vollständig verlaufenden Reaktionen werden dagegen *irreversible Reaktionen* genannt.

3.1 Chemische Reaktionsgleichung

Die einfachste Beschreibung der chemischen Reaktionen organischer Verbindungen ist die chemische Reaktionsgleichung (Bruttoreaktionsgleichung, stöchiometrische Gleichung) auf der Basis der Konstitutionsformeln von Edukten und Produkten, z. B.:

$$H_3C-I \ + \ OH^- \longrightarrow H_3C-OH \ + \ I^-$$

$$H_3C-\overset{\displaystyle O}{\underset{\displaystyle OH}{C}} \ + \ CH_3OH \ \underset{(H^+)}{\rightleftharpoons} \ H_3C-\overset{\displaystyle O}{\underset{\displaystyle O-CH_3}{C}} \ + \ H_2O$$

$$H_3C-CH_2-CH_3 \xrightarrow{\Delta} H_2C=CH_2 + CH_4$$

$$\text{C}_6\text{H}_{11}\text{(Ring)} + Cl_2 \xrightarrow{h\nu} \text{C}_6\text{H}_{11}-Cl + HCl$$

$$H_2C=CH-CH=CH_2 + 2H_2 \xrightarrow{(Pt)} H_3C-CH_2-CH_2-CH_3$$

Die chemische Reaktionsgleichung wird so aufgestellt, daß als stöchiometrische Koeffizienten (Stöchiometriezahlen) die kleinstmöglichen ganzen Zahlen auftreten. Liegt eine reversible Reaktion vor, dann werden zwei entgegengesetzte Pfeile mit halbierten Pfeilköpfen verwendet. Erfordert die Reaktion höhere Temperaturen, so wird dies durch den Buchstaben Δ über dem Pfeil gekennzeichnet. Ist dagegen die Einwirkung von Licht auf das Edukt bzw. die Edukte notwendig, dann schreibt man die Buchstaben $h\nu$ über den Pfeil. Bei einer katalysierten Reaktion erfolgt die Angabe des Katalysators in runden Klammern über dem Pfeil. Bei komplizierter Stöchiometrie einer Reaktion wird gewöhnlich auf die Angabe der stöchiometrischen Koeffizienten verzichtet und ein Edukt (das Reagens) über dem Pfeil angegeben, z. B.:

$$(CH_3)_2CH-OH \xrightarrow{K_2Cr_2O_7} H_3C-\overset{\displaystyle O}{\overset{\|}{C}}-CH_3$$

Analog verfährt man bei mehrstufigen Synthesen, z. B.:

$$\text{(Benzol)} \xrightarrow{HNO_3} \text{(Benzol)}-NO_2 \xrightarrow{SnCl_2} \text{(Benzol)}-NH_2$$

$$\xrightarrow{HNO_2} \text{(Benzol)}-\overset{\oplus}{N}\equiv N \;\; Cl^- \xrightarrow{NaHSO_3} \text{(Benzol)}-NH-NH_2$$

Eine organisch-chemische Reaktion gilt als formuliert, wenn die betreffende Bruttoreaktionsgleichung die Stöchiometrie der Reaktion sowie die Konstitution und die Konfiguration aller Edukte und Produkte richtig wiedergibt. Damit ist zugleich das erste Stadium der Untersuchung der betreffenden Reaktion abgeschlossen.

3.2 Thermochemische Reaktionsgleichung

Mit Hilfe eines Kalorimeters kann man die Reaktionsenthalpie $\Delta_R H$ experimentell ermitteln. Dies ist die Wärmemenge, die bei isobarer Reaktionsführung vom System an die Umgebung abgegeben oder aus ihr entnommen wird. Die thermochemische Reaktionsgleichung bezieht sich immer auf 1 mol eines bestimmten Eduktes oder eines bestimmten Produktes. Dadurch können in ihr gebrochene Koeffizienten auftreten. Der Aggregatzustand jedes

Eduktes und jedes Produktes wird durch die Buchstaben s (solid - fest) - bei polymorphen Stoffen muß außerdem noch die Modifikation hinzugefügt werden -, l (liquid - flüssig) und g (gaseous - gasförmig) gekennzeichnet. Weiterhin wird die molare Reaktionsenthalpie angegeben, bei exothermen Reaktionen mit negativem Vorzeichen (die Enthalpie des Systems hat abgenommen), bei endothermen Reaktionen mit positivem Vorzeichen (die Enthalpie des Systems hat zugenommen). Um verschiedene Reaktionen miteinander vergleichen zu können, wird die experimentell ermittelte Reaktionsenthalpie auf die Standardbedingungen von Ausgangs- und Endzustand umgerechnet, und zwar auf $p = 1,01325 \cdot 10^5$ Pa (= 1 atm) und $T = 298$ K. Sie wird dadurch zur *Standardreaktionsenthalpie* $\Delta_R H^0$. Der griechische Buchstabe Δ kennzeichnet die Differenz zwischen End- und Ausgangszustand, der Index R bedeutet Reaktion. Beispielsweise lautet die thermochemische Reaktionsgleichung für die katalytische Hydrierung von Benzen:

$$C_6H_6(l) + 3H_2(g) \longrightarrow C_6H_{12}(l) \qquad \Delta_R H^0 = -205,3 \text{ kJ/mol}$$

Eine thermochemisch bedeutsame Reaktion ist die *Bildung von Verbindungen aus den Elementen*, z. B.:

$$C(s, \text{Graphit}) + 2H_2(g) \longrightarrow CH_4(g) \qquad \Delta_B H^0 = -74,9 \text{ kJ/mol}$$

In diesem Fall führt die Standardreaktionsenthalpie die Bezeichnung *Standardbildungsenthalpie* $\Delta_B H^0$ des Methans. Wegen des negativen Vorzeichens wird Methan als exotherme Verbindung bezeichnet. Stoffe, deren Standardbildungsenthalpien positiv sind, werden endotherm genannt. Dazu gehören Ethen, Benzen und Acetylen.

Die Standardbildungsenthalpien der Elemente in der bei $1,01325 \cdot 10^5$ Pa (= 1 atm) und 298 K stabilen Modifikation werden gleich Null gesetzt. Diese Festsetzung ist möglich, weil Elemente nicht durch chemische Reaktionen ineinander übergeführt werden können. Somit ergibt sich die Standardreaktionsenthalpie einer beliebigen Reaktion als Differenz aus den Standardbildungsenthalpien der Produkte und denen der Edukte:

$$\Delta_R H^0 = \Sigma \Delta_B H^0 \text{ (Produkte)} - \Sigma \Delta_B H^0 \text{ (Edukte)}$$

Für den gasförmigen Zustand einfacher organischer Verbindungen läßt sich die Standardbildungsenthalpie aus Strukturinkrementen berechnen [3.1]. Beispielsweise trägt eine Methylgruppe mit $-42,36$ kJ/mol zur Standardbildungsenthalpie einer Verbindung bei, ein sekundäres C-Atom mit $-20,62$, ein tertiäres C-Atom mit $-4,56$ und ein quartäres C-Atom mit $+3,35$ kJ/mol.

Aus den experimentell ermittelten Reaktionsenthalpien ergeben sich wichtige Rückschlüsse auf Bindungsenergien, Resonanzenergien und sterische Spannungen. Als Beispiel dient die katalytische Hydrierung von Ethen:

$$H_2C = CH_2 \text{ (with } \pi \text{ and } \sigma \text{ bonds)} + H-H \longrightarrow H_3C-CH_3 \qquad \Delta_R H^0 = -120 \text{ kJ/mol}$$

Bei dieser Reaktion wird das energiereiche π-MO des Ethens in zwei σ-MO umgewandelt, damit verbunden ist der Übergang der beiden C-Atome aus der trigonalen in die tetraedrische Hybridisierung. Die Entstehung von zwei σ-MO aus einem π-MO und einem σ-MO hat zur Folge, daß die Addition von Wasserstoff an Olefine exotherm ist, es wird Bindungsenergie freigesetzt. Auf diesem Wege wurde die durchschnittliche Bindungsenergie der C–C-π-Bindung zu 260 kJ/mol ermittelt, die der C–C-σ-Bindung beträgt 347 kJ/mol.

Die Bestimmung der empirischen Resonanzenergie des Benzens aus Hydrierungsenthalpien wurde auf S. 32 erläutert.

Beim Vorhandensein einer sterischen Spannung in Molekülen ist die betreffende Verbindung um den Betrag der Spannungsenthalpie energiereicher als ein spannungsfreies Konstitutionsisomer. Spannungsenthalpien sind ebenfalls aus thermochemischen Daten zugänglich [3.2]. Beispielsweise ist die sterische Hinderung im 3,3,4,4-Tetraethylhexan (Spannungsenthalpie 136,5 kJ/mol) größer als im 2,2,3,3-Tetramethylbutan (Spannungsenthalpie 29 kJ/mol).

$$(C_2H_5)_3C-C(C_2H_5)_3 \qquad (CH_3)_3C-C(CH_3)_3$$
$$136,5 \qquad\qquad\qquad 29,0 \qquad\qquad kJ/mol$$

Am Beispiel der zuletzt genannten Verbindung wird die Ermittlung von Spannungsenthalpien aus Verbrennungsenthalpien erläutert. Die thermochemische Reaktionsgleichung für die Verbrennung von 2,2,3,3-Tetramethylbutan lautet:

$$(CH_3)_3C-C(CH_3)_3(g) + \frac{25}{2}O_2(g) \longrightarrow 8CO_2(g) + 9H_2O(l)$$

$$\Delta_R H^0 = -5998,4 \text{ kJ/mol}$$

Mit den Standardbildungsenthalpien von $CO_2(g)$ und $H_2O(l)$ ergibt sich die Standardbildungsenthalpie $\Delta_B H^0$ des Kohlenwasserstoffes wie folgt:

$$-5998,4 = 8(-393,3) + 9(-285,8) - \Delta_B H^0$$

$$\Delta_B H^0 = -279,8 \text{ kJ/mol}$$

Die Berechnung aus den Strukturinkrementen liefert:

$$\Delta_B H^0 = 6(-42,36) + 3,35 = -250,8 \text{ kJ/mol}$$

Die Differenz zwischen beiden Werten ist die Spannungsenthalpie von 2,2,3,3-Tetramethylbutan:

$$-250,8 - (-279,8) = 29 \text{ kJ/mol}$$

3.3 Thermodynamik der Reaktionen

Bei reversiblen Reaktionen kann nach Einstellung des Gleichgewichts aus der Zusammensetzung der Mischung mit Hilfe der Bruttoreaktionsgleichung und des Massenwirkungsgesetzes die Gleichgewichtskonstante K berechnet werden. Zwischen K und der sogenannten molaren freien Reaktionsenthalpie $\Delta_R G^0$ besteht beim Standarddruck von $1,01325 \cdot 10^5$ Pa und bei einer bestimmten Temperatur T folgender Zusammenhang:

$$K = e^{-\frac{\Delta_R G_T}{RT}} , \qquad \Delta_R G_T = -RT\ln K.$$

Diese Gleichungen werden als *van't Hoffsche Reaktionsisotherme* bezeichnet, T bedeutet die Temperatur von Ausgangs- und Endzustand. Für T = 298 K wird $\Delta_R G_T$ zur *freien Standardreaktionsenthalpie* $\Delta_R G^0$. Sie ist wie K ein quantitatives Maß für die Lage des Gleichgewichts. Als Beispiel dient das folgende Isomerisierungsgleichgewicht:

$$A \rightleftharpoons P \qquad K = \frac{c_P}{c_A}$$

$$\Delta_R G^0 = -0,00831 \cdot 298 \cdot 2,303 \cdot \lg K$$
$$= -5,707 \cdot \lg K$$

Aus Tabelle 1 geht hervor, daß das Gleichgewicht bei negativem Vorzeichen von $\Delta_R G^0$ auf der Seite der Produkte liegt, bei positivem Vorzeichen von $\Delta_R G^0$

Tabelle 1

Zusammenhang zwischen Gleichgewichtskonstante K

und freier Standardreaktionsenthalpie $\Delta_R G^0$

K	$\Delta_R G^0$ in kJ/mol
10^{18}	-102,7
10^7	-39,9
10	-5,7
1	0,0
10^{-1}	+5,7
10^{-7}	+39,9
10^{-18}	+102,7

dagegen auf der Seite der Edukte. Für $c_P = c_A$ gilt $\Delta_R G^0 = 0$. Liegt dagegen eine Reaktion mit $\Delta_R G^0 \approx -100$ kJ/mol vor und beträgt nach der Reaktion $c_P = 1$ mol/l, dann ergibt sich $c_A \sim 10^{-18}$ mol/l. Mit den derzeit gebräuchlichen analytischen Methoden können etwa noch 10^{-7} mol/l erfaßt werden. Somit ist der Stoff A nach der Reaktion nicht mehr nachweisbar, *die Reaktion verläuft praktisch vollständig* (das Gleichgewicht liegt völlig auf der Seite des Produktes). Aus Tab. 1 folgt weiterhin, daß für Werte von $\Delta_R G^0$ zwischen -40 und +40 kJ/mol Stoff P und Stoff A nebeneinander existieren; dies ist der Fall einer reversiblen Reaktion. Bei präparativem Arbeiten würde man nur im Bereich von -10 bis +10 kJ/mol von einer reversiblen Reaktion sprechen. Gilt $\Delta_R G^0 \approx 100$ kJ/mol, dann ergibt sich K zu 10^{-18}, anders formuliert: Die Reaktion A $\longrightarrow$ P erfolgt nicht. *Sie findet unter Standardbedingungen nicht statt.* Reaktionen, bei denen $\Delta_R G^0$ negativ ist, werden exergon genannt. Im entgegengesetzten Fall spricht man von endergonen Reaktionen.

Wie dargelegt wurde, kann $\Delta_R G_T$ bei einer reversiblen Reaktion aus der Gleichgewichtskonstante experimentell ermittelt werden. Wäre $\Delta_R G_T$ noch auf anderem Wege zugänglich, dann könnten umgekehrt die Gleichgewichtskonstanten beliebiger Reaktionen berechnet und somit vorhergesagt werden, ob eine geplante Reaktion stattfinden kann (*thermodynamisch möglich ist*). Dies gelingt mit Hilfe der Gleichung von Gibbs-Helmholtz:

$$\Delta_R G_T \approx \Delta_R H^0 - T\Delta_R S^0.$$

$\Delta_R S^0$ ist die Standardreaktionsentropie und gleich der Differenz aus den Standardentropien der Produkte und denen der Edukte:

$$\Delta_R S^0 = \Sigma S^0 \text{ (Produkte)} - \Sigma S^0 \text{ (Edukte)}.$$

Von großer Bedeutung für den Einfluß der Temperatur auf die Lage des Gleichgewichts ist das Vorzeichen von $\Delta_R S^0$. Haben die Teilchen der Produkte insgesamt mehr Möglichkeiten der thermischen Bewegung (Translation, Rotation, innere Rotation, Vibration) als die Teilchen der Edukte, dann übertrifft die Entropie der Produkte die der Edukte und $\Delta_R S^0$ wird positiv. Dies kann unter anderem folgende Ursachen haben:

- Kristalline Festkörper gehen in Lösung.
- Es entstehen Flüssigkeiten oder Gase.
- *Die Teilchenzahl vergrößert sich*, größere Moleküle dissoziieren zu kleineren Teilchen oder Solvathüllen werden abgebaut.

Ist die Reaktion überdies exotherm, dann bleibt $\Delta_R G_T$ stets negativ. Bei endothermen Reaktionen liegt dagegen das Gleichgewicht nur bei genügend hohen Temperaturen auf der Seite der Produkte, dies folgt direkt aus der Gleichung von Gibbs-Helmholtz. Selbst bei stark endothermer Reaktion gibt es eine Temperatur, bei der $T\Delta_R S^0$ größer als $\Delta_R H^0$ wird.

Übersteigt die Entropie der Edukte die der Produkte, so ist $\Delta_R S$ negativ. Von den genannten Ursachen trifft dann jeweils das Gegenteil zu. Der Verbrauch von Flüssigkeiten oder Gasen und die Verringerung der Teilchenzahl führen zur Einbuße an Bewegungsmöglichkeiten. Derartige Gleichgewichte liegen nur bei exothermen Reaktionen und niedrigen Temperaturen auf der Seite der Produkte. Der Zahlenwert von $T\Delta_R S^0$ bleibt bei niedrigen Temperaturen klein und $\Delta_R G_T$ somit negativ. Eine Temperaturerhöhung verschiebt das Gleichgewicht auf die

Seite der Edukte. In Tabelle 2 sind diese Aussagen zusammengefaßt.

Tabelle 2

Einfluß der Temperatur auf $\Delta_R G$

	Vorzeichen			
$\Delta_R S^0$	positiv	positiv	negativ	negativ
$\Delta_R H^0$	negativ	positiv	negativ	positiv
	(exotherm)	(endotherm)	(exotherm)	(endotherm)
$\Delta_R G_T$	stets negativ	nur bei hohen Temperaturen negativ	nur bei niedrigen Temperaturen negativ	stets positiv

Bei reversiblen Reaktionen können $\Delta_R H^0$ und $\Delta_R S^0$ experimentell ermittelt werden, indem K bei mehreren Temperaturen gemessen und lgK gegen T^{-1} aufgetragen wird (van't-Hoff-Diagramm). Aus der Steigung und dem Ordinatenabschnitt der resultierenden Geraden folgen $\Delta_R H^0$ und $\Delta_R S^0$.

$$\lg K = \frac{\Delta_R H^0}{(19{,}147 \text{ J K}^{-1} \text{ mol}^{-1})\, T} + \frac{\Delta_R S^0}{19{,}147 \text{ J K}^{-1} \text{ mol}^{-1}} \cdot$$

In Analogie zu den Standardbildungsenthalpien werden die freien Standardbildungsenthalpien der Elemente in ihrer bei $1{,}01325 \cdot 10^5$ Pa (= 1 atm) und 298 K stabilen Modifikation gleich Null gesetzt. Für beliebige Reaktionen ergibt sich dann:

$$\Delta_R G^0 = \Sigma \Delta_B G^0 \text{ (Produkte)} - \Sigma \Delta_B G^0 \text{ (Edukte)}.$$

$\Delta_B G^0$ gilt direkt als Maß für die *thermodynamische Stabilität*. Je negativer $\Delta_B G^0$, desto größer ist die thermodynamische Stabilität der betreffenden Verbindung. Mit Hilfe tabellierter freier Standardbildungsenthalpien kann man freie Standardreaktionsenthalpien und somit Gleichgewichtskonstanten vorausberechnen [3.3]. Für einfache organische Verbindungen lassen sich die freien Standardbildungsenthalpien aus Strukturinkrementen berechnen [3.4].

Eine große Gruppe chemischer Reaktionen, die auch für die organische Chemie von Bedeutung ist, läßt sich unter der Bezeichnung *Protonenübertragungen* zusammenfassen. Nach der Brönstedschen Säure-Base-Theorie (1923) werden Säuren als Protonendonoren definiert und Basen als Protonenakzeptoren. Die Säure-Base-Reaktion nach Brönsted ist eine Protonenübertragung (ein Protonentransfer):

$$\text{HA} + \text{B} \rightleftharpoons \text{A}^- + \text{BH}^+ \qquad (3.1)$$

Bei der Hinreaktion wird ein Proton von der Säure HA auf die Base B übertragen. Es entstehen das Säurerestanion A^-, das nun seinerseits ein Protonenakzeptor ist, und die protonierte Base BH^+, die ihrerseits einen Protonendonor darstellt. Somit erfolgt bei der Rückreaktion die entgegengesetzte Protonenübertragung. A^- wird als korrespondierende (konjugierte) Base der Säure HA bezeichnet, HA als korrespondierende Säure der Base A^-. HA und A^- bilden ein korrespondierendes (konjugiertes) Säure-Base-Paar, ebenso BH^+ und B.

Wie aus Gleichung 3.1 hervorgeht, ist die Brönstedsche Säure-Base-Theorie nicht an ein bestimmtes Lösungsmittel gebunden. Nachfolgend werden zwei Säure-Base-Reaktionen in wäßriger Lösung formuliert:

$$HCl + H_2O \rightleftharpoons Cl^- + H_3O^+$$
$$\text{Säure} \quad \text{Base} \qquad\qquad \text{Base} \quad \text{Säure}$$

$$H_2O + NH_3 \rightleftharpoons OH^- + NH_4^+$$
$$\text{Säure} \quad \text{Base} \qquad\qquad \text{Base} \quad \text{Säure}$$

Bei der ersten Reaktion wirkt das Lösungsmittel Wasser als Base, bei der zweiten Reaktion dagegen als Säure. Je nachdem, welche Stoffe an der Säure-Base-Reaktion beteiligt sind, verhalten sich die H_2O-Moleküle als Basen oder als Säuren, sie sind amphoter. Stoffe wie Wasser werden Ampholyte genannt.

Bei der Anwendung der Thermodynamik auf derartige Reaktionen ist es von Bedeutung, ob sie in der Gasphase oder in Lösung ablaufen. In der Gasphase kann ein Proton aus dem Molekül einer Brönsted-Säure abgespalten werden:

$$H{-}A(g) \rightleftharpoons A^-(g) + H^+(g)$$

$$K = \frac{c_{A^-}\, c_{H^+}}{c_{HA}} \;,$$

$$\Delta_R G_T = -RT\,\ln K = -0{,}01915\; T\; \lg K \;. \tag{3.2}$$

K oder $\Delta_R G$ gilt als Maß für die *absolute thermodynamische Acidität (Gasphase-Acidität)* von HA. K^{-1} oder $-\Delta_R G$ kann als Maß für die absolute thermodynamische Basizität von A^- angesehen werden. Der negative Wert von $\Delta_R H$ wird als *Protonenaffinität* von A^- bezeichnet. Alle diese Größen sind durch spektroskopische Messungen experimentell zugänglich.

In Lösung ergibt die Anwendung des Massenwirkungsgesetzes auf die Säure-Base-Reaktion gemäß Gleichung 3.1:

$$K = \frac{c_{A^-}\, c_{BH^+}}{c_{HA}\, c_B}$$

Wirkt das Lösungsmittel L als Base B, dann kann man schreiben:

$$K = \frac{c_{A^-} \, c_{LH^+}}{c_{HA} \, c_L}$$

In einer 1 M Lösung wird c_L näherungsweise als konstant angesehen und mit K zur Säurekonstante (Aciditätskonstante) K_S einer Säure HA zusammengefaßt:

$$\frac{c_{A^-} \, c_{LH^+}}{c_{HA}} = K \, c_L = K_S \,.$$

K_S wird im internationalen Schrifttum als K_a bezeichnet (von engl. "acid" – Säure). *Je größer K_S ist, desto größer ist die Säurestärke (die relative thermodynamische Acidität, die Brönsted-Acidität) der betreffenden Säure HA im Lösungsmittel L.*
Es ist üblich, die Säurestärke als pK_S-Wert (pK_a-Wert, p von Potenz oder engl. "power") anzugeben. Dieser Wert wird als der negative dekadische Logarithmus der Säurekonstante K_S definiert:

$$pK_S = -lgK_S, \quad K_S = 10^{-pK_S} \tag{3.3}$$

Aus Gleichung 3.2 und 3.3 ergibt sich:

$$pK_S = \frac{\Delta_R G_T}{0,01915 \, T} \,.$$

Für T = 298 K gilt:

$$\Delta_R G^0 = 5,707 \, pK_S \,. \tag{3.4}$$

Die meisten Säure-Base-Reaktionen wurden in Wasser als Lösungsmittel untersucht. Tabelle 3 enthält die pK_S-Werte von 30 Säuren, geordnet nach abnehmender Säurestärke. Starke Säuren haben negative pK_S-Werte. $pK_S = -10$ für Perchlorsäure $HClO_4$ bedeutet $K_S = 10^{10}$, d. h., das Gleichgewicht

$$HClO_4 + H_2O \;\rightleftharpoons\; ClO_4^- + H_3O^+$$

liegt völlig auf der Seite der Produkte und die freie Reaktionsenthalpie beträgt nach Gleichung 3.4:

$$\Delta_R G^0 = -57 \, kJ/mol.$$

Im Fall positiver pK_S-Werte sind die Säuren um so schwächer, je größer ihr pK_S-Wert ist. $pK_S = 57$ für Methan bedeutet:

$$CH_4 + H_2O \;\rightleftharpoons\; CH_3^- + H_3O^+ \,,$$

$$K_S = 10^{-57} \,, \quad \Delta_R G^0 = 325 \, kJ/mol \,.$$

Die Anordnung der Säuren nach abnehmender Stärke ermöglicht folgende Aussage: *Eine Säure HA protoniert alle Basen, die in Tabelle 3 tiefer stehen als sie selbst.* So ist Natriummethanolat in wäßriger Lösung nicht existenzfähig:

$$H_2O + CH_3O^- \longrightarrow OH^- + CH_3OH$$

Demgegenüber erfolgt mit flüssigem Ammoniak als Lösungsmittel keine Reaktion.

Tabelle 3

pK_S-Werte von Säuren und pK_B-Werte von Basen in Wasser bei T = 298 K

Säurestärke	Säure	pK_s	Korrespondie- rende Base	pK_B	Basestärke
	$HClO_4$	-10	ClO_4^-	24	
	HI	-10	I^-	24	
	HBr	-9	Br^-	23	
	HCl	-6	Cl^-	20	
stark	H_2SO_4	-3	HSO_4^-	17	
	H_3O^+	-1,74	H_2O	15,74	
	HNO_3	-1,32	NO_3^-	15,32	
	HSO_4^-	1,92	SO_4^{2-}	12,08	sehr schwach
------------	H_3PO_4	1,96	$H_2PO_4^-$	12,04	
	$ClCH_2COOH$	2,86	$ClCH_2COO^-$	11,14	
schwach	HF	3,14	F^-	10,86	
	$C_6H_5NH_3^+$	4,62	$C_6H_5NH_2$	9,38	
	CH_3COOH	4,76	CH_3COO^-	9,24	
	H_2CO_3	6,52	HCO_3^-	7,48	
------------	H_2S	6,92	HS^-	7,08	------------
	$H_2PO_4^-$	7,12	HPO_4^{2-}	6,88	
	NH_4^+	9,21	NH_3	4,79	
	HCN	9,40	CN^-	4,60	
	C_6H_5OH	9,98	$C_6H_5O^-$	4,02	schwach
	HCO_3^-	10,40	CO_3^{2-}	3,60	
	$CH_3NH_3^+$	10,62	CH_3NH_2	3,38	------------
sehr schwach	HPO_4^{2-}	12,32	PO_4^{3-}	1,86	
	$CH_2(COOC_2H_5)_2$	13,30	$[CH(COOC_2H_5)_2]^-$	0,70	
	H_2O	15,74	OH^-	-1,74	
	CH_3OH	16	CH_3O^-	-2	
	PH_3	20	PH_2^-	-6	stark
	NH_3	23	NH_2^-	-9	
	C_2H_2	26	C_2H^-	-12	
	OH^-	24	O^{2-}	-10	
	CH_4	57	CH_3^-	-43	

Zur quantitativen Charakterisierung der Stärke von Basen gibt es zwei Möglichkeiten:

1. Angabe des pK_B-Wertes (s. Tab. 3). Eine Säure HA und ihre korrespondierende Base reagieren mit Wasser wie folgt:

$$HA + H_2O \rightleftharpoons A^- + H_3O^+ \qquad K_S = \frac{c_{A^-}\, c_{H_3O^+}}{c_{HA}}$$

$$H_2O + A^- \rightleftharpoons OH^- + HA \qquad K_B = \frac{c_{OH^-}\, c_{HA}}{c_{A^-}}$$

K_B Basekonstante (Basizitätskonstante)

Daraus folgt:

$$K_S\, K_B = \frac{c_{A^-}\, c_{H_3O^+}\, c_{OH^-}\, c_{HA}}{c_{HA}\, c_{A^-}} = c_{H_3O^+}\, c_{OH^-}$$

Das Produkt $c_{H_3O^-}\, c_{OH^-}$ wird als Ionenprodukt des Wassers bezeichnet. Sein Zahlenwert beträgt 10^{-14}. Somit ergibt sich:

$$K_S\, K_B = 10^{-14}\,,$$

$$pK_S + pK_B = 14\,. \qquad\qquad (3.5)$$

Als Maß für die Stärke einer Base dient ihr pK_B-Wert. Starke Basen haben negative pK_B-Werte. Im Fall positiver pK_B-Werte sind die Basen um so schwächer, je größer ihr pK_B-Wert ist. Wegen Gleichung 3.5 gilt:
Eine Base A^- ist um so schwächer, je stärker ihre korrespondierende Säure HA ist. Eine Base A^- ist um so stärker, je schwächer ihre korrespondierende Säure HA ist.
Analoge Beziehungen gelten für die Base B und ihre korrespondierende Säure BH^+ (s. Gleichung 3.1).
2. Als Maß für die Stärke einer Base A^- kann auch der pK_S-Wert der korrespondierenden Säure HA dienen. Je kleiner, in einigen Fällen sogar negativ, dieser Wert ist, desto schwächer ist die Base A^- (s. Tab. 3).

Bei vielen organischen Verbindungen, die Brönsted-Säuren sind, ist das als Proton abspaltbare H-Atom wie bei den anorganischen Sauerstoffsäuren ($HClO_4$, H_2SO_4, HNO_3 usw.) an ein Sauerstoffatom gebunden. Dazu gehören in der Reihenfolge zunehmender Acidität (s. Tab. 3):
Alkohole, z. B. CH_3OH,
Phenole, z. B. C_6H_5OH,
Carbonsäuren, z. B. CH_3COOH.
Bereits auf S. 47 wurde mit Hilfe der Mesomerielehre erklärt, warum Phenol eine stärkere Säure als Methanol ist. Die korrespondierende Base, das Phenolation, wird durch Delokalisierung von Elektronen (Delokalisierung der negativen Ladung) stabilisiert. Vom Acetation lassen sich sogar zwei energiegleiche mesomere Grenzstrukturen formulieren:

Deswegen ist die Stabilisierung noch größer, und Carbonsäuren sind stärkere Säuren als Phenole oder gar Alkohole [3.5].

Bei einer zweiten Gruppe von organischen Verbindungen ist das als Proton abspaltbare H-Atom an ein Stickstoffatom gebunden, z. B. im Pyrrol:

Mit pK_S = 17,5 entspricht die Acidität des Pyrrols etwa der der Alkohole. Demgegenüber erweist sich Succinimid mit pK_S = 10,5 als eine ebenso starke Säure wie Phenol, da die korrespondierende Base durch den –M-Effekt der Carbonylgruppen stabilisiert wird:

An Kohlenstoffatome gebundene H-Atome können in der Regel nicht als Protonen abgespalten bzw. übertragen werden. Kohlenwasserstoffe wie Methan sind extrem schwache Säuren und ihre korrespondierenden Basen, die sogenannten Carbanionen, demzufolge die stärksten Basen (s. Tab. 3). Will man Kohlenwasserstoffe, deren pK_S-Werte im Bereich von 35 bis 50 liegen, in ihre korrespondierenden Basen (Carbanionen) überführen, dann muß man in aprotischen Lösungsmitteln wie Pentan oder Tetrahydrofuran arbeiten und sogenannte Superbasen wie z. B. Butyllithium/Kalium-tert-butanolat einsetzen [3.6].

Verglichen mit Methan erweist sich Acetylen (pK_S = 26) als stärkere Säure und bildet z. B. in Pentan als Lösungsmittel Metallsalze:

$$HC\equiv CH + Na \longrightarrow HC\equiv C^- \; Na^+ + \tfrac{1}{2}H_2$$

Bei dieser Reaktion wird an Kohlenstoff gebundener Wasserstoff durch Metall ersetzt. Diesen Tatbestand nennt man *CH-Acidität*, die entsprechenden Verbindungen *CH-acide Verbindungen*. Im Fall des Acetylens wird die CH-Acidität durch die größere Elektronegativität des sp-hybridisierten C-Atoms verursacht (s. S. 40). Acetylen ist nur schwach CH-acid. Wesentlich ausgeprägter ist diese Eigenschaft z. B. beim Malonsäurediethylester (pK_S = 13,3) und beim Trinitromethan (pK_S = 0,17). Als Ursache dafür kann

man wiederum die Stabilisierung der korrespondierenden Basen (Carbanionen)
ansehen:

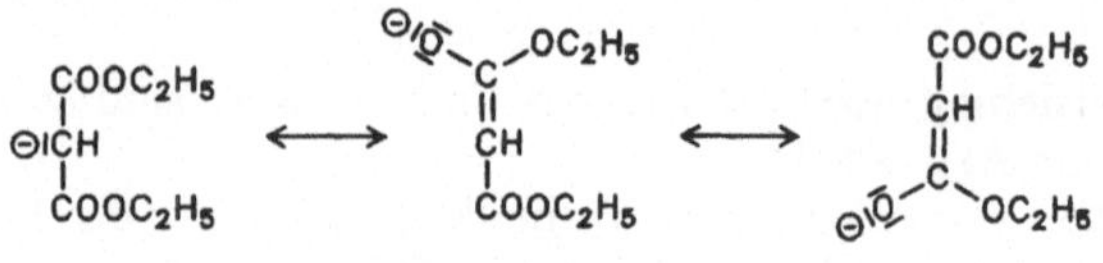

Auf der CH-Acidität organischer Verbindungen beruhen zahlreiche wichtige
Reaktionen und Synthesemethoden. Abschließend sei betont, daß sich Angaben
über die Stärke von Säuren und Basen auf die Lage von Gleichgewichten
beziehen, also den thermodynamischen Aspekt chemischer Reaktionen
betreffen. Dabei werden lediglich Endzustand und Ausgangszustand miteinander
verglichen. Die für die jeweilige Reaktion charakteristischen Größen ergeben
sich direkt aus der Differenz von End- und Ausgangszustand ($\Delta_R G$, $\Delta_R H$, $\Delta_R S$)
bzw. aus einem Quotienten (K). So hängt die entscheidende Größe $\Delta_R G$ weder
vom Zeitraum ab, innerhalb dessen sich die Edukte in die Produkte umwandeln,
noch vom Reaktionsmechanismus, sondern ausschließlich vom Ausgangs- und
Endzustand des Systems. Deshalb läßt sich aus $\Delta_R G$ nur erkennen, ob die
Reaktion thermodynamisch möglich ist, nicht aber, ob sie beispielsweise
innerhalb von 10^{-6} s oder innerhalb von 10^6 s beendet sein wird.

3.4 Kinetik der Reaktionen

Die Zeiträume, innerhalb derer chemische Systeme vom Ausgangszustand in
den Endzustand übergehen, sind sehr unterschiedlich. Es gibt Reaktionen, die in
Sekundenbruchteilen ablaufen, während es bei anderen Monate oder Jahre
dauert, bis die Produkte wenigstens in Spuren nachgewiesen werden können.
Ausgangspunkt zur Erfassung dieses Phänomens ist die
Bruttoreaktionsgleichung in der folgenden allgemeinen Form:

$$aA + bB + \dots \longrightarrow pP + qQ + \dots$$

Bei einer bestimmten Temperatur wird die *Reaktionsgeschwindigkeit* r wie folgt
definiert:

$$r = - \frac{1}{a} \frac{d[A]}{dt} = - \frac{1}{b} \frac{d[B]}{dt} \; .$$

$$r = \frac{1}{p}\,\frac{d[P]}{dt} = \frac{1}{q}\,\frac{d[Q]}{dt}\;.$$

a, b, p, q   stöchiometrische Koeffizienten
[A], [B], [P], [Q]   Konzentration in mol/l
t   Zeit in s

Danach kann die Reaktionsgeschwindigkeit berechnet werden, wenn der Verbrauch (Abnahme der Konzentration) eines Eduktes oder die Bildung (Zunahme der Konzentration) eines Produktes innerhalb eines bestimmten, möglichst kleinen Zeitintervalls gemessen wird. Damit alle Edukte und Produkte den gleichen Wert der Reaktionsgeschwindigkeit ergeben, wird durch den jeweiligen stöchiometrischen Koeffizienten dividiert. Ermittelt man auf diese Weise Reaktionsgeschwindigkeiten, dann stellt man fest, daß sie meist nicht konstant sind, sondern von der Konzentration eines oder mehrerer Edukte oder Produkte abhängen. Sie können sogar von der Konzentration eines Stoffes abhängig sein, der zwar im betreffenden System vorhanden ist, aber in der Bruttoreaktionsgleichung nicht auftritt. Durch Meßreihen wird nun versucht, die mathematische Form dieser Abhängigkeit zu finden. Im günstigsten Fall resultiert eine Gleichung, *die Geschwindigkeitsgleichung (das Zeitgesetz,* engl. rate law) der betreffenden Reaktion. Sie hat bei irreversiblen Reaktionen oft die allgemeine Form

$$r = k[A]^{\alpha}\,[B]^{\beta}\ ...$$

k   Geschwindigkeitskonstante der Reaktion in $(l\ mol^{-1})^{\alpha+\beta\ ...-1}\ s^{-1}$
α Ordnung der Reaktion in Bezug auf A
β Ordnung der Reaktion in Bezug auf B
$\alpha+\beta$...   Ordnung der Reaktion (Reaktionsordnung)

Wird z. B. für eine Reaktion mit der Bruttoreaktionsgleichung $A + B \longrightarrow P$ die Geschwindigkeitsgleichung

$$r = k[A]$$

ermittelt, dann liegt eine *Reaktion 1. Ordnung* vor. Sie ist dabei 1. Ordnung in bezug auf A und 0. Ordnung in bezug auf B. Die Reaktionsgeschwindigkeit erweist sich somit als unabhängig von [B]. Lautet die Geschwindigkeitsgleichung dagegen

$$r = k[A][B],$$

so handelt es sich um eine *Reaktion 2. Ordnung,* und zwar 1. Ordnung in bezug auf A und 1. Ordnung in bezug auf B. Bei einer Geschwindigkeitsgleichung

$$r = k[A][B]^2$$

schließlich handelt es sich um eine *Reaktion 3. Ordnung* (1. Ordnung in bezug auf A und 2. Ordnung in bezug auf B).
Wirkt bei einer Reaktion mit der Bruttoreaktionsgleichung $A + B \longrightarrow P$ das

Lösungsmittel als Edukt B, so bleibt seine Konzentration praktisch konstant und kann mit der Geschwindigkeitskonstante vereinigt werden:

$$r = k[A][B] = k'[A] .$$

Man spricht dann von *Reaktionen mit pseudo-Ordnung* (hier pseudoerster Ordnung).

Wird eine Reaktion mit der Bruttoreaktionsgleichung $A + B \longrightarrow P$ in Gegenwart eines *Katalysators* C durchgeführt, dann entsteht P schneller als bei Abwesenheit von C. Die Geschwindigkeitsgleichung der katalysierten Reaktion lautet dann z. B.:

$$r = k[A][B][C] .$$

Die Reaktion verläuft um so schneller, je größer [C] ist. Da der Katalysator andererseits bei der Reaktion nicht verbraucht wird, bleibt [C] konstant, und man kann schreiben:

$$r = k'[A][B] , \quad k' = k[C]$$

Somit resultiert eine Kinetik pseudozweiter Ordnung. Für [C] = 1 wird $k' = k$ und heißt in diesem Fall *Katalysekonstante*.

Bei der homogenen Katalyse liegt der Katalysator in derselben Phase vor wie die Edukte und die Produkte, also entweder in der Gasphase oder in Lösung. Bei der heterogenen Katalyse dagegen ist der Katalysator ein fester Stoff, an dem die gasförmigen und/oder flüssigen Edukte reagieren.

Es gibt auch Stoffe, durch deren Zusatz die Geschwindigkeit verringert wird, mit der eine chemische Reaktion ihr thermodynamisch vorgegebenes Gleichgewicht erreicht. Man nennt sie *Inhibitoren (Hemmstoffe)*.

Der Einfluß der Temperatur auf die Reaktionsgeschwindigkeit wird durch die Temperaturabhängigkeit der Geschwindigkeitskonstante zum Ausdruck gebracht. Dafür existieren zwei Gleichungen.

Arrhenius-Gleichung (1889):

$$k = A \, e^{-E_A/RT}$$

A	präexponentieller Faktor
E_A	Aktivierungsenergie in J/mol
R	molare Gaskonstante ($8{,}31451 \ J \ K^{-1} \ mol^{-1}$)
T	Temperatur in K

A und E_A haben für die betreffende Reaktion typische Zahlenwerte. k ist um so größer, je größer A, je kleiner E_A und je größer T ist. Wird k bei verschiedenen Temperaturen experimentell ermittelt und lg k gegen T^{-1} aufgetragen, dann resultiert eine Gerade, aus deren Ordinatenabschnitt A und aus deren Steigung E_A berechnet werden kann:

$$\lg k = \lg A - \frac{E_A}{2{,}303 \ RT}$$

Eyring-Gleichung (1935):

$$k = \frac{k_B T}{h}\, e^{-\Delta G^{\ddagger}/RT} = \frac{k_B T}{h}\, e^{-\Delta H^{\ddagger}/RT}\, e^{\Delta S^{\ddagger}/R}$$

k_B Boltzmann-Konstante ($1{,}380658 \cdot 10^{-23}$ J K^{-1})
h Plancksches Wirkungsquantum ($6{,}626076 \cdot 10^{-34}$ J s)
$\Delta G^{\ddagger}$ freie Aktivierungsenthalpie in J mol^{-1}
$\Delta H^{\ddagger}$ Aktivierungsenthalpie in J mol^{-1}
$\Delta S^{\ddagger}$ Aktivierungsentropie in J mol^{-1} K^{-1}

$\Delta G^{\ddagger}$, $\Delta H^{\ddagger}$ und $\Delta S^{\ddagger}$ haben für die betreffende Reaktion charakteristische Zahlenwerte. k ist um so größer, je kleiner $\Delta G^{\ddagger}$ und $\Delta H^{\ddagger}$ und je größer $\Delta S^{\ddagger}$ und T sind. Zur experimentellen Bestimmung von $\Delta H^{\ddagger}$ und $\Delta S^{\ddagger}$ wird k bei mehreren Temperaturen gemessen und lg k/T gegen T^{-1} aufgetragen. Aus Steigung und Ordinatenabschnitt der resultierenden Geraden ergeben sich $\Delta H^{\ddagger}$, $\Delta S^{\ddagger}$ und auch $\Delta G^{\ddagger}$:

$$\lg \frac{k}{T} = - \frac{\Delta H^{\ddagger}}{(19{,}147 \text{ J K}^{-1} \text{ mol}^{-1})T} + \frac{\Delta S^{\ddagger}}{19{,}147 \text{ J K}^{-1} \text{ mol}^{-1}} + 10{,}319 \; .$$

3.5 Mechanismus der Reaktionen

Das erste Stadium bei der Untersuchung einer chemischen Reaktion ist mit der Aufstellung der Bruttoreaktionsgleichung abgeschlossen (s. S. 52). Aus ihr sind jedoch lediglich der Ausgangs- und der Endzustand des Systems ersichtlich. Sie enthält keine Angaben über den *Reaktionsmechanismus*, auch Reaktionsablauf oder Reaktionsweg genannt. Im allgemeinen hängt der Mechanismus einer Reaktion von zwei Gegebenheiten ab, von der Struktur der Edukte und von den Reaktionsbedingungen (Konzentration der Edukte, Temperatur, Belichtung, Lösungsmittel, Katalysatoren). Der erste Schritt bei der Aufklärung des Reaktionsmechanismus besteht in einer Analyse der Bruttoreaktionsgleichung. Die Struktur der Produkte wird mit der Struktur der Edukte verglichen und festgestellt, welche Bindungen gelöst wurden und welche neu entstanden sind. Als Beispiel dient die Reaktion von Bromethan mit ethanolischer Kaliumhydroxid-Lösung zu Diethylether und Kaliumbromid [3.7]:

$$C_2H_5{-}Br \;+\; C_2H_5{-}O^- \;\longrightarrow\; C_2H_5{-}O{-}C_2H_5 \;+\; Br^- \qquad (3.1)$$

Die Analyse ergibt, daß eine C–Br-Bindung gelöst wurde und eine C–O-Bindung neu entstanden ist. Zur weiteren Diskussion hat es sich als zweckmäßig erwiesen, den Begriff *Elementarprozeß* einzuführen. Wie im Abschn. 2 dargelegt wurde, befinden sich molekulare Gebilde in einer Energiemulde, denn im Verlauf ihrer Entstehung aus Atomen wurde Energie frei. Bei den meisten Reaktionen wird mindestens eine chemische Bindung gelöst, wozu Energie erforderlich ist. Daher geht das molekulare System aus der Energiemulde des Ausgangszustandes über einen *Übergangszustand*, der einem Energiemaximum bei der Umwandlung entspricht, in die Energiemulde des Endzustandes über. Eine derartige Umwandlung je eines Teilchens der Edukte in je ein Teilchen der Produkte, wobei eine Energiebarriere überwunden werden muß, nennt man einen Elementarprozeß. Er kann durch das *Energieprofil-Diagramm*, oft auch einfach Energieprofil genannt, veranschaulicht werden (s. Abb. 27). Es ist üblich, die x-Achse als Reaktionskoordinate zu bezeichnen.

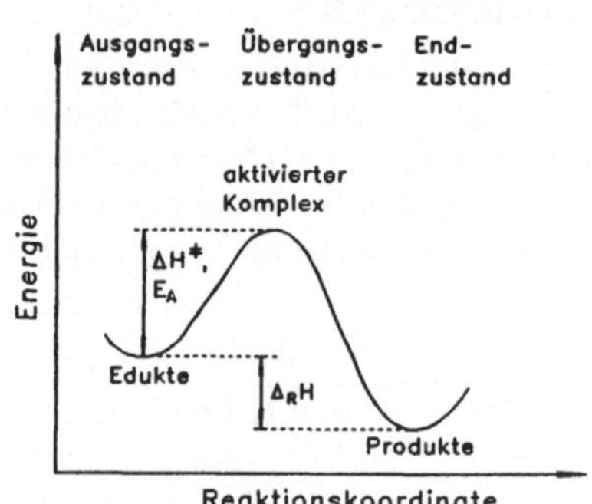

Abb. 27. Energieprofil eines Elementarprozesses

$\Delta H^{\ddagger}$	Aktivierungsenthalpie
E_A	Aktivierungsenergie
$\Delta_R H$	Reaktionsenthalpie

Sie ist letztlich eine geometrische Größe und bringt die Änderungen der Entfernungen bestimmter Atome in den molekularen Gebilden während des Elementarprozesses zum Ausdruck. Die Anordnung der reagierenden Teilchen und ihrer Atome im Übergangszustand nennt man *aktivierten Komplex*. Er wird durch den Index $\ddagger$ gekennzeichnet.

$$C_2H_5-O^- + \underset{H}{\overset{CH_3}{C}}-Br \longrightarrow \left[C_2H_5-\overset{\delta^-}{O}\cdots\overset{CH_3}{\underset{H\ \ H}{C}}\cdots\overset{\delta^-}{Br} \right]^{\ddagger} \longrightarrow C_2H_5-O-\overset{CH_3}{\underset{H}{C}} + Br^- \qquad (3.2)$$

Im aktivierten Komplex der Reaktion von Bromethan mit den aus KOH und C_2H_5OH entstehenden Ethanolationen (Ethoxidionen) ist die C–O-Bindung bereits teilweise entstanden und die C–Br-Bindung schon teilweise gelöst. Elementarprozesse, bei denen Entstehung und Lösung von Bindungen gleichzeitig oder zumindest nahezu gleichzeitig vor sich gehen, werden *konzertierte Prozesse* genannt. Ein Teil der bei der Entstehung der neuen Bindungen frei werdenden Energie dient dazu, die alten Bindungen zu lösen.
Die Avogadro-Konstante N_A = 6,022137 · 10^{23} mol⁻¹ gibt die Zahl der Teilchen in einem Mol eines Stoffes an. Bei der vollständigen Reaktion eines Mols

Bromethan mit einem Mol Ethanolationen finden demnach N_A Elementarprozesse gemäß dem Energieprofil-Diagramm von Abb. 27 statt.

Die Zeit für den Ablauf eines Elementarprozesses entsprechend dem Energieprofil-Diagramm von Abb. 27 beträgt etwa 10^{-12} s. Die Zeitspannen, in denen chemische Reaktionen ablaufen, sind jedoch im allgemeinen größer und können mehrere Stunden oder Tage betragen, *da nicht alle Elementarprozesse gleichzeitig stattfinden.* Dies wird dadurch verursacht, daß jeder Elementarprozeß Energie erfordert (s. S. 68). Die individuellen Teilchen bedürfen einer *Aktivierung.* Die Energiedifferenz zwischen Übergangs- und Ausgangszustand ist der Aktivierungsenthalpie $\Delta H^{\neq}$ sowie der Aktivierungsenergie E_A proportional. Beide gibt man in J mol^{-1} und nicht in J Molekül^{-1} an. Für die meisten Elementarprozesse wird die Aktivierungsenthalpie der thermischen (kinetischen) Energie der Teilchen entnommen. Bei einer bestimmten Temperatur T_1 haben jedoch nicht alle Teilchen die gleiche kinetische Energie, da sich die Geschwindigkeit der Teilchen um einen Mittelwert verteilt. Nur wenn zwei besonders schnelle Teilchen zusammenstoßen, wird die Aktivierungsenthalpie aufgebracht, und die Energiebarriere zwischen Ausgangszustand und Endzustand kann überwunden werden, d. h., der Elementarprozeß findet statt. Reaktionen mit thermischer Aktivierung (Stoßaktivierung) werden *thermische Reaktionen* genannt. Die meisten organisch-chemischen Reaktionen sind thermische Reaktionen. Je größer E_A bzw. $\Delta H^{\neq}$ ist, desto weniger Elementarprozesse pro Sekunde finden statt, desto kleiner ist somit die Geschwindigkeitskonstante der betreffenden Reaktion. Mit zunehmender Temperatur steigt der Prozentsatz der schnellen Teilchen. Bei einer höheren Temperatur T_2 ist die Geschwindigkeitskonstante deshalb größer. Mit abnehmender Temperatur wird die Geschwindigkeitskonstante kleiner und schließlich bei sehr tiefen Temperaturen Null, d. h., in der Nähe des absoluten Nullpunktes finden keine thermischen Reaktionen mehr statt.

Die Energiedifferenz zwischen Endzustand und Ausgangszustand ist der Standardreaktionsenthalpie $\Delta_R H^0$ proportional. Sie wird ebenfalls in J mol^{-1} angegeben und ist für den in Abb. 27 angegebenen Fall negativ, d. h., es liegt eine exotherme Reaktion vor. Die wesentliche Ursache dafür ist, daß die Bindungsenergie der C–O-Bindung 335 kJ mol^{-1} beträgt, die der C–Br-Bindung aber nur 285 kJ mol^{-1}. Die als Wärme frei werdende Energie ist also im wesentlichen Bindungsenergie, d. h. in thermische (kinetische) Energie umgewandelte potentielle Energie.

Es gibt jedoch noch eine zweite Möglichkeit der Aktivierung. Dabei werden das Edukt bzw. die Edukte mit sichtbarem oder ultraviolettem Licht bestrahlt. Ein Beispiel dafür bietet die Reaktion von Buta-1,3-dien zu Cyclobuten:

Ein Molekül Buta-1,3-dien absorbiert einen Lichtquant, wobei ein Elektron aus dem HOMO in das LUMO gehoben wird (s. S. 27). Man sagt, das Molekül geht aus dem elektronischen Grundzustand in den ersten elektronisch angeregten Zustand über. Dies entspricht einer Energiezufuhr von 551 kJ mol^{-1}. Ein durch Lichtabsorption elektronisch angeregtes Molekül kann daher zugleich als photochemisch aktiviertes Molekül betrachtet werden. Die auf diese Weise zugeführte Energie reicht bei vielen Reaktionen aus, um die Energiebarriere zwischen Ausgangs- und Endzustand zu überwinden. Chemische Reaktionen, bei denen die Aktivierung photochemisch erfolgt, nennt man *photochemische Reaktionen*. Sie verlaufen auch noch in der Nähe des absoluten Nullpunktes, z. B. wenn das Edukt in gefrorenem Argon bei 8 K (–265°C) belichtet wird.

Bei thermischen Reaktionen wurden drei Typen von Elementarprozessen nachgewiesen:

1. Moleküle des Eduktes A lagern sich zu P um oder zerfallen zu P + Q. Die entsprechenden Reaktionen werden als *monomolekular (unimolekular)* bezeichnet. Zum Zeitpunkt t_0 wird die Reaktion gestartet und beginnt mit einer bestimmten Geschwindigkeit, wobei [A] laufend abnimmt. Je weniger Moleküle A aber pro Liter vorhanden sind, desto weniger können pro Sekunde reagieren. In Analogie zum radioaktiven Zerfall weisen monomolekulare Reaktionen daher die folgende Geschwindigkeitsgleichung auf:

$$r = k[A] .$$

Sie befolgen demnach eine Kinetik 1. Ordnung (s. S. 65).

2. Zwei Moleküle A oder ein Molekül A und ein Molekül B reagieren miteinander, was nur während der kurzen Zeit eines Zusammenstoßes möglich ist. Die entsprechenden Reaktionen werden *bimolekular* genannt. Die Zahl der Zusammenstöße pro Sekunde wird um so kleiner, je weniger Moleküle pro Liter vorhanden sind. Somit ergeben sich folgende Geschwindigkeitsgleichungen:

$$r = k[A]^2 , \quad r = k[A][B] .$$

Bimolekulare Reaktionen sind also Reaktionen 2. Ordnung. Dies trifft z. B. für die auf S. 67 beschriebene Reaktion von Bromethan mit Ethanolationen zu.

3. Trimolekulare (termolekulare) Reaktionen erfordern Dreierstöße und befolgen eine Kinetik 3. Ordnung, z. B.:

$$r = k[A][B][C] .$$

Mit Hilfe der Stoßtheorie läßt sich zeigen, daß die Wahrscheinlichkeit für das Zustandekommen von Dreierstößen sehr klein ist. Viererstöße sind noch unwahrscheinlicher.

Mono-, bi- und trimolekulare Reaktionen werden *Elementarreaktionen* genannt, unabhängig davon, ob sie irreversibel oder reversibel sind. Alle Reaktionen, die keine irreversiblen Elementarreaktionen sind, werden unter der Bezeichnung *komplexe Reaktionen* zusammengefaßt.

Vergleicht man die Bruttoreaktionsgleichung einer Reaktion mit der Geschwindigkeitsgleichung, so gibt es zwei Möglichkeiten:

1. Die stöchiometrischen Koeffizienten stimmen nicht mit den Exponenten in der Geschwindigkeitsgleichung überein, z. B.:

$$A + B \longrightarrow Produkte, \quad r = k[A] .$$

Damit ist der Beweis erbracht, daß es sich um eine komplexe Reaktion handelt, wobei jedoch sichergestellt werden muß, daß keine Reaktion mit pseudo-Ordnung vorliegt.

2. Die stöchiometrischen Koeffizienten stimmen mit den Exponenten in der Geschwindigkeitsgleichung überein, z. B.:

$$A + B \longrightarrow Produkte, \quad r = k[A][B] .$$

Damit ist nicht bewiesen, daß eine irreversible Elementarreaktion vorliegt, da auch bei komplexen Reaktionen unter bestimmten Voraussetzungen die stöchiometrischen Koeffizienten mit den Exponenten in der Geschwindigkeitsgleichung übereinstimmen können.

Die Geschwindigkeitsgleichungen sind wichtige Indizien zur Aufklärung von Reaktionsmechanismen. Allerdings ist ihre Auswertung bei den komplexen Reaktionen schwieriger als bei den bisher erläuterten irreversiblen Elementarreaktionen. Drei besonders häufig auftretende Typen von komplexen Reaktionen werden im Folgenden kurz erläutert:

Reversible Elementarreaktionen. Als Beispiel dient die Reaktion $A \rightleftharpoons P$. Wenn die Energiedifferenz zwischen End- und Ausgangszustand klein ist, dann unterscheidet sich $\Delta H^{\ddagger}_{\rightarrow}$ für die Hinreaktion $A \longrightarrow P$ nicht wesentlich von $\Delta H^{\ddagger}_{\leftarrow}$ für die Rückreaktion $P \longrightarrow A$ (s. Abb. 27 und 28). Geht man von der

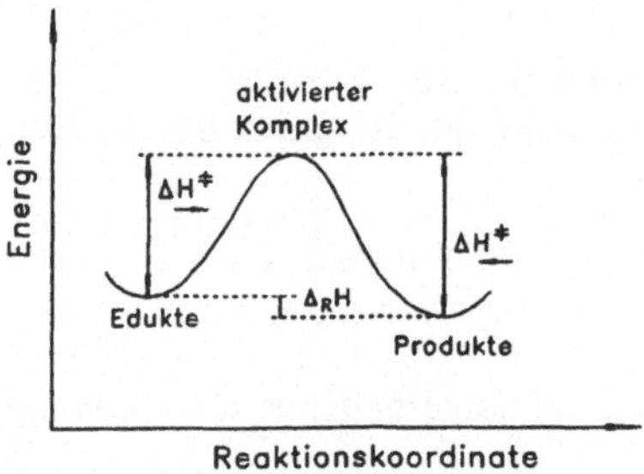

Abb. 28. Energieprofil einer reversiblen Elementarreaktion

reinen Verbindung A aus und erwärmt diese, dann beginnt bei einer bestimmten Temperatur T_1 die Reaktion zum Zeitpunkt t_0 mit einer Geschwindigkeit $r = k[A]_0$. In dem Maße, wie A verbraucht wird, nimmt die Geschwindigkeit der Hinreaktion $r_\rightarrow$ ab, und in dem Maße, wie P entsteht, nimmt die Geschwindigkeit der Rückreaktion $r_\leftarrow$ zu. Zum Zeitpunkt t_1, t_2, ... beträgt die meßbare Reaktionsgeschwindigkeit r:

$$r = r_\rightarrow - r_\leftarrow = k_\rightarrow[A] - k_\leftarrow[P] \ .$$

Ändert sich bei der Temperatur T_1 die stoffliche Zusammensetzung des Systems nicht mehr, bleiben also [A] und [P] konstant, dann ist die Reaktion beendet und r = 0. Daraus folgt, daß $r_\rightarrow = r_\leftarrow$ sein muß und sich ein Gleichgewicht eingestellt hat:

$$k_\rightarrow[A]_\infty = k_\leftarrow[P]_\infty \ , \qquad \frac{k_\rightarrow}{k_\leftarrow} = \frac{[P]_\infty}{[A]_\infty} = K$$

$[A]_\infty$, $[P]_\infty$ Konzentrationen nach Einstellung des Gleichgewichts

K   Gleichgewichtskonstante

Es läßt sich zeigen, daß die als Beispiel gewählte reversible Reaktion die folgende Geschwindigkeitsgleichung aufweist:

$$r = (k_\rightarrow + k_\leftarrow)[A] - k_\leftarrow[A]_0 \ .$$

Erhöht man die Temperatur von T_1 auf T_2, dann folgt aus der Arrhenius-Gleichung, daß sich $k_\leftarrow$ stärker vergrößert als $k_\rightarrow$. Deshalb ist die Gleichgewichtskonstante K bei T_2 kleiner als bei T_1, d. h., das Gleichgewicht hat sich nach links (auf die Seite von A) verschoben.
Aus diesen Darlegungen folgt, daß zwischen reversiblen und irreversiblen Reaktionen kein prinzipieller Unterschied besteht. Irreversible Reaktionen liegen dann vor, wenn die Energiedifferenz zwischen Endzustand und Ausgangszustand so groß ist, daß die Rückreaktion mit unmeßbar kleiner Geschwindigkeit verläuft.
Folgereaktionen (Stufenreaktionen). Als Beispiel dient die Reaktion von 2-Brom-2-methylpropan (A) mit Kaliumhydroxid in Ethanol/Wasser:

$$\underset{\overset{|}{CH_3}}{\overset{\overset{CH_3}{|}}{H_3C-C-Br}} \ + \ OH^- \quad\longrightarrow\quad \underset{\overset{|}{CH_3}}{\overset{\overset{CH_3}{|}}{H_3C-C-OH}} \ + \ Br^- \qquad (3.3)$$

Messungen ergaben, daß diese Reaktion eine Kinetik 1. Ordnung befolgt:

$$r = k[A] \ .$$

Somit kann keine irreversible Elementarreaktion vorliegen. Die Geschwindigkeitsgleichung läßt sich jedoch erklären, wenn man annimmt, daß zwei Elementarprozesse aufeinander folgen. Sie werden auch *Elementarschritte* oder einfach Schritte genannt:

$$(3.4)$$

Im 1. Schritt wird die C–Br-Bindung gelöst, wobei ein sogenanntes Carbeniumion und ein Bromidion entstehen. Im 2. Schritt vereinigt sich das Carbeniumion mit dem Hydroxidion. Weiterhin folgt aus der Geschwindigkeitsgleichung, daß der 1., monomolekulare Schritt der langsamste und damit geschwindigkeitsbestimmende Schritt der Folgereaktion ist ($k_1 \ll k_2$). Die Aktivierungsenthalpie dieses Schrittes muß demnach viel größer sein als die des 2. Schrittes (s. Abb. 29). Das Carbeniumion wird *Zwischenstufe (Intermediat)* genannt.

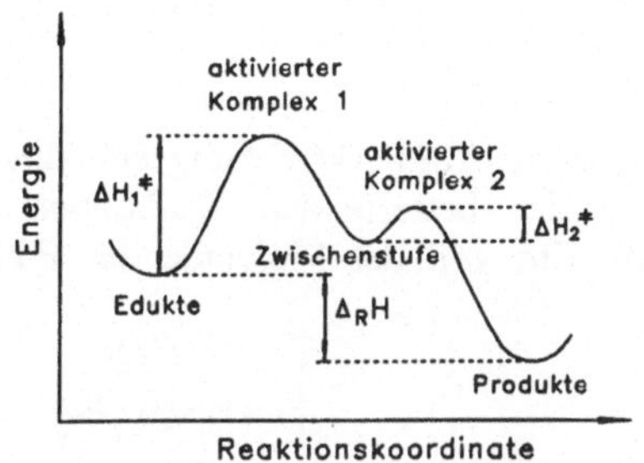

Abb. 29. Energieprofil einer Folgereaktion aus zwei Schritten

$\Delta H_1^{\ddagger}$ Aktivierungsenthalpie des 1., geschwindigkeitsbestimmenden Schrittes

$\Delta H_2^{\ddagger}$ Aktivierungsenthalpie des 2. Schrittes

Bei vielen Folgereaktionen entstehen im 1., geschwindigkeitsbestimmenden Schritt mehr oder weniger energiereiche Zwischenstufen. Führt die Lösung einer Bindung wie im Fall des 2-Brom-2-methylpropans zu entgegengesetzt geladenen Ionen, dann liegt eine *Heterolyse* vor. Heterolysen finden vor allem in polaren Lösungsmitteln bei Raumtemperatur statt. Hohe Temperaturen in der Gasphase sowie Belichtung haben dagegen eine Homolyse von Bindungen zur Folge, z. B.:

Die dabei entstehenden Spaltstücke sind neutral und weisen je ein ungepaartes Elektron auf. Es kann sich um Radikale oder Atome handeln.

Der hier beschriebene Typ von Folgereaktionen ist dadurch gekennzeichnet, daß zwei irreversible Schritte mit einer energiereichen und deswegen reaktiven Zwischenstufe vorliegen [3.8]. Bei einem weiteren häufig beobachteten Typ handelt es sich um Folgereaktionen mit einem reversiblen Schritt vor dem geschwindigkeitsbestimmenden Schritt (Folgereaktion mit einem vorgelagerten, sich schnell einstellenden Gleichgewicht, s. S. 124, 127, 144, 196).

Sprechen die Indizien für eine Folgereaktion, dann kann man den Reaktionsmechanismus aufklären, indem versucht wird, Zwischenstufen nachzuweisen.

Parallelreaktionen (Konkurrenzreaktionen). Bei diesem Typ von komplexen Reaktionen sind Edukte oder Zwischenstufen gleichzeitig an zwei oder mehreren Reaktionen beteiligt, z. B.:

$$A + B \quad \overset{k_1}{\underset{k_2}{\Big\langle}} \quad \begin{matrix} P_1 + Q \\ \\ P_2 + Q \end{matrix} \qquad (3.5)$$

Dies ist dann der Fall, wenn sich die Aktivierungsenthalpien und damit die Geschwindigkeitskonstanten der betreffenden Reaktionen nicht wesentlich unterscheiden (s. Abb. 30). Ein Teil der Moleküle der Edukte wandelt sich

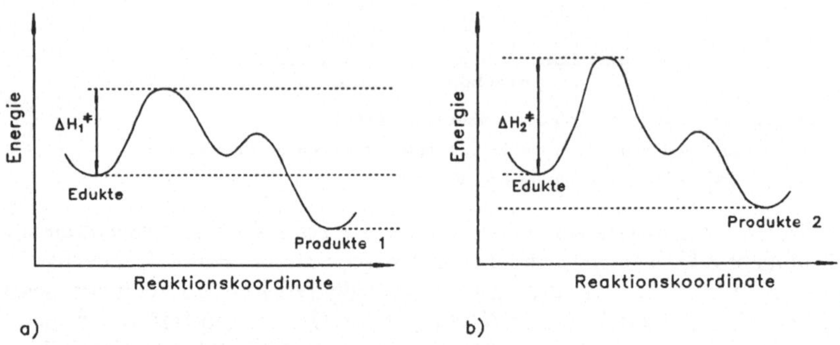

Abb. 30. Energieprofil zweier konkurrierender Folgereaktionen

a) Reaktion 1 (Hauptreaktion) mit $\Delta H_1^{\ddagger}$

b) Reaktion 2 (Nebenreaktion) mit $\Delta H_2^{\ddagger}$

entsprechend dem Energieprofil-Diagramm von Abb. 30a in die Produkte 1 um, ein anderer, kleinerer Teil entsprechend dem Energieprofil-Diagramm von Abb. 30b in die Produkte 2. Bei Parallelreaktionen besteht die Geschwindigkeitsgleichung aus einer Summe. Beispiele werden auf S. 101 und S. 103 erläutert.

Die Aufklärung des Mechanismus einer Reaktion führt zu Aussagen darüber, welcher oder welche Elementarprozesse der betreffenden Reaktion zugrunde liegen, sowie zu Vorstellungen über die Struktur des aktivierten Komplexes bzw. der aktivierten Komplexe. Erste Hinweise ergeben sich aus einer Analyse der Bruttoreaktionsgleichung, d. h. durch den Vergleich der Struktur der Produkte mit der Struktur der Edukte. Weitere Hinweise liefern die Reaktionsbedingungen (Temperatur, Belichtung, Lösungsmittel, Katalysatoren). Auf Grund dieser Hinweise können sinnvoll erscheinende Mechanismen formuliert werden. Danach werden Experimente durchgeführt (Ermittlung von Geschwindigkeitsgleichungen, Nachweis oder Isolierung von Zwischenstufen, Isotopenmarkierung u. a.), und jeder Mechanismus, der einer Beobachtung oder Messung widerspricht, wird ausgeschlossen. Im Idealfall bleibt ein Mechanismus übrig. Er wird dann als bewiesen angesehen. In sehr vielen Fällen bedeutet die Aufklärung des Mechanismus die Beantwortung der Frage, ob der betreffenden Reaktion ein oder mehrere Elementarprozesse zugrunde liegen, vereinfacht ausgedrückt, ob eine einstufige Reaktion oder eine Folgereaktion vorliegt. Aus der indirekten Art der Beweisführung ergibt sich, daß die Vorstellungen über den Mechanismus einer Reaktion revidiert oder präzisiert werden müssen, sobald neue experimentelle Untersuchungsmethoden weitergehende Aussagen ermöglichen.

3.6 Reaktivität und Selektivität

Die Bereitschaft oder Fähigkeit eines Stoffes, allein oder mit anderen Stoffen nicht, langsam oder schnell im Sinne dieses oder jenes Mechanismus zu reagieren, nennt man die *Reaktivität (Reaktionsfähigkeit)* des Stoffes. Sie ist im wesentlichen durch seine Struktur festgelegt, kann aber durch die Wahl der Reaktionsbedingungen in bestimmten Grenzen beeinflußt werden.
Im Laufe der Zeit wurden zahlreiche Beziehungen zwischen Struktur und Reaktivität empirisch (experimentell) aufgefunden. Die meisten davon sind qualitativer Natur (Regeln, Effekte). Einige konnten jedoch auch in Form von Gleichungen quantifiziert werden. Dabei ermittelt man innerhalb einer sogenannten Reaktionsserie die Geschwindigkeitskonstanten, z. B.:

$$
\begin{array}{lll}
H_3C{-}COOC_2H_5 \; + \; H_2O & \xrightarrow{\quad k_0 \quad} & \\[1ex]
FCH_2{-}COOC_2H_5 \; + \; H_2O & \xrightarrow{\quad k_1 \quad} & \text{Produkte} \\[1ex]
(CH_3)_3C{-}COOC_2H_5 \; + \; H_2O & \xrightarrow{\quad k_2 \quad} & \\[0.5ex]
& \;\;\vdots & \\[0.5ex]
& \xrightarrow{\quad k_i \quad} &
\end{array}
$$

Es handelt sich um die säurekatalysierte Hydrolyse von Carbonsäureestern. Die Reaktivität der substituierten Verbindungen wird auf die des

Essigsäureethylesters bezogen und als $\lg(k_i/k_o)$ quantitativ ausgedrückt. Beispielsweise ergibt sich $\lg(k_2/k_o)$ zu $-1{,}54$, d. h., 2,2-Dimethylpropansäureethylester reagiert langsamer als Essigsäureethylester, seine Reaktivität ist geringer.

Bei zahlreichen organisch-chemischen Reaktionen handelt es sich um Parallelreaktionen. Im einfachsten Fall konkurrieren zwei irreversible Reaktionen miteinander (s. Schema 3.5 S. 74), und die *Selektivität* könnte dann als $\lg(k_1/k_2)$ angegeben werden. Für $k_1 = k_2$ beträgt die Selektivität null.

Angesichts der großen Vielfalt chemischer Reaktionen hat es sich als zweckmäßig erwiesen, den Begriff Selektivität weiter zu spezifizieren. Man unterscheidet drei Haupttypen:

1. *Chemoselektivität.* Die Stöchiometrie der konkurrierenden Reaktionen ist unterschiedlich, und die Summenformeln wenigstens je eines Produktes sind verschieden. Ein Beispiel bietet die Reduktion von Trichlorethanal (Chloral), die zu Acetaldehyd oder zu 2,2,2-Trichlorethanol führen kann:

$$Cl_3C-CHO \ + \ 3H \ \xrightarrow{\ k_1\ } \ H_3C-CHO \ + \ 3HCl$$

$$Cl_3C-CHO \ + \ 2H \ \xrightarrow{\ k_2\ } \ Cl_3C-CH_2-OH$$

Je nach dem eingesetzten Reduktionsmittel ist $k_1 > k_2$ oder umgekehrt.

2. *Regioselektivität.* Die konkurrierenden Reaktionen haben die gleiche Stöchiometrie, die Produkte P_1 und P_2 sind Konstitutionsisomere. Als Beispiel dient die Addition von Chlorwasserstoff an Propen:

$$H_3C-CH=CH_2 \ \xrightarrow{+HCl} \ \begin{cases} \xrightarrow{\ k_1\ } H_3C-CH_2-CH_2-Cl & P_1 \quad \text{1-Chlorpropan} \\[2ex] \xrightarrow{\ k_2\ } H_3C-\underset{\underset{Cl}{|}}{CH}-CH_3 & P_2 \quad \text{2-Chlorpropan} \end{cases}$$

3. *Stereoselektivität.* Die konkurrierenden Reaktionen haben die gleiche Stöchiometrie, die Produkte P_1 und P_2 sind Stereoisomere. Man unterscheidet zwei Arten der Stereoselektivität:

3.1. *Diastereoselektivität.* P_1 und P_2 sind Diastereomere. Entstehen sie in ungleichen Mengen, dann ist die betreffende Reaktion diastereoselektiv, z. B.:

$$P_1 \quad \text{cis-2-Methylcyclohexan-1-ol}$$

$$P_2 \quad \text{trans-2-Methylcyclohexan-1-ol}$$

Aus praktischen Gründen wird die Diastereoselektivität, abgekürzt ds, wie folgt definiert:

$$\text{ds in Prozent} = \frac{P_1}{P_1 + P_2} \cdot 100$$

Entstehen z. B. P_1 und P_2 im Verhältnis 3:1, dann beträgt ds $3/4 \cdot 100 = 75\%$. Eine andere Möglichkeit zur quantitativen Charakterisierung der Selektivität ist die *Diastereomerenreinheit des Produktes*, abgekürzt de (von engl. *d*iastereomeric *excess*):

$$\text{de in Prozent} = \frac{P_1 - P_2}{P_1 + P_2} \cdot 100$$

Sie beträgt für das genannte Beispiel $2/4 \cdot 100 = 50\%$, d. h., der Überschuß von P_1 gegenüber P_2 beträgt 50% der Gesamtmasse des Produktgemisches.

3.2. *Enantioselektivität.* P_1 und P_2 sind Enantiomere. Wenn ein Substrat die konstitutionellen Voraussetzungen für die Bildung von Enantiomeren bei einer Reaktion aufweist, dann entstehen sie fast immer in gleichen Mengen. Chemische Reaktionen sind also in der Regel nicht enantioselektiv, z. B.:

Führt man die Reduktion von Brenztraubensäure aber in Gegenwart eines chiralen Stoffes, z. B. (−)-Chinin, durch, dann wird eine gewisse Enantioselektivität beobachtet. Enzymatische Reaktionen sind fast stets zu 100% enantioselektiv. Zur Charakterisierung der Selektivität dient die *Enantiomerenreinheit des Produktes*, abgekürzt ee (von engl. *enantiomeric excess*):

$$\text{ee in Prozent} = \frac{P_1 - P_2}{P_1 + P_2} \cdot 100$$

Für $P_1 : P_2 = 9 : 1$ beträgt ee $8/10 \cdot 100 = 80\%$.

Stereoselektive Reaktionen, wie sie unter 3.1. und 3.2. beschrieben wurden, nennt man auch *asymmetrische Synthesen* [3.9].

Qualitative oder quantitative Beziehungen zwischen Struktur, Reaktivität und Selektivität sind meistens auf einzelne Verbindungsklassen oder Reaktionstypen beschränkt und werden im Abschn. 4 behandelt. Aus der Regioselektivität und aus der Stereoselektivität ergeben sich wichtige Hinweise auf den Mechanismus der betreffenden Reaktionen.

3.7 Klassifizierung der Reaktionen

Man kann die organisch-chemischen Reaktionen klassifizieren, indem von der Bruttoreaktionsgleichung ausgehend die Strukturen von Produkten und Edukten miteinander verglichen werden. Dabei ergeben sich vier besonders häufige Typen.

■ *Substitution (Ersatz, Austausch).* In einer Verbindung wird ein Atom oder eine Atomgruppe durch ein anderes Atom oder oder eine andere Atomgruppe ersetzt, z. B.:

$$R-H \;+\; Cl_2 \longrightarrow R-Cl \;+\; HCl \qquad \text{Chlorierung}$$

$$R-H \;+\; HNO_3 \longrightarrow R-NO_2 \;+\; H_2O \qquad \text{Nitrierung}$$

Häufig benennt man Substitutionsreaktionen nach der Art des neu eintretenden Substituenten. Substitutionsreaktionen, bei denen eines der Edukte das Lösungsmittel ist, werden Solvolysen genannt (Hydrolyse, Alkoholyse, Ammonolyse).

■ *Addition (Anlagerung).* Darunter versteht man die Reaktionen ungesättigter organischer Verbindungen mit bestimmten Elementen oder Verbindungen. Dreifachbindungen gehen dabei in Doppel- oder Einfachbindungen über und Doppelbindungen in Einfachbindungen, z. B.:

$$HC\equiv CH \;+\; HCl \longrightarrow H_2C{=}CHCl \xrightarrow{+HCl} H_3C-CHCl_2$$

$$H_2C{=}CH_2 \;+\; Br_2 \longrightarrow BrCH_2-CH_2Br$$

Die Addition von katalytisch angeregtem Wasserstoff heißt Hydrierung, die Addition von Wasser Hydratisierung. Additionen, bei denen ringförmige Verbindungen entstehen, werden Cycloadditionen genannt (s. S. 119).

■ *Eliminierung (Abspaltung).* Aus organischen Verbindungen werden Elemente oder Verbindungen abgespalten, wobei meist ungesättigte Verbindungen entstehen, z. B.:

$$R-CH_2-CH_2OH \longrightarrow R-CH{=}CH_2 \;+\; H_2O$$

$$R-CH{=}CHBr \longrightarrow R-C\equiv CH \;+\; HBr$$

$$R-\overset{\overset{\textstyle O}{\|}}{C}-COOH \longrightarrow R-COOH \;+\; CO$$

Die Eliminierung läßt sich als Umkehrung der Addition auffassen. Die Eliminierung von Wasserstoff wird Dehydrierung genannt, die von Wasser Dehydratisierung.

■ *Isomerisierung (Umlagerung).* Bei Isomerisierungen erfolgt eine Umgruppierung (Reorganisation) von Bindungen innerhalb von Molekülen, Molekülionen oder Radikalen. Häufig wandern dabei Atome oder Atomgruppen intramolekular. Edukt und Produkt sind daher Konstitutionsisomere oder Stereoisomere, z. B.:

Isomerisierungen werden entweder durch Energiezufuhr ausgelöst oder erfolgen im Verlaufe von Substitutions-, Additions- oder Eliminierungsreaktionen. Einige Isomerisierungen sind reversibel. Existiert ein chemisches Gleichgewicht zwischen zwei Konstitutionsisomeren, dann liegt ein Fall von *Tautomerie* bzw. *tautomeren Verbindungen* vor.

Die Begriffe *Oxidation* und *Reduktion* werden in der organischen Chemie nicht einheitlich verwendet. Unter Oxidation versteht man Reaktionen, bei denen Verbindungen Sauerstoff aufnehmen oder bei denen ihnen durch ein Oxidationsmittel Wasserstoff entzogen wird, z. B.:

$$3\ R{-}CH_2OH + Cr_2O_7^{2-} + 8H^+ \longrightarrow 3\ R{-}CHO + 2Cr^{3+} + 7H_2O$$

Bei Reduktionen wird organischen Verbindungen durch ein Reduktionsmittel Sauerstoff entzogen, oder sie nehmen Wasserstoff auf, z. B.:

$$R{-}NO_2 + 3Sn^{2+} + 6H^+ \longrightarrow R{-}NH_2 + 3Sn^{4+} + 2H_2O$$

$$R{-}CHO \xrightarrow{\ LiAlH_4\ } R{-}CH_2OH$$

Eine zweite Möglichkeit der Klassifizierung ist auf die in der organischen Chemie besonders häufigen bimolekularen Elementarreaktionen beschränkt. Danach unterscheidet man:

■ *Ladungskontrollierte Reaktionen.* An derartigen Reaktionen sind Ionen beteiligt, und die Coulomb-Wechselwirkung (s. S. 42) dominiert, z. B.:

$$\langle\!\!\bigcirc\!\!\rangle\!-\!O^{\ominus}Na^+ \;+\; H_3O^+ \;\longrightarrow\; \langle\!\!\bigcirc\!\!\rangle\!-\!OH \;+\; H_2O$$

■ *Orbitalkontrollierte Reaktionen.* Es handelt sich um Reaktionen zwischen Molekülen. Die Orbitalwechselwirkung (s. S. 42) dominiert. Dabei existieren vier Möglichkeiten:

1. *Elektrophile Reaktionen.* Das HOMO des Substrates tritt mit dem LUMO des Reagens in Wechselwirkung, z. B.:

Substrat   Reagens
(Nucleophil) Elektrophil

$$R\!-\!Li \;+\; Br\!-\!Br \;\longrightarrow\; R\!-\!Br \;+\; Li^+ \;+\; Br^- \qquad (3.6)$$

HOMO   LUMO

Das HOMO des Substrates ist das σ-MO der C–Li-Bindung, das LUMO des Reagens ist das σ^*-MO der Br–Br-Bindung. Die Umverteilung der Elektronen wird durch gekrümmte Pfeile angegeben. Entscheidend für die Bezeichnung der Reaktion ist das Reagens, ein Elektrophil. Es handelt sich um eine *elektrophile Substitutionsreaktion eines Lithiumalkyls.*

2. *Nucleophile Reaktionen.* Das LUMO des Substrates tritt mit dem HOMO des Reagens in Wechselwirkung, z. B.:

Reagens   Substrat
Nucleophil (Elektrophil)

$$R_3^1N\! \;+\; R^2\!-\!Br \;\longrightarrow\; R_3^1\overset{\oplus}{N}\!-\!R^2 \;+\; Br^- \qquad (3.7)$$

HOMO   LUMO

Das LUMO des Substrates ist das σ^*-MO der C–Br-Bindung. Das HOMO des Reagens ist das n-MO (nichtbindende MO) im tertiären Amin. Da es sich beim Reagens um ein Nucleophil handelt, liegt eine *nucleophile Substitutionsreaktion eines Halogenalkans* vor.

3. *Radikalische Reaktionen.* Es erfolgt eine Wechselwirkung zwischen dem HOMO oder LUMO des Substrates und dem SOMO (s. S. 21) des Reagens, z. B.:

Substrat   Reagens
            Radikal

$$R^1\!-\!CH\!=\!CH_2 \;+\; R^2\!\cdot \;\longrightarrow\; R^1\!-\!\overset{\cdot}{C}H\!-\!CH_2\!-\!R^2 \qquad (3.8)$$

HOMO oder   SOMO
LUMO

HOMO des Substrates ist das π-MO, LUMO das π^*-MO. Es handelt sich um eine *radikalische Additionsreaktion eines Olefins*.

4. Bei bimolekularen *pericyclischen Reaktionen* kann nicht zwischen Substrat und Reagens unterschieden werden. Es ist sowohl eine HOMO-LUMO-Wechselwirkung als auch eine LUMO-HOMO-Wechselwirkung zwischen den Eduktmolekülen möglich. Der aktivierte Komplex stellt ein cyclisch konjugiertes System dar, z. B. bei der Diels-Alder-Reaktion (s. S. 120):

HOMO   LUMO

Bei dem hier gewählten Beispiel erfolgt die Wechselwirkung zwischen dem HOMO des 1,3-Diens (Ψ_2, s. Abb. 16 S. 28) und dem LUMO (π^*-MO) des Olefins.

Die Kombination der im Abschn. 3.7 beschriebenen Klassifizierungs-möglichkeiten organisch-chemischer Reaktionen liegt der Gliederung des Abschnittes 4 zugrunde.

3.8 Nomenklatur der Reaktionen und Reaktionsmechanismen

Im Jahre 1988 wurde von der IUPAC eine *Nomenklatur für organisch-chemische Transformationen* empfohlen [3.10]. Eine Transformation ist zwar im Prinzip eine Reaktion, unterscheidet sich von ihr aber dadurch, daß sie sich nur auf die Änderungen der Struktur bei der Umwandlung des Substrates in das Produkt bezieht, unabhängig vom im Einzelfall verwendeten Reagens und vom Reaktionsmechanismus. So wird jede Transformation von R–H in R–NO$_2$ als Nitrierung bezeichnet, ohne Rücksicht darauf, ob die Reaktion mit Salpetersäure in der Gasphase oder mit Nitriersäure in flüssiger Phase oder mittels Tetranitromethan erfolgt. Die Transformation gemäß Gleichung 3.1 (s. S. 67) stellt eine Ethoxydebromierung dar, die gemäß Gleichung 3.3 (s. S. 72) eine Hydroxydebromierung, de bedeutet die Entfernung der Substituenten Br aus dem Substratmolekül. Im Fall von Gleichung 3.6 handelt es sich um eine Bromdelithiierung, bei Gleichung 3.7 um eine Aminodebromierung. Die folgende Transformation wird als 1/Hydro,4/chlor-addition bezeichnet:

$$H_2C{=}CH{-}CH{=}CH_2 \xrightarrow{\ +\ HCl\ } H_3C{-}CH{=}CH{-}CH_2{-}Cl$$

Die heute am meisten angewandte *Nomenklatur der Reaktionsmechanismen* wurde von Ingold (1953) geschaffen [3.11]. Folgende Symbole werden benutzt:

S für Substitution
Ad für Addition
E für Eliminierung
E als Index für elektrophil
N als Index für nucleophil
R als Index für radikalisch
1 für monomolekular
2 für bimolekular

So wird der Mechanismus der Reaktion gemäß Gleichung 3.6 als S_E2-Mechanismus bezeichnet. Der Reaktion nach Gleichung 3.7 liegt ein S_N2-Mechanismus zugrunde, der Reaktion nach Gleichung 3.8 ein Ad_R-Mechanismus. Bei der Folgereaktion gemäß Schema 3.4 (s. S. 73) handelt es sich um einen S_N1-Mechanismus, da der geschwindigkeitsbestimmende Schritt monomolekular ist.

Im Jahre 1988 wurde von der IUPAC eine andere Nomenklatur der Reaktionsmechanismen empfohlen [3.12]. Entscheidend sind danach die Bindungen, die bei den der Reaktion zugrunde liegenden Elementarprozessen entstehen und/oder gelöst werden:

A Entstehung einer Bindung (assoziativer Elementarprozeß)
D Lösung einer Bindung (dissoziativer Elementarprozeß)
E als Index, elektrophil oder elektrofug
N als Index, nucleophil oder nucleofug
+ Folgereaktion

So gilt für den Mechanismus nach Gleichung 3.7 folgende Symbolik:

$$A_N D_N$$

Die Lösung der Bindung, symbolisiert durch D, erfolgt nucleofug, denn die "Abgangsgruppe" nimmt das Bindungselektronenpaar mit. Für den Mechanismus nach Schema 3.4 (s. S. 73) dagegen ergibt sich:

$$D_N + A_N$$

Einschränkend muß bemerkt werden, daß sich die im Abschn. 3.8 beschriebenen Bezeichnungsweisen nur auf relativ einfache Reaktionen bzw. Mechanismen anwenden lassen, die sozusagen die Grundtypen organisch-chemischer Reaktionen darstellen.

4 Die Mechanismen der wichtigsten Reaktionstypen

4.1 Substitutionsreaktionen

4.1.1 Radikalische Substitutionsreaktionen am gesättigten C-Atom

Gesättigte Kohlenwasserstoffe (Alkane und Cycloalkane) gehen bevorzugt radikalische Substitutionsreaktionen ein. Es handelt sich durchweg um Folgereaktionen, an derem Ablauf Radikale beteiligt sind. Die Hauptursache dafür sind die großen Bindungsenergien der C–H-Bindungen (um 400 kJ mol^{-1}). Deswegen ist das HOMO ein sehr tief liegendes σ-MO und das LUMO ein entsprechend hoch liegendes σ^*-MO. Beide sind für ein angreifendes Reagens schwer erreichbar (s. S. 42). Eine weitere Ursache besteht darin, daß gesättigte Kohlenwasserstoffe nur die unpolaren oder schwach polaren C–C- und C–H-Bindungen enthalten, so daß die Coulomb-Wechselwirkung beim Angriff ionischer Reagenzien verschwindend gering ist (s. S. 39).
Auch Verbindungen, die neben anderen Strukturelementen gesättigte C-Atome enthalten, z. B. Propen und Toluol, sind radikalischen Substitutionsreaktionen zugänglich.
Die Bruttoreaktionsgleichung für die *Chlorierung eines Alkans* lautet:

$$R-H \; + \; Cl_2 \; \xrightarrow{\; h\nu \; oder \; \Delta \;} \; R-Cl \; + \; HCl$$

Es konnte nachgewiesen werden, daß die Reaktion nach einem *Radikalketten-Mechanismus* verläuft:

Kettenstart:

$$Cl_2 \; \xrightarrow{\; h\nu \; oder \; \Delta \;} \; 2Cl\cdot$$

Reaktionskette:

$$R-H \; + \; Cl\cdot \; \longrightarrow \; HCl \; + \; R\cdot$$
$$R\cdot \; + \; Cl_2 \; \longrightarrow \; R-Cl \; + \; Cl\cdot$$
$$R-H \; + \; Cl\cdot \; \longrightarrow \; HCl \; + \; R\cdot$$

Kettenabbruch, z.B.:

$$R\cdot \; + \; Cl\cdot \; \longrightarrow \; R-Cl$$

Zunächst entstehen infolge Photolyse oder Thermolyse eines Chlormoleküls zwei Chloratome. Mit dem nächsten Schritt beginnt eine Folge von zwei Elementarprozessen, die sich wiederholt, bis die Konzentration an Edukten so gering geworden ist, daß Abbruchprozesse dominieren. Im ersten, geschwindigkeitsbestimmenden Schritt erfolgen Lösung der C–H-Bindung und

Entstehung der H–Cl-Bindung, im zweiten Lösung der Cl–Cl-Bindung und Entstehung der C–Cl-Bindung.

Eine andere Möglichkeit des Kettenstartes ist die Zugabe geringer Mengen eines *Initiators*. Darunter versteht man einen Stoff, der beim Erhitzen unter Entstehung von Radikalen zerfällt und dadurch den Kettenstart bewirkt, z. B.:

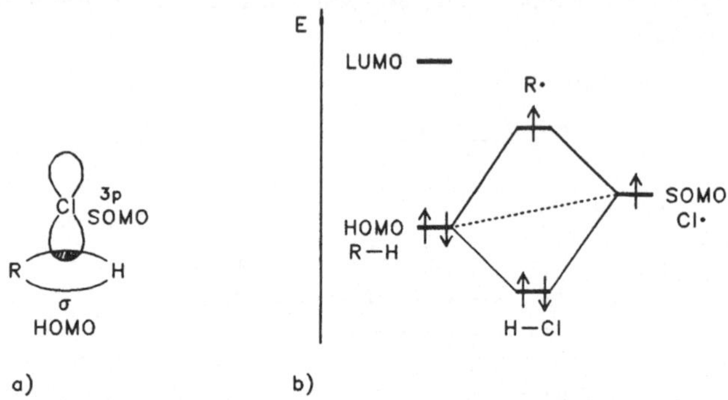

Im ersten Schritt der Reaktionskette tritt das HOMO des Alkans (das σ-MO der C–H-Bindung) mit dem ebenfalls relativ tief liegenden einfach besetzten 3p-AO des Cl-Atoms - es entspricht einem SOMO - in Wechselwirkung (s. Abb. 31a).

Abb. 31. Radikalische Substitutionsreaktion eines Alkans (Chlorierung)

a) Wechselwirkung der Grenzorbitale

b) Energieniveau-Schema

Aus Abb. 31b geht hervor, daß dabei Energie frei wird, da das entstehende energieärmere MO mit zwei Elektronen besetzt ist, es wird zum σ-MO der H–Cl-Bindung. Das energiereichere MO dagegen ist nur einfach besetzt, es stellt das SOMO des Radikals R· dar.

85

Anders als in Abb. 31 dargestellt erfolgt bei Radikalen mit hoch liegendem SOMO, z. B. dem tert-Butylradikal $(CH_3)_3C\cdot$, eine Wechselwirkung mit dem LUMO des Alkans.

Bei der Chlorierung von Propan und von Isobutan können jeweils zwei konstitutionsisomere Monochloralkane entstehen:

$$H_3C-CH_2-CH_3 \quad \xrightarrow[-HCl]{+Cl_2} \quad \begin{cases} \xrightarrow{k_1} & H_3C-CH_2-CH_2-Cl \\ \xrightarrow{k_2} & H_3C-\underset{\underset{Cl}{|}}{CH}-CH_3 \end{cases}$$

$$H_3C-\underset{\underset{CH_3}{|}}{CH}-CH_3 \quad \xrightarrow[-HCl]{+Cl_2} \quad \begin{cases} \xrightarrow{k_1} & H_3C-\underset{\underset{CH_3}{|}}{CH}-CH_2-Cl \\ \xrightarrow{k_3} & H_3C-\underset{\underset{Cl}{|}}{\overset{\overset{CH_3}{|}}{C}}-CH_3 \end{cases}$$

Experimente ergaben, daß die Reaktionen regioselektiv sind. Die Resultate wurden zu folgender Regel verallgemeinert [4.1]:

Bei den radikalischen Substitutionsreaktionen der Alkane werden an tertiäre C-Atome gebundene H-Atome (tertiäre H-Atome) schneller substituiert als sekundäre H-Atome und diese wiederum schneller als primäre H-Atome, d. h. $k_3 > k_2 > k_1$.

Zwar entsteht bei der Chlorierung von Isobutan zu 65% 1-Chlor-2-methylpropan und nur zu 35% 2-Chlor-2-methylpropan, diese Ausbeuten müssen jedoch statistisch korrigiert werden. Isobutan enthält neun primäre und ein tertiäres H-Atom. Deswegen verhalten sich die Reaktivitäten primär zu tertiär wie 65:9 zu 35:1 = 7,2 zu 35. Setzt man die Reaktivität des primären C-Atoms gleich 1, dann ergibt sich für das tertiäre C-Atom eine *relative Reaktivität* von 35:7,2 $\approx$ 5 (s. Tab. 4). Dieser Wert ist zugleich das Verhältnis k_3/k_1.

Tabelle 4

Relative Reaktivitäten von primären, sekundären und tertiären C-Atomen
bei der radikalischen Halogenierung (X = Halogen, T = 300 K)

X	primär	sekundär	tertiär
F	1	1,2	1,4
Cl	1	3,9	5,1
Br	1	82	1600

Die experimentell ermittelte Reaktivitätsabstufung stimmt mit der aus den folgenden thermochemischen Reaktionsgleichungen ersichtlichen Abnahme der Bindungsenergien von C–H-Bindungen überein:

$$\Delta_R H \quad \text{in kJ/mol}$$

CH_4	————	$CH_3\cdot$ + H·	435
CH_3CH_3	————	$CH_3CH_2\cdot$ + H·	410
$(CH_3)_2CH_2$	————	$(CH_3)_2CH\cdot$ + H·	393
$(CH_3)_3CH$	————	$(CH_3)_3C\cdot$ + H·	379

Die Ursache hierfür wird in einer zunehmenden Stabilisierung der entstehenden Radikale gesehen:

$$CH_3\cdot \quad < \quad CH_3CH_2\cdot \quad < \quad (CH_3)_2CH\cdot \quad < \quad (CH_3)_3C\cdot$$

$$0 \qquad\quad -13{,}7 \qquad\quad -24{,}3 \qquad\qquad -33{,}4 \qquad kJ/mol$$

Berechnungen ergaben, daß das Ethylradikal um 13,7 kJ mol^{-1} energieärmer als das Methylradikal ist, das tert-Butylradikal sogar um 33,4 kJ mol^{-1} [4.2]. Diese Stabilitätsabstufung von Alkylradikalen hat hauptsächlich zwei Ursachen:

1. Zunahme der Hyperkonjugation. Unter Hyperkonjugation versteht man die Wechselwirkung von Orbitalen der Alkylgruppen, insbesondere der Methylgruppen, mit dem $2p_z$-AO des dreibindigen C-Atoms. Die dabei frei werdende Energie ist um so größer, je mehr Alkylgruppen an dieses C-Atom gebunden sind.
2. Abnahme der sterischen Spannung (s. S. 50). Beim Übergang eines C-Atoms von der sp^3-Hybridisierung in die sp^2-Hybridisierung der trigonal planaren Alkylradikale entfernen sich die Substituenten an diesem C-Atom voneinander, eine damit verbundene Abnahme der sterischen Spannung wirkt sich um so stärker aus, je mehr Alkylgruppen dieses C-Atom trägt.

Aus Tabelle 4 geht weiterhin hervor, daß die Regioselektivität bei der Fluorierung von Alkanen kleiner ist als bei der Chlorierung, im Fall der Bromierung aber wesentlich größer. Zugleich wurde festgestellt, daß die Fluorierung am schnellsten verläuft und die Bromierung am langsamsten. Man kann auch sagen, daß Fluoratome gegenüber C–H-Bindungenm reaktiver sind als Chlor- oder gar Bromatome, daher wirken sich im Fall der Fluorierung die Reaktivitätsunterschiede im Substratmolekül kaum aus. Dieser Tatbestand wird auch als *Reaktivitäts-Selektivitäts-Prinzip* bezeichnet und wie folgt verallgemeinert:

Bei einer Serie ähnlicher (analoger) Reaktionen ist die Selektivität um so geringer, je reaktiver das Reagens ist.

Alkene werden in α-Stellung zur C–C-Doppelbindung substituiert (*Allylhalogenierung*):

$$H_2C{=}CH{-}CH_2{-}R \ + \ X_2 \xrightarrow{\ \Delta \text{ oder } h\nu\ } \ H_2C{=}CH{-}\underset{\underset{X}{|}}{CH}{-}R \ + \ HX$$

Bei Alkylarenen erfolgt die Substitution an der Alkylgruppe *(Seitenkettenhalogenierung)*, und zwar in α-Position zum Arylrest:

$$\langle\!\!\rangle{-}CH_2{-}R \ + \ X_2 \xrightarrow{\ \Delta \text{ oder } h\nu\ } \ \langle\!\!\rangle{-}\underset{\underset{X}{|}}{CH}{-}R \ + \ HX$$

Ursache für die Regioselektivität (Bevorzugung der α-Position) ist in beiden Fällen die Stabilisierung der entstehenden Radikale infolge Konjugation. Die π-MO und das $2p_z$-AO des dreibindigen C-Atoms bilden ein konjugiertes System.

In vielen Fällen erfolgen in Abhängigkeit von der Menge des eingesetzten Halogens Mehrfachhalogenierungen, z. B. bei der technisch durchgeführten Chlorierung des Methans:

$$CH_4 \longrightarrow CH_3Cl \longrightarrow CH_2Cl_2 \longrightarrow CHCl_3 \longrightarrow CCl_4$$

Chlormethan	Dichlormethan (Methylenchlorid)	Trichlormethan (Chloroform)	Tetrachlormethan

Außer durch Halogene kann die Allylhalogenierung und die Seitenkettenhalogenierung auch durch Sulfurylchlorid oder durch N-Bromsuccinimid in Gegenwart von Initiatoren erfolgen.

4.1.2 Nucleophile Substitutionsreaktionen am gesättigten C-Atom

Voraussetzung für nucleophile Substitutionsreaktionen an einem gesättigten C-Atom ist, daß dieses Atom einen Substituenten Y trägt, der als nucleofuge Abgangsgruppe in Erscheinung treten kann [4.3]:

$$R^2{-}\underset{\underset{R^3}{|}}{\overset{\overset{R^1}{|}}{C}}{-}Y \ + \ |Nu^- \ \longrightarrow \ R^2{-}\underset{\underset{R^3}{|}}{\overset{\overset{R^1}{|}}{C}}{-}Nu \ + \ |Y^-$$

Die zu nucleophilen Substitutionsreaktionen am gesättigten C-Atom befähigten Nucleophile weisen mindestens ein nichtbindendes Elektronenpaar auf (s. S. 41), das sich meist an einem Atom eines bestimmten Elementes befindet. Danach unterscheidet man:

- Halogenidionen X^-,
- Sauerstoff-Nucleophile, z. B. H_2O, ROH, R_2O, HO^-, RO^-, HOO^-, $RCOO^-$,
- Schwefel-Nucleophile, z. B. RSH, RS^-, $S_2O_3^{2-}$,

- Stickstoff-Nucleophile, z. B. NH_3, RNH_2, R_2NH, R_3N, Pyridin, N_2H_4, N_3^-, NH_2OH,
- Phosphor-Nucleophile, z. B. R_3P,
- Kohlenstoff-Nucleophile, z. B. CN^-, Carbanionen RCH_2^-, R_2CH^- und R_3C^-.

Viele Nucleophile sind Anionen, einige jedoch Moleküle.

Im Prinzip kann zwar jedes Nucleophil auch als nucleofuge Abgangsgruppe in Erscheinung treten, jedoch ergeben die folgenden Substituenten Y besonders gute Abgangsgruppen:

- Halogen wird zu Halogenid,
- $OSO_2C_6H_4CH_3$ (p) wird zu Tosylat,
- $\overset{\oplus}{N}R_3$ wird zu tertiärem Amin,
- $\overset{\oplus}{S}R_2$ wird zu Dialkylsulfid,
- $\overset{\oplus}{O}H_2$ wird zu Wasser,
- $\overset{\oplus}{N}{\equiv}N$ wird zu Stickstoff.

Mechanismus und sterischer Verlauf (Stereochemie) der nucleophilen Substitutionsreaktionen am gesättigten C-Atom hängen in erster Linie von der Art der Substituenten R^1, R^2 und R^3 ab. Weiterhin sind die Art des Nucleophils, die Art der nucleofugen Abgangsgruppe und das Lösungsmittel von Bedeutung. Im Folgenden werden die wichtigsten Fälle beschrieben.

1. Substituierte Methane $H_3C{-}Y$ sowie Substrate, in denen der Substituent Y an ein primäres oder sekundäres C-Atom gebunden ist, reagieren mit Nucleophilen nach dem S_N2-Mechanismus (s. S. 82). Ist das sekundäre C-Atom asymmetrisch und geht man von einem Enantiomer des Substrates aus, dann verläuft die Reaktion stereospezifisch unter *Inversion (Umkehr) der Konfiguration*.

Die theoretische Erklärung dieses Befundes ist mit Hilfe der Grenzorbital-Theorie (s. S. 42) möglich. Beim S_N2-Mechanismus tritt das HOMO des Nucleophils, meist ein p-Orbital oder ein sp-Hybridorbital, mit dem LUMO des Substrates, das ist das antibindende MO der C–Y-Bindung, in Wechselwirkung:

$$Nu^{\ominus} \;+\; \underset{R^2\,R^3}{\overset{R^1}{C}}{-}Y \;\longrightarrow\; \left[\overset{R^1}{\underset{R^3\;R^2}{Nu\cdots\overset{\sigma^-}{C}\cdots\overset{\sigma^-}{Y}}} \right]^{\ddagger}$$

$$\longrightarrow\; Nu{-}\underset{R^3\,R^2}{\overset{R^1}{C}} \;+\; Y^{\ominus}$$

Die HOMO-LUMO-Wechselwirkung ist am größten, wenn sich das Nucleophil von der der nucleofugen Abgangsgruppe Y abgewandten Seite her dem

Tetraeder nähert. Im aktivierten Komplex sind das ursprünglich bindende und das ursprünglich antibindende MO der C–Y-Bindung mit je zwei Elektronen besetzt. Indem sich Y weiter entfernt und ein Elektronenpaar mitnimmt, entstehen das bindende und das antibindende σ-MO der Nu–C-Bindung (s. Abb. 32).

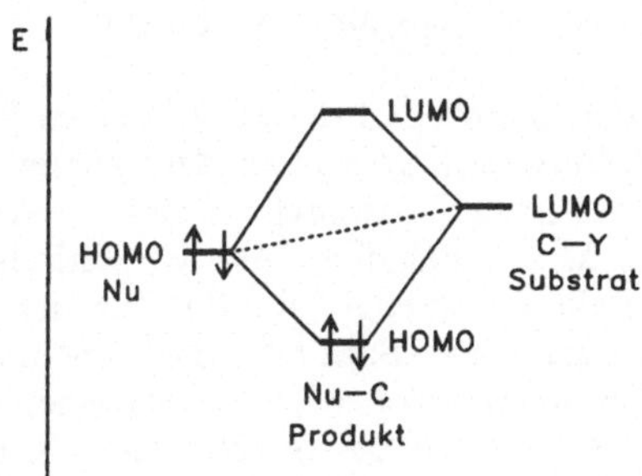

Abb. 32. Grenzorbital-Theorie des S_N2-Mechanismus

Verschiedene Nucleophile wurden unter gleichen Bedingungen mit einem nach dem S_N2-Mechanismus reagierenden Standardsubstrat umgesetzt, z. B. mit Brommethan. Innerhalb einer derartigen Reaktionsserie ermittelte man die Geschwindigkeitskonstanten:

$$CH_3Br + H_2O \xrightarrow{\ k_0\ }$$

$$CH_3Br + OH^- \xrightarrow{\ k_1\ } \text{Produkte}$$

$$CH_3Br + S_2O_3^{2-} \xrightarrow{\ k_2\ }$$

$$\vdots$$

$$\xrightarrow{\ k_i\ }$$

Wenn H_2O als Bezugsnucleophil festgelegt und die *Nucleophilie* n der anderen Nucleophile als $lg(k_i/k_0)$ definiert wird, dann erhält man beispielsweise für OH^-:

$$n = lg(k_1/k_0) = 4{,}20$$

Demnach reagieren Hydroxidionen mehr als 10^4 mal schneller mit Brommethan als Wassermoleküle, ihre Nucleophilie ist größer. Für das Thiosulfation $S_2O_3^{2-}$ beträgt n sogar 6,36.

2. Substrate, in denen der Substituent Y an ein tertiäres C-Atom gebunden ist, reagieren mit Nucleophilen nach dem S_N1-Mechanismus (s. S. 82). Ist dieses C-Atom asymmetrisch, dann verläuft die Reaktion nicht stereospezifisch. *Aus einem Enantiomer des Substrates entsteht die Racemform des Produktes.*

Die Bevorzugung des S_N1-Mechanismus bei Substraten, in denen Y an ein tertiäres C-Atom gebunden ist, wird einmal durch die Stabilität der im geschwindigkeitsbestimmenden Schritt entstehenden Carbeniumionen verursacht. Die Stabilität von Carbeniumionen nimmt infolge Hyperkonjugation in der gleichen Reihenfolge zu wie die von Alkylradikalen (s. S. 86), z. B.:

$$CH_3^+ \quad < \quad CH_3CH_2^+ \quad < \quad (CH_3)_2CH^+ \quad < \quad (CH_3)_3C^+ .$$

Eine weitere Ursache ist der Raumbedarf der Substituenten R^1, R^2 und R^3. Sie schirmen das LUMO des Substrates gegenüber dem angreifenden Nucleophil sterisch ab und bewirken dadurch eine Verringerung der Reaktionsgeschwindigkeit. Man nennt diese Art der sterischen Beeinflussung der Reaktivität F-strain-Effekt (F von engl. "front"). Zugleich hat der Übergang von der sp^3-Hybridisierung im Substrat zur sp^2-Hybridisierung im Carbeniumion wie bei den Alkylradikalen (s. S. 86) eine Verminderung der sterischen Spannung zur Folge, weil die Substituenten R im Carbeniumion weiter voneinander entfernt sind. Dieser sterische Effekt, der die Reaktionsgeschwindigkeit vergrößert, wird B-strain-Effekt genannt (B von engl. "back"), weil er auf der der zu lösenden Bindung abgewandten Seite wirkt. An das planare Carbeniumion kann sich das Nucleophil sowohl von links als auch von rechts anlagern. Deswegen erfolgt Racemisierung:

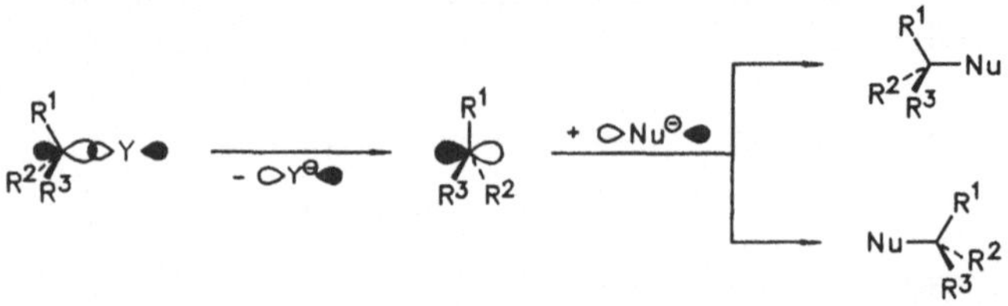

Daß die Stabilität der Carbeniumionen den Mechanismus beeinflußt, läßt sich wie folgt erklären. Die geschwindigkeitsbestimmende Heterolyse des Substrates ist ein endothermer Prozeß. Für diesen Fall besagt das *Hammond-Postulat* [4.4], daß der aktivierte Komplex produktähnlich ist und sich die Unterschiede in der Stabilität der Carbeniumionen stark auf die Aktivierungsenthalpie $\Delta H^{\ddagger}$ auswirken. Aus Abb. 33 geht hervor, daß $\Delta H^{\ddagger}$ bei der Entstehung tertiärer Carbeniumionen am kleinsten ist. Demgegenüber hat $\Delta H^{\ddagger}$ bei der Bildung primärer Carbeniumionen so hohe Werte, daß die Reaktion nach dem S_N2-Mechanismus schneller abläuft.

Im Gegensatz zum S_N2-Mechanismus wirkt sich beim S_N1-Mechanismus weder die Art des Nucleophils noch seine Konzentration auf die Reaktionsgeschwindigkeit aus, da es nicht am geschwindigkeitsbestimmenden Schritt beteiligt ist (s. S. 73).

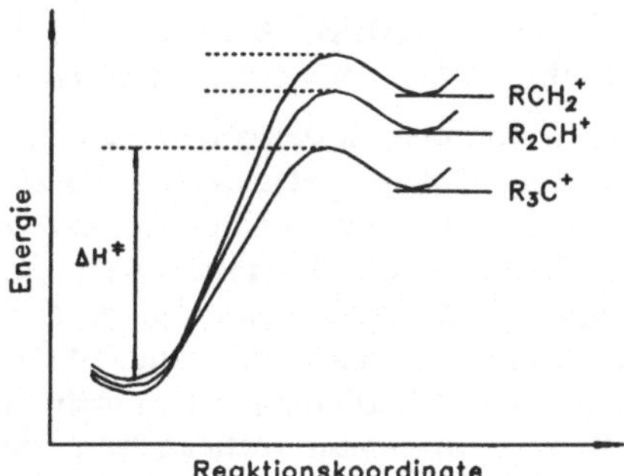

Abb. 33. Energieprofile der Entstehung von Carbeniumionen durch Heterolyse einer C–Y-Bindung

3. Wenn einer der Substituenten R an einem sekundären oder tertiären C-Atom eine konfigurationserhaltende Nachbargruppe ist, dann kann das betreffende Substrat mit bestimmten Nucleophilen nach dem S_N1-Mechanismus reagieren, und zwar stereospezifisch unter *Retention (Erhalt) der Konfiguration*. Die konfigurationserhaltende Nachbargruppe, z. B. die $H_3C-S-CH_2$-Gruppe, erhöht außerdem die Geschwindigkeit der Reaktion im Vergleich zu einem Substrat, das anstelle der Nachbargruppe ein H-Atom aufweist. Im Fall der $H_3C-S-CH_2$-Gruppe entsteht eine Zwischenstufe, in der ein 3d-AO des S-Atoms mit dem $2p_z$-AO des C-Atoms überlappt:

Dadurch wird die Zwischenstufe stabilisiert, und außerdem kann sich das Nucleophil nur von der Seite an das sp^2-hybridisierte C-Atom anlagern, von der sich die nucleofuge Abgangsgruppe entfernt hat. Andere konfigurationserhaltende Nachbargruppen sind:

4. Substrate, in denen der Substituent Y an ein Brückenkopf-C-Atom eines Bicyclo- oder Tricycloalkans gebunden ist, reagieren mit Nucleophilen sehr langsam, und zwar nach dem S_N1-Mechanismus, z. B. bei der folgenden Solvolyse:

Das LUMO des Substrates ist gegen das Nucleophil vollständig abgeschirmt und ein S_N2-Mechanismus deswegen unmöglich. Aber auch der S_N1-Mechanismus wird erschwert, da das entstehende Carbeniumion nicht planar ist.

5. Bei einer Anzahl von Substraten, insbesondere solchen, in denen der Substituent Y an ein sekundäres C-Atom gebunden ist, kann der Mechanismus nicht eindeutig als S_N2 oder S_N1 charakterisiert werden, z. B. wenn eine *partielle Racemisierung* beobachtet wird. Man nimmt dann an, daß ein Teil der Substratmoleküle nach dem S_N2-Mechanismus reagiert, der Rest nach dem S_N1-Mechanismus. Andererseits ist auch ein einheitlicher Mechanismus denkbar, bei dem die Lösung der C–Y-Bindung schon mehr oder weniger weit fortgeschritten ist und bereits ein *Ionenpaar* vorliegt, wenn die Entstehung der Nu–C-Bindung beginnt:

Ein solcher Prozeß wird durch polare Lösungsmitel begünstigt, die das Ionenpaar und das Anion Y^- solvatisieren. S_N2 und S_N1 wären dann als Grenz- oder Extremfälle dieses einheitlichen Mechanismus aufzufassen.

6. Bei einigen Reaktionen, z. B. der Einwirkung von Thionylchlorid auf Alkohole, wird *Retention der Konfiguration* beobachtet, obwohl das Substrat keine konfigurationserhaltende Nachbargruppe aufweist. Folgender Mechanismus erklärt diesen Befund:

Zuerst entsteht ein Alkylchlorsulfit und daraus durch Heterolyse der C–O-Bindung ein Ionenpaar, innerhalb dessen die C–Cl-Bindung entsteht. Für diesen Mechanismus wurde die Bezeichnung S_Ni eingeführt (von engl. *internal*).

7. Allylhalogenide reagieren mit Nucleophilen sehr schnell und tendieren in polaren Lösungsmitteln zum S_N1-Mechanismus, da Allylkationen durch Konjugation stabilisiert sind, entsprechend den mesomeren Grenzstrukturen I und II, z. B.:

$$\text{H}_3\text{C}-\text{CH}=\text{CH}-\text{CH}_2-\text{Cl} \xrightarrow{-\text{Cl}^-} \begin{cases} \xrightarrow{S_N1} \text{H}_3\text{C}-\text{CH}=\text{CH}-\overset{\oplus}{\text{C}}\text{H}_2 \quad (I) \xrightarrow{+\text{OH}^-} \text{H}_3\text{C}-\text{CH}=\text{CH}-\text{CH}_2-\text{OH} \\ \\ \xrightarrow{S_N1'} \text{H}_3\text{C}-\overset{\oplus}{\text{C}}\text{H}-\text{CH}=\text{CH}_2 \quad (II) \xrightarrow{+\text{OH}^-} \text{H}_3\text{C}-\overset{\text{OH}}{\underset{|}{\text{C}}}\text{H}-\text{CH}=\text{CH}_2 \end{cases}$$

Allylumlagerung

Als Folge davon entsteht ein Gemisch von zwei Produkten, wobei der zum sekundären Alkohol führende Mechanismus als S_N1' und die Reaktion als *Allylumlagerung* bezeichnet wird.

Mit Reagenzien hoher Nucleophilie reagieren Allylhalogenide in schwach polaren Lösungsmitteln nach dem S_N2-Mechanismus. Ist dieser Mechanismus jedoch durch den F-strain-Effekt erschwert, dann verläuft die Reaktion nach dem S_N2'-Mechanismus unter Allylumlagerung, z. B.:

$$(\text{C}_2\text{H}_5)_2\overset{|}{\underset{\text{H}}{\text{N}}}\text{I} \;+\; \text{CH}_2=\text{CH}-\overset{|}{\underset{\text{CH}_3}{\text{CH}}}-\text{Cl} \longrightarrow (\text{C}_2\text{H}_5)_2\overset{\oplus}{\underset{\text{H}}{\text{N}}}-\text{CH}_2-\text{CH}=\text{CH}-\text{CH}_3 \quad \text{Cl}^-$$

8. Benzylhalogenide, Diphenylmethylhalogenide und Triphenylmethylhalogenide reagieren ebenfalls schneller als Alkylhalogenide, und zwar nach dem S_N1-Mechanismus, z. B.:

$$\langle\!\!\bigcirc\!\!\rangle\text{-CH}_2-\text{Cl} \xrightarrow{-\text{Cl}^-} \langle\!\!\bigcirc\!\!\rangle\text{-}\overset{\oplus}{\text{C}}\text{H}_2 \xrightarrow[-\text{H}^+]{+\text{H}_2\text{O}} \langle\!\!\bigcirc\!\!\rangle\text{-CH}_2-\text{OH}$$

Auch in diesen Fällen sind die Carbeniumionen durch Konjugation stabilisiert, am stärksten das Triphenylmethylkation. Es entsteht bereits beim Lösen von Triphenylchlormethan in polaren Lösungsmitteln.

Am sp^2-hybridisierten C-Atom, wie es z. B. in den Vinylhalogeniden vorliegt, verlaufen nucleophile Substitutionsreaktionen sehr langsam. Dies wird dadurch verursacht, daß ein konjugiertes System vorliegt und das Halogenatom deswegen nicht als nucleofuge Abgangsgruppe in Erscheinung treten kann (+M-Effekt):

$$\text{R}-\text{CH}=\text{CH}-\overset{..}{\underset{..}{\text{C}}}\text{l} \quad\longleftrightarrow\quad \text{R}-\overset{\ominus}{\overset{..}{\text{C}}}\text{H}-\text{CH}=\overset{\oplus}{\overset{..}{\text{C}}}\text{l}$$

Zahlreiche nucleophile Substitutionsreaktionen am gesättigten C-Atom sind zugleich wichtige Synthesemethoden, z. B.:

- Kolbe-Synthese von Nitrilen:

$$\text{R}-\text{Y} \;+\; \text{CN}^- \longrightarrow \text{R}-\text{CN} \;+\; \text{Y}^-$$

- Williamson-Synthese von Ethern:

$$R^1-Y \; + \; R^2-O^- \longrightarrow R^1-O-R^2 \; + \; Y^-$$

- Menschutkin-Reaktion (Synthese von quartären Ammoniumsalzen):

$$R-Y \; + \; R_3N \longrightarrow R_4\overset{\oplus}{N} \; Y^-$$

4.1.3 Elektrophile Substitutionsreaktionen am gesättigten C-Atom

Voraussetzung für eine elektrophile Substitutionsreaktion an einem gesättigten C-Atom ist, daß dieses Atom einen Substituenten M trägt, der als elektrofuge Abgangsgruppe in Erscheinung treten kann:

$$R^2-\underset{R^3}{\overset{R^1}{C}}-M \; + \; E^+ \longrightarrow R^2-\underset{R^3}{\overset{R^1}{C}}-E \; + \; M^+$$

Das Elektrophil E muß über ein passend liegendes, unbesetztes Orbital verfügen (s. S. 41). Einige Elektrophile sind Kationen, andere Moleküle, z. B.:

- H^+, Li^+, Haloniumionen X^+, Arendiazoniumionen $Ar-N_2^+$, Nitrosoniumion NO^+, Nitroniumion NO_2^+, Carbeniumionen R^+, Acyliumionen $R-CO^+$;
- Halogene X_2, SO_2, SO_3, CO_2.

Besonders gute elektrofuge Abgangsgruppen ergeben sich, wenn M ein Metallatom ist oder ein Metallatom enthält, z. B.:

- Li wird zu Li^+
- MgBr wird zu $MgBr^+$

Weiterhin wurden H^+ sowie CO_2 als elektrofuge Abgangsgruppen beobachtet.
Mechanismus und sterischer Verlauf (Stereochemie) der elektrophilen Substitutionsreaktionen am gesättigten C-Atom hängen hauptsächlich von der Art der Substituenten R^1, R^2 und R^3 ab, außerdem von der Art des Elektrophils und vom Lösungsmittel. Im Folgenden werden die wichtigsten Mechanismen beschrieben.

1. S_E2-Mechanismus (s. S. 82). Die Entstehung der E-C-Bindung und die Lösung der C–M-Bindung erfolgen konzertiert. Ist das mit der elektrofugen Abgangsgruppe verbundene C-Atom asymmetrisch und geht man von einem Enantiomer des Substrates aus, dann beobachtet man in den meisten Fällen Retention, seltener Inversion der Konfiguration, z. B.:

Die Grenzorbital-Theorie erklärt beides. Bei Retention erfolgt die Wechselwirkung HOMO(Substrat) - LUMO(Elektrophil) auf der Seite der Abgangsgruppe, bei Retention auf der entgegengesetzten Seite:

Der "Vorderseitenangriff" des Elektrophils beim S_E2-Mechanismus ist möglich und sogar begünstigt, weil das in Wechselwirkung tretende LUMO(Elektrophil) unbesetzt ist und sich somit nur zwei Elektronen am Elementarprozeß beteiligen. Beim S_N2-Mechanismus sind es vier.

Beispiele für nach dem S_E2-Mechanismus verlaufende Reaktionen sind:

- Hydrolyse von Grignard-Verbindungen durch Wasser oder Ammoniumchlorid-Lösung,

$$R-MgX \; + \; H^+ \longrightarrow R-H \; + \; MgBr^+$$

- Carboxylierung von Grignard-Verbindungen.

$$R-MgX \; + \; CO_2 \longrightarrow R-C\overset{O}{\underset{O^\ominus}{\big\langle}} \; + \; MgBr^+$$

Formal ist auch die Halogenierung von Ketonen eine elektrophile Substitutionsreaktion mit H^+ als Abgangsgruppe, z. B.:

$$R-\overset{O}{\overset{\|}{C}}-CH_2-H \; + \; Br_2 \longrightarrow R-\overset{O}{\overset{\|}{C}}-CH_2-Br \; + \; \underbrace{H^+ \; + \; Br^-}_{HBr}$$

Sie verläuft jedoch nicht nach dem S_E2-Mechanismus, sondern über das entsprechende Enol (s. S. 136).

2. S_Ei-Mechanismus. Auch hierbei handelt es sich um einen konzertierten Prozeß, der aber innerhalb (engl. *internal*) eines cyclischen Aggregates der Eduktmoleküle erfolgt. Als Beispiel dient die Metallierung CH-acider Kohlenwasserstoffe mittels n-Butyllithium, das in apolar-aprotischen Lösungsmitteln als Tetramer vorliegt:

Die Reaktion verläuft nur, wenn der zu metallierende Kohlenwasserstoff stärker CH-acid als n-Butan ist [4.5]. Man könnte auch sagen, daß eine ladungskontrollierte Reaktion vorliegt. Ist das mit dem H-Atom verbundene C-Atom des Kohlenwasserstoffes asymmetrisch, dann erfolgt Retention der Konfiguration.

3. S_E1-Mechanismus. Dieser Mechanismus wird beobachtet, wenn im geschwindigkeitsbestimmenden Schritt besonders stabile Carbanionen entstehen, z. B.:

$$Ph-CH_2-Li \xrightarrow{k_1} Ph-\overset{\ominus}{C}H_2 \; + \; Li^+$$

$$Ph-\overset{\ominus}{C}H_2 \; + \; CO_2 \xrightarrow{k_2} Ph-CH_2-COO^{\ominus} \qquad k_1 \ll k_2$$

Die Stabilität von Carbanionen konnte nach verschiedenen Methoden ermittelt werden. Sie nimmt in der folgenden Reihe ab:

$$RC\equiv C^- > PhCH_2^- > H_2C=CH-CH_2^- > Ph^- > CH_3^-$$

$$> CH_3CH_2^- > (CH_3)_2CH^- > (CH_3)_3C^-$$

Die Stabilitätsabstufung in der Reihe Methylation, Ethylation, Isopropylation, tert-Butylation ist demnach der der entsprechenden Carbeniumionen entgegengesetzt. Einfache Alkylanionen, z. B. das Ethylation, sind frei nicht existenzfähig, sondern nur in Form von Ionenpaaren R^-M^+ oder höheren Aggregaten $(R^-M^+)_n$, wobei häufig das Metallion M^+ von entscheidendem Einfluß ist [4.6].

Der S_E1-Mechanismus hat Racemisierung zur Folge, da freie Carbanionen der *pyramidalen Inversion* unterliegen:

Wiederum stellt der S_E1-Mechanismus einen Grenz- bzw. Extremfall dar. Wenn die Reaktion über ein *solvatisiertes Ionenpaar* abläuft, dann wird nur partielle Racemisierung beobachtet:

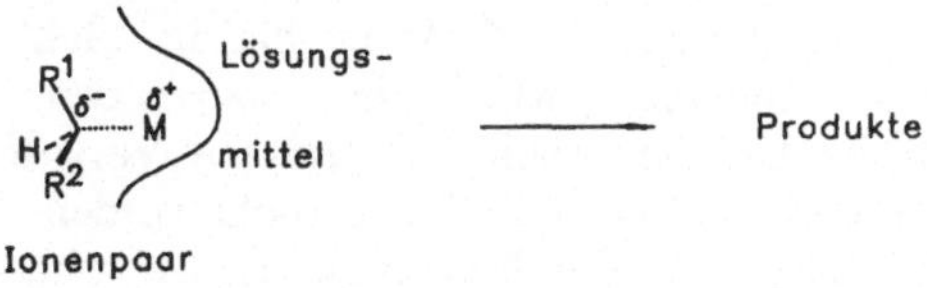

Nach dem S_E1-Mechanismus verläuft die Decarboxylierung der meisten Carbonsäuren:

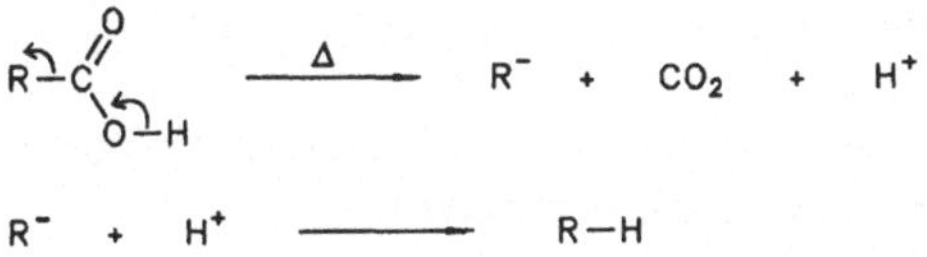

$$R^- + H^+ \longrightarrow R-H$$

In Übereinstimmung mit dem Hammond-Postulat decarboxylieren Carbonsäuren um so schneller, je stabiler die intermediären Carbanionen sind, z. B.:

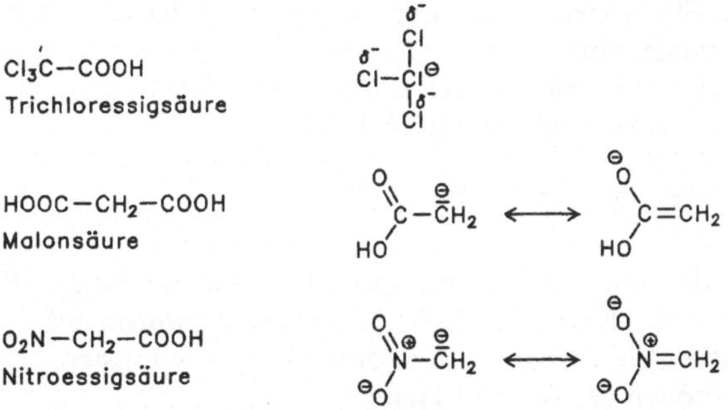

$Cl_3C-COOH$
Trichloressigsäure

$HOOC-CH_2-COOH$
Malonsäure

O_2N-CH_2-COOH
Nitroessigsäure

Im Fall der Trichloressigsäure wird das Carbanion durch den –I-Effekt stabilisiert, in den anderen beiden Fällen durch den –M-Effekt.

β-Ketocarbonsäuren zerfallen schon bei tiefen Temperaturen in ein Keton und Kohlendioxid. Infolge der intramolekularen Wasserstoffbrücken-Bindung im Eduktmolekül verläuft diese Decarboxylierung über einen cyclischen aktivierten Komplex. Sie kann demnach zu den pericyclischen Reaktionen gezählt werden (s. S. 81):

Zuerst entsteht die Enolform des Ketons, die sich sofort in die stabilere Ketoform umlagert.

Abschließend läßt sich sagen, daß die Mechanismen der elektrophilen Substitutionsreaktionen am gesättigten C-Atom häufig nicht so eindeutig charakterisiert werden können, wie dies bei den nucleophilen Substitutionsreaktionen der Fall ist. Auch der sterische Verlauf läßt sich nur schwer vorhersagen und muß von Fall zu Fall untersucht werden.

Als weiteres Beispiel für die präparative Bedeutung der Substitutionsreaktionen am gesättigten C-Atom dient die Reaktionsfolge Metallierung-Alkylierung:

$$R^1\!-\!H \;+\; Bu\!-\!Li \;\longrightarrow\; R^1\!-\!Li \;+\; Bu\!-\!H$$

$$R^2\!-\!Br \;+\; R^1\!-\!Li \;\longrightarrow\; R^2\!-\!R^1 \;+\; LiBr$$

Bei der Metallierung wird H durch Li^+ elektrophil substituiert, bei der Alkylierung Br durch R^{1-} nucleophil substituiert.

4.1.4 Elektrophile Substitutionsreaktionen benzoider Verbindungen (elektrophile aromatische Substitution)

Infolge der π-Elektronen des Benzenringes verhalten sich benzoide Verbindungen nucleophil und reagieren bevorzugt mit elektrophilen Reagenzien. Dabei wird ein an ein C-Atom des Benzenringes gebundenes H-Atom durch das Elektrophil substituiert [4.7]:

$$C_6H_6 \;+\; E^+ \;\longrightarrow\; C_6H_5\!-\!E \;+\; H^+$$

Demnach ist H^+ die elektrofuge Abgangsgruppe. Nur in wenigen Fällen treten andere Kationen, z. B. HO_3S^+ oder R_3C^+, als Abgangsgruppen auf.

Die Bruttoreaktionsgleichungen für die fünf wichtigsten elektrophilen Substitutionsreaktionen des Benzens lauten:

1. Halogenierung,

$$C_6H_6 \;+\; X_2 \;\xrightarrow{\;(Fe)\;}\; C_6H_5\!-\!X \;+\; HX$$

X Cl Chlorbenzen
X Br Brombenzen

2. Nitrierung,

$$C_6H_6 + HNO_3 \xrightarrow{(H_2SO_4)} C_6H_5-NO_2 + H_2O$$

Nitrobenzen

3. Sulfonierung,

$$C_6H_6 + H_2SO_4 \longrightarrow C_6H_5-SO_3H + H_2O$$

Benzensulfonsäure

4. Friedel-Crafts-Alkylierung,

$$C_6H_6 + R-Cl \xrightarrow{(AlCl_3)} C_6H_5-R + HCl$$

Alkylbenzen

5. Friedel-Crafts-Acylierung.

$$C_6H_6 + R-\overset{O}{\underset{Cl}{C}} \xrightarrow{AlCl_3} C_6H_5-\overset{O}{C}-R + HCl$$

Keton

Zwei weitere elektrophile Substitutionsreaktionen sind nur möglich, wenn der Benzenring bereits einen Donor-Substituenten, z. B. $N(CH_3)_2$, trägt:

6. Nitrosierung,

$$(CH_3)_2N-C_6H_4 + HNO_2 \longrightarrow (CH_3)_2N-C_6H_4-N=O + H_2O$$

N,N-Dimethyl-4-nitrosoanilin

7. Azokupplung.

$$(CH_3)_2N-C_6H_4 + N\equiv\overset{\oplus}{N}-C_6H_4 \; Cl^- \longrightarrow (CH_3)_2N-C_6H_4-N=N-C_6H_4 + HCl$$

Kupplungskomponente   Diazokomponente   4-(Dimethylamino)azobenzen

All diesen Reaktionen liegt ein *Additions-Eliminierungs-Mechanismus* zugrunde. Er wird am Beispiel der Bromierung von Benzen beschrieben.

1. Entstehung des Elektrophils:

$$2\,Fe + 3\,Br_2 \longrightarrow 2\,FeBr_3$$

$$FeBr_3 + Br_2 \longrightarrow FeBr_4^- \; Br^+$$

Das Eisenpulver reagiert zunächst mit Brom zu Eisen(III)-bromid, dem eigentlichen Katalysator. Dieser reagiert als Lewis-Säure mit Brom zu einer salzartigen Verbindung, die die elektrophilen Bromoniumionen Br^+ enthält.

2. Addition des Elektrophils an das Substrat:

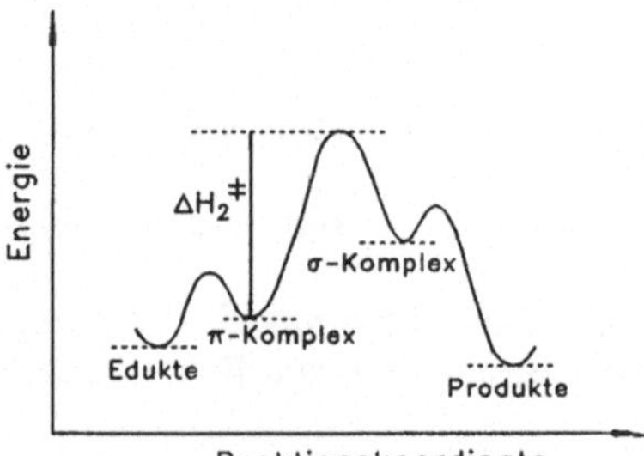

Zuerst entsteht ein Donor-Akzeptor-Komplex, der sogenannte π-Komplex, der sich im geschwindigkeitsbestimmenden Schritt der Folgereaktion in eine Zwischenstufe umwandelt, in der das Bromatom durch eine σ-Bindung an ein C-Atom des Benzenringes gebunden ist, daher die Bezeichnung σ-Komplex. Der σ-Komplex, auch Wheland-Intermediat genannt, wird durch Konjugation stabilisiert. Dies kann man entweder durch einen punktierten Kreisbogen oder durch mesomere Grenzstrukturen zum Ausdruck bringen.

3. Eliminierung eines Protons aus dem σ-Komplex:

Unter Rückbildung des energiearmen aromatischen Systems entstehen Brombenzen, Bromwasserstoff und der Katalysator.
Beim Additions-Eliminierungs-Mechanismus der elektrophilen aromatischen Substitution handelt es sich demnach um eine Folgereaktion aus drei Schritten (s. Abb. 34).

Abb. 34. Energieprofil des Additions-Eliminierungs-Mechanismus der elektrophilen aromatischen Substitution

$\Delta H_2^{\ddagger}$ Aktivierungsenthalpie des geschwindigkeitsbestimmenden Schrittes

Bei der Nitrierung mittels Nitriersäure, einer Mischung aus konzentrierter Salpetersäure und konzentrierter Schwefelsäure, entstehen die elektrophilen Nitroniumionen NO_2^+ wie folgt:

$$HO-NO_2 \;+\; H_2SO_4 \longrightarrow [H_2O-NO_2]^+ \; HSO_4^- \xrightarrow{-H_2O} NO_2^+ \; HSO_4^-$$

Bei der Sulfonierung von Benzen dient Oleum als Sulfonierungsreagens. Das Elektrophil ist Schwefeltrioxid.
Im Fall der Friedel-Crafts-Alkylierung und -Acylierung bewirkt der Katalysator die Entstehung der elektrophilen Carbeniumionen bzw. Acyliumionen:

$$R-Cl \;+\; AlCl_3 \longrightarrow R^+ \; AlCl_4^-$$

$$R-COCl \;+\; AlCl_3 \longrightarrow [R-C=O]^+ \; AlCl_4^-$$

Bei der Nitrosierung entstehen aus der salpetrigen Säure die elektrophilen Nitrosoniumionen NO^+:

$$2\,HNO_2 \xrightarrow{-H_2O} N_2O_3 \longrightarrow NO^+ \; NO_2^-$$

Bei der Azokupplung schließlich, die in wässriger Lösung durchgeführt wird, sind die Arendiazoniumionen $Ar-N_2^+$ das Elektrophil.
Im Fall des Benzens stehen sechs äquivalente H-Atome für die Substitution zur Verfügung. Wird ein bereits monosubstituiertes Benzen einer Substitutionsreaktion unterworfen, dann spricht man von einer *Zweitsubstitution*. Die Zweitsubstitution kann schneller oder langsamer verlaufen als die Substitution beim Benzen selbst, außerdem können drei konstitutionsisomere Produkte entstehen, entsprechend einer Zweitsubstitution in ortho-, meta- oder para-Position, abgekürzt o-, m-, p-:

$$k_s = k_o + k_m + k_p$$

Dabei hängen relative Reaktionsgeschwindigkeit und Regioselektivität der Zweitsubstitution vom bereits vorhandenen Substituenten S ab (Holleman-Regeln, 1925):

Substituenten 1. Ordnung beschleunigen die elektrophile Zweitsubstitution ($k_s > k$) und dirigieren den neu eintretenden Substituenten hauptsächlich in o- und p-Position ($k_m < k_o \approx k_p$). Dazu gehören

$$N(CH_3)_2 \approx NH_2 > OH > OCH_3 > OCOCH_3 > NHCOCH_3 > CH_3 > C_6H_5 \, .$$

Substituenten 2. Ordnung verzögern die elektrophile Zweitsubstitution ($k_s < k$) und dirigieren den neu eintretenden Substituenten vorzugsweise in m-Position ($k_m > k_o \approx k_p$). Dazu gehören

$$\overset{\oplus}{N}(CH_3)_3 > NO_2 > SO_3H > CHO > COCH_3 > COOH \, .$$

Halogenatome als Substituenten (S = F, Cl, Br, I) nehmen eine Sonderstellung ein. Sie verzögern die elektrophile Zweitsubstitution, dirigieren aber den neu eintretenden Substituenten in o- und p-Position.

Die Auswertung quantitativer Untersuchungen ist bei der Chlorierung, Bromierung und Nitrierung einfach, da diese Reaktionen irreversibel sind. So wurde bei der Nitrierung von Toluen (S = CH_3) folgende Produktverteilung ermittelt: o-Nitrotoluen 61,4%, m-Nitrotoluen 1,6%, p-Nitrotoluen 37,0%. Daraus folgt:

$$k_o : k_m : k_p = 61,4 : 1,6 : 37,0 \, .$$

Setzt man $k_p = 1$, dann erhält man

$$k_o : k_m : k_p = 1,66 : 0,04 : 1 \, .$$

Von den drei konkurrierenden Reaktionen ist demnach die zu o-Nitrotoluen führende Reaktion 1,66mal schneller und die zu m-Nitrotoluen führende Reaktion um den Faktor 0,04 langsamer als die Bildung von p-Nitrotoluen.

Zur Erklärung von Reaktivität und Regioselektivität bei der elektrophilen aromatischen Substitution muß vom Additions-Eliminierungs-Mechanismus ausgegangen werden. Entscheidend ist, verglichen mit Benzen selbst, die Stabilisierung oder Destabilisierung des σ-Komplexes durch den Substituenten S in Abhängigkeit von der Position. Donor-Substituenten, z. B. $N(CH_3)_2$, CH_3, stabilisieren das Kation generell, deshalb gilt $k_s > k$. Im Fall von CH_3 ist die Stabilisierung hauptsächlich auf Hyperkonjugation zurückzuführen. Akzeptor-Substituenten, z. B. NO_2, destabilisieren das Kation, weswegen $k_s < k$ ist.

Zur Erklärung der Regioselektivität kann man bei Donor-Substituenten den +M-Effekt heranziehen, bei Akzeptor-Substituenten den –I- und –M-Effekt und die Stabilisierung oder Destabilisierung der einzelnen σ-Komplexe abschätzen. Als Beispiel dient die Nitrierung von Phenol:

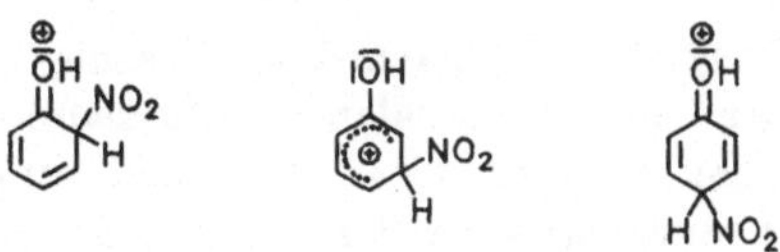

Die besonders energiearmen chinoiden Grenzstrukturen lassen sich nur für die σ-Komplexe der Substitution in o- und p-Position formulieren. Diese Zwischenstufen sind demnach stärker durch Konjugation stabilisiert als der σ-Komplex der Substitution in m-Position. Deshalb entstehen o- und p-Nitrophenol schneller als m-Nitrophenol.

Andererseits kann zur Erklärung der Regioselektivität auch die Grenzorbital-Theorie herangezogen werden. Im geschwindigkeitsbestimmenden Schritt tritt das HOMO des Arens mit dem LUMO des Elektrophils in Wechselwirkung. Als Modell für ein donorsubstituiertes Aren kann das Benzylanion dienen. Für sein HOMO wurden folgende Koeffizienten berechnet:

Demnach befinden sich an den beiden meta-Positionen Knotenebenen, und eine HOMO-LUMO-Wechselwirkung ist nur bei Substitution in ortho- und para-Position möglich. Analog läßt sich die Bevorzugung der meta-Position im Fall der akzeptorsubstituierten Arene begründen, wenn man das Benzylkation als Modell benutzt.

Die Tatsache, daß donorsubstituierte benzoide Verbindungen bei elektrophilen Substitutionsreaktionen schneller reagieren als Benzen, hat zur Folge, daß Nitrosierung und Azokupplung insbesondere auf Phenole sowie Arenamine beschränkt sind und sich beim Benzen selbst nicht realisieren lassen (s. S. 99).

Im Gegensatz zur Halogenierung und Nitrierung ist die Sulfonierung reversibel. Diese Beobachtung ermöglicht eine Erklärung für die Regioselektivität bei der Sulfonierung von Naphthalen:

Unterhalb von 100°C und bei relativ kurzer Reaktionsdauer ist die Reaktion regioselektiv, es entsteht vorwiegend Naphthalen-1-sulfonsäure. Bei 160°C ist die Reaktion wieder regioselektiv, jetzt wird vorwiegend Naphthalen-2-

sulfonsäure gebildet. Obwohl Naphthalen-2-sulfonsäure um 5,3 kJ mol^{-1} thermodynamisch stabiler als Naphthalen-1-sulfonsäure ist, entsteht sie unterhalb von 100°C kaum, weil $\Delta G_1^{\neq} < \Delta G_2^{\neq}$ und somit $k_1 > k_2$, d. h., Naphthalen-1-sulfonsäure entsteht schneller. Man sagt, die Parallelreaktion unterliegt *kinetischer Kontrolle*. Dies wird dadurch verursacht, daß der Koeffizient HOMO(Naphthalen) an den α-C-Atomen 0,425 beträgt, an den β-C-Atomen dagegen nur 0,263. Die HOMO-LUMO-Wechselwirkung beim Angriff des Elektrophils auf ein α-C-Atom erbringt somit mehr Energie ($\Delta G_1^{\neq}$ ist kleiner) als der Angriff auf ein β-C-Atom (s. S. 42). Bei 160°C stellen sich die Gleichgewichte schneller ein, nunmehr wirkt sich aus, daß $k_{-1} > k_{-2}$ ist. Bereits vorhandene Naphthalen-1-sulfonsäure wandelt sich über die Edukte in Naphthalen-2-sulfonsäure um, und dies in umso größerem Ausmaß, je länger man die Reaktion ablaufen läßt. Das Mengenverhältnis der Produkte wird jetzt durch die Lage der Gleichgewichte mitbestimmt, es entsteht vorwiegend das thermodynamisch stabilste Produkt. Bei 160°C unterliegt die Parallelreaktion somit *thermodynamischer Kontrolle*. Alle Parallelreaktionen, bei denen mindestens eine der konkurrierenden Reaktionen reversibel ist, unterliegen bei hoher Temperatur und langer Reaktionsdauer thermodynamischer Kontrolle [4.8]. Sind alle konkurrierenden Reaktionen irreversibel, dann ist nur kinetische Kontrolle möglich.

Ein weiteres Beispiel bietet die Sulfonierung von Phenol. Bei kinetischer Kontrolle entsteht vorwiegend 4-Hydroxybenzensulfonsäure, unter thermodynamischer Kontrolle dagegen 2-Hydroxybenzensulfonsäure.

Die elektrophile aromatische Substitution bildet die Basis der meisten Synthesemethoden für substituierte Arene und stellt häufig die entscheidende Reaktion im Verlauf mehrstufiger Synthesewege dar. Viele dieser Reaktionen werden im technischen Maßstab bei der Produktion von Farbstoffen, Pharmaka und Biociden durchgeführt.

4.1.5 Nucleophile Substitutionsreaktionen benzoider Verbindungen (nucleophile aromatische Substitution)

Bei diesen Reaktionen wird eine an ein C-Atom eines Benzenringes gebundene nucleofuge Abgangsgruppe durch ein Nucleophil substituiert:

$$\text{C}_6\text{H}_5\text{–Y} \ + \ |\text{Nu}^- \ \longrightarrow \ \text{C}_6\text{H}_5\text{–Nu} \ + \ |\text{Y}^-$$

Derartige Reaktionen verlaufen am allgemeinen sehr langsam und erfordern verschärfte Reaktionsbedingungen. Im Folgenden werden die wichtigsten Mechanismen beschrieben.

1. Eliminierungs-Additions-Mechanismus. Chlorbenzen reagiert mit Natronlauge bei 300°C im Autoklaven zu Phenol und Natriumchlorid, mit Kaliumamid in flüssigem Ammoniak zu Anilin und Kaliumchlorid:

$$\text{C}_6\text{H}_5\text{-Cl} + \text{NaOH} \longrightarrow \text{C}_6\text{H}_5\text{-OH} + \text{NaCl}$$

$$\text{C}_6\text{H}_5\text{-Cl} + \text{KNH}_2 \longrightarrow \text{C}_6\text{H}_5\text{-NH}_2 + \text{KCl}$$

Setzt man bei diesen Reaktionen o-Chlortoluen ein, dann erhält man ein Gemisch von zwei konstitutionsisomeren Produkten. Dies ist ein starkes Argument für eine Folgereaktion aus zwei Schritten:

Im geschwindigkeitsbestimmenden Schritt entsteht durch Eliminierung von Chlorwasserstoff aus dem Substrat 2,3-Dehydrotoluen als energiereiche Zwischenstufe. Die anschließende Addition von Wasser bzw. Ammoniak ergibt jeweils zwei Produkte. Dehydroarene (Arine) wurden auch bei anderen Reaktionen als Zwischenstufen nachgewiesen.

2. S_N1-Mechanismus. Einen Sonderfall stellen Substrate mit Stickstoff als nucleofuge Abgangsgruppe dar. In solchen Fällen erfolgt die Substitution nach dem S_N1-Mechanismus, z. B. beim Verkochen von Arendiazoniumsalz-Lösungen:

Das Stickstoffmolekül ist sozusagen eine Superabgangsgruppe. Die Abspaltung von Stickstoff aus einem Diazoniumion nennt man *Dediazonierung*. Es gibt Hinweise dafür, daß sie über ein Ion-Molekül-Paar als Zwischenstufe verläuft und reversibel ist [4.9]:

3. Additions-Eliminierungs-Mechanismus (S_NAr-Mechanismus, Ar von Aren). Substrate, die in o- oder/und p-Stellung zur nucleofugen Abgangsgruppe Akzeptor-Substituenten aufweisen, reagieren sehr schnell mit Nucleophilen. Die Ursache dafür ist die stabilisierende Wirkung dieser Substituenten auf den σ-Komplex, wie er beim Additions-Eliminierungs-Mechanismus als Zwischenstufe auftritt, z. B.:

O$_2$N—C$_6$H$_3$—Cl + C$_2$H$_5$O$^-$ → Meisenheimer-Komplex → $-$Cl$^-$ → O$_2$N—C$_6$H$_3$—OC$_2$H$_5$

Derartige σ-Komplexe nennt man Meisenheimer-Komplexe. Sie konnten bei einigen Reaktionen isoliert werden. Die Stabilisierung der Meisenheimer-Komplexe durch Nitrogruppen ist am größten, wenn sich diese in o- oder p-Stellung zum Halogenatom X befinden, weil dann besonders energiearme chinoide Grenzstrukturen formuliert werden können:

Akzeptor-Substituenten ermöglichen also die nucleophile aromatische Substitution nach dem Additions-Eliminierungs-Mechanismus, wobei sie die o- und p-Position selektiv aktivieren. Sie verhalten sich dabei gerade umgekehrt wie bei der elektrophilen aromatischen Substitution (s. S. 102). Es zeigt sich, daß die empirischen Regeln über den Zusammenhang zwischen Struktur, Reaktivität und Selektivität an einen bestimmten Mechanismus gebunden sind.
Die nucleophile aromatische Substitution kann auch noch nach anderen Mechanismen ablaufen [4.10].
Auf einer nucleophilen aromatischen Substitution beruht die Methode von F. Sanger zur Bestimmung der N-terminalen Aminosäure bei der Sequenzanalyse von Polypeptiden. 1-Fluor-2,4-dinitrobenzen reagiert bereits bei Raumtemperatur mit der freien Aminogruppe:

O$_2$N—C$_6$H$_3$—F + H$_2$N—R → O$_2$N—C$_6$H$_3$—NH—R + HF

Nach der Hydrolyse des Polypeptids läßt sich die 2,4-Dinitrophenylaminosäure identifizieren. Weiterhin liegt dieser Reaktionstyp einigen Synthesemethoden zugrunde, z. B.:

- Synthese von Phenolen durch Verkochen von Arendiazoniumsalz-Lösungen (s. S. 105),

- Synthese von Phenolen durch Alkalischmelze von Arensulfonaten,

$$Ar-SO_3Na \ + \ OH^- \ \longrightarrow \ Ar-O^- \ + \ NaHSO_3$$

- Synthese von Arylcyaniden durch Schmelzen von Arensulfonaten mit Kaliumcyanid:

$$Ar-SO_3Na \ + \ CN^- \longrightarrow Ar-CN \ + \ NaSO_3^-$$

4.1.6 Radikalische Substitutionsreaktionen benzoider Verbindungen

Am Ablauf derartiger Substitutionsreaktionen sind Radikale beteiligt. Als Beispiel dient die Gomberg-Bachmann-Reaktion, eine Synthesemethode für Biaryle. Die Bruttoreaktionsgleichung lautet:

Aus dem Arendiazoniumsalz und Natronlauge entstehen Arylradikale, die sich im geschwindigkeitsbestimmenden Schritt der Reaktion an das Substrat anlagern [4.11]:

Im Rahmen eines Additions-Eliminierungs-Mechanismus wird ein H-Atom durch einen Arylrest substituiert.

Die radikalische Phenylierung von Toluen erfolgt beim Erhitzen einer Lösung von Dibenzoylperoxid in diesem Kohlenwasserstoff. Das Peroxid zerfällt dabei unter Bildung von Phenylradikalen (s. S. 84):

Radikale sind wegen des ungepaarten Elektrons energiereiche und damit sehr reaktive Teilchen. In Übereinstimmung mit dem Reaktivitäts-Selektivitätsprinzip ist die Regioselektivität bei den radikalischen Substitutionsreaktionen benzoider Verbindungen niedrig. So beträgt z. B. bei der radikalischen Phenylierung von Toluen

$$k_o : k_m : k_p = 4{,}36 : 1{,}34 : 1.$$

Die präparative Bedeutung der radikalischen aromatischen Substitution ist bei weitem geringer als die der nucleophilen oder gar der elektrophilen aromatischen Substitution. Als ein weiteres Beispiel dient die Sandmeyer-Reaktion, eine Synthese von Halogenarenen aus Diazoniumsalzen in Gegenwart von Cu(I)-Salzen:

$$Ar-N_2^+ \; X^- \; + \; CuX \longrightarrow Ar\cdot \; + \; N_2 \; + \; CuX_2$$

$$Ar\cdot \; + \; CuX_2 \longrightarrow Ar-X \; + \; CuX$$

Das Cu(I)-Salz überträgt ein Elektron auf das Diazoniumion, ein Prozeß, der als SET bezeichnet wird (von engl. *single electron transfer*), und bewirkt dadurch die Dediazonierung. Im zweiten Schritt reagiert das Phenylradikal mit einem Liganden X von CuX_2 unter Regenerierung von CuX.

4.1.7 Substitutionsreaktionen heteroaromatischer Verbindungen

Eine Reihe von fünf- und sechsgliedrigen Heterocyclen ist aromatisch. Diese cyclisch konjugierten Systeme erfüllen die Hückel-Regel mit n = 1 und weisen demnach sechs delokalisierte π-Elektronen auf (s. S. 33). Dazu gehören Furan, Thiophen, die Azole (Pyrrol, Pyrazol, Imidazol, die beiden Triazole, Tetrazol) und Pyridin (s. Abb. 35).

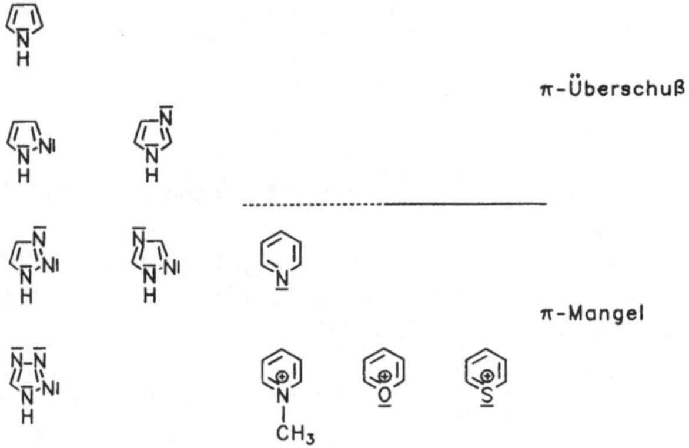

Abb. 35. π-Überschuß- und π-Mangel-Heterocyclen

Im Pyrrol steuert das N-Atom zwei Elektronen zum cyclisch konjugierten System bei. Die π-Elektronendichte an den Ringatomen ist deswegen > 1, und Pyrrol zählt zu den *π-Überschuß-Heterocyclen*. Das N-Atom im Pyridin übt aufgrund seiner Elektronegativität eine entgegengesetzte Wirkung aus. Pyridin zählt daher zu den *π-Mangel-Heterocyclen*. Dieser Effekt wirkt sich besonders signifikant in den Pyridinium-, Pyrylium- und Thiopyryliumsalzen aus. Aber auch in den fünfgliedrigen Heterocyclen kann ein π-Mangel zustande kommen. Er ist um so ausgeprägter, je mehr "pyridinartige" N-Atome der Ring enthält.

Typisch für aromatische Heterocyclen sind Substitutionsreaktionen. Da sie wie die Substitutionsreaktionen der benzoiden Verbindungen normalerweise nach dem Additions-Eliminierungs-Mechanismus verlaufen, kann man in einigen Fällen Vergleiche zwischen beiden Verbindungsklassen anstellen. Für monocyclische Heterocyclen gilt folgende Regel:

π-Überschuß-Heterocyclen, z. B. Pyrrol, Thiophen, reagieren mit elektrophilen Reagenzien schneller als Benzen, die Substitution erfolgt in α-Position. π-Mangel-Heterocyclen, z. B. Pyridin, reagieren mit elektrophilen Reagenzien langsamer als Benzen (Substitution in β-Position), mit nucleophilen Reagenzien dagegen schneller als Benzen (Substitution in α- und γ-Position).

Zur Erklärung der Reaktivitätsabstufungen kann man wieder die Stabilisierung oder Destabilisierung der im geschwindigkeitsbestimmenden Schritt entstehenden Zwischenstufen beurteilen, z. B.:

Der π-Überschuß im Pyrrolmolekül hat, verglichen mit Benzen, eine Stabilisierung der im Primärschritt entstehenden Kationen zur Folge. Pyrrol verhält sich wie ein donorsubstituiertes Aren bei der elektrophilen Zweitsubstitution. Die Regioselektivität folgt nach der MO-Theorie direkt aus den Koeffizienten des HOMO (α-Position 0,600, β-Position 0,371). Demnach ist die Wechselwirkung mit dem LUMO des Elektrophils bei der Substitution in α-Position größer als bei der Substitution in β-Position, deswegen ist $\Delta H_\alpha^{\neq} \ll \Delta H_\beta^{\neq}$ und somit $k_\alpha \gg k_\beta$.

Der π-Mangel im Pyridinmolekül bewirkt, daß die π-Elektronendichte an jedem C-Atom kleiner ist als beim Benzen:

Demzufolge verhält sich Pyridin wie ein akzeptorsubstituiertes Aren bei der elektrophilen Zweitsubstitution. Die Koeffizienten geben die sogenannte Grenzelektronenpopulation an. Da das HOMO (Ψ_3) nur wenig höher als Ψ_2 liegt, wurden die Koeffizienten beider Orbitale kombiniert. Die Bevorzugung der β-Position ist eindeutig ersichtlich.

Gemäß der genannten Regel ist Pyridin nucleophilen Substitutionsreaktionen zugänglich, z. B. mit Natriumamid (Tschitschibabin-Reaktion) oder metallorganischen Reagenzien [4.12]. Die Zwischenstufen wurden weggelassen:

In diesem Fall folgt die Regioselektivität aus den Koeffizienten des LUMO des Substrates. Wie bei den nucleophilen Substitutionsreaktionen akzeptorsubstituierter Arene beschleunigen nucleofuge Abgangsgruppen in α- oder γ-Position die Reaktion, z. B.:

Für die Tschitschibabin-Reaktion gilt der folgende Mechanismus als gesichert:

Nucleofuge Abgangsgruppe ist das Hydridion. Als starke Base entzieht es der Aminogruppe ein Proton unter Bildung von Wasserstoff. Erst bei der Aufarbeitung mit Wasser erfolgt die Hydrolyse zu 2-Aminopyridin und Natriumhydroxid.

Für bi- und polycyclische Heterocyclen lassen sich keine allgemeinen Regeln aufstellen. Im allgemeinen erklärt die MO-Theorie die Regioselektivität der Reaktionen befriedigend, wie am Beispiel der elektrophilen Nitrierung von Indol, Chinolin und Isochinolin gezeigt werden soll. Die Zahlen geben wieder die Grenzelektronenpopulation an:

Dabei wird deutlich, daß bei der elektrophilen Substitution im Fall von π-Überschuß im Heterocyclus der heterocyclische Ring substituiert wird, im Fall von π-Mangel im Heterocyclus dagegen der Benzenring.

4.2 Additionsreaktionen

4.2.1 Elektrophile Additionsreaktionen an C–C-Mehrfachbindungen

Wegen der π-Elektronen der C–C-Doppelbindung verhalten sich einfache Olefine (Alkene und Cycloalkene) nucleophil. Sie reagieren bevorzugt mit elektrophilen Reagenzien, z. B.:

Dabei wird die π-Bindung gelöst, und es entstehen zwei σ-Bindungen. Typisch für Olefine sind daher elektrophile Additionsreaktionen. Bei Olefinen mit Akzeptor-Substituenten an der Doppelbindung kehrt sich jedoch die Reaktivität um, sie sind nucleophilen Additionsreaktionen zugänglich (s. S. 117).
Da die Bindungsenergie der π-Bindung kleiner ist als die der σ-Bindung, sind die Additionsreaktionen der Olefine exotherm. Zugleich verringert sich die Teilchenzahl. Die Reaktionen sind daher nur bei nicht zu hohen Temperaturen thermodynamisch möglich (s. S. 57).
Die elektrophilen Additionsreaktionen der Olefine verlaufen in zwei oder

mehreren Schritten. In nahezu allen Fällen ist der geschwindigkeitsbestimmende Schritt bimolekular, so daß man den Mechanismus als Ad_E2 bezeichnen kann (s. S. 82). Der detaillierte Mechanismus hängt jedoch stark vom elektrophilen Reagens ab und läßt sich nur schwer allgemein formulieren. Im Folgenden werden daher die wichtigsten Reaktionen einzeln beschrieben, zuerst bei Olefinen, dann bei 1,3-Dienen und schließlich bei Acetylenen.

1. Addition von Brönsted-Säuren, z. B.:

$$H_2C{=}CH_2 \xrightarrow{\ k_1\ } H_3C{-}\overset{\oplus}{C}H_2 \ + \ Cl^- \xrightarrow{\ k_2\ } H_3C{-}CH_2{-}Cl$$

$$k_2 \gg k_1$$

Im 1., geschwindigkeitsbestimmenden Schritt addiert sich formal ein Proton als Elektrophil an die Doppelbindung. Dabei entstehen durch Wechselwirkung des HOMO des Substrates (des bindenden π-MO des Ethens) mit dem LUMO des Reagens (dem antibindenden MO des Chlorwasserstoffs) das bindende und das antibindende σ-MO einer C–H-Bindung. Schließlich vereinigt sich im 2. Schritt das Carbeniumion mit dem Chloridion zum Produkt, wobei die zweite σ-Bindung entsteht.

Die Addition von Chlorwasserstoff an Propen ist regioselektiv:

$$H_3C{-}CH{=}CH_2 \xrightarrow{+H^+} \begin{cases} H_3C{-}CH_2{-}\overset{\oplus}{C}H_2 \xrightarrow{+Cl^-} H_3C{-}CH_2{-}CH_2{-}Cl \\[2ex] H_3C{-}\overset{\oplus}{C}H{-}CH_3 \xrightarrow{+Cl^-} H_3C{-}\overset{Cl}{\underset{|}{C}}H{-}CH_3 \end{cases}$$

Zu über 90% entsteht 2-Chlorpropan. Diese und andere Experimente wurden von Markownikow (1869) zu folgender Regel verallgemeinert:
Bei der Addition von Halogenwasserstoffen an Olefine lagert sich das H-Atom an das C-Atom mit der größten Zahl von H-Atomen an.
Zur Erklärung der Regioselektivität geht man davon aus, daß im geschwindigkeitsbestimmenden Schritt entweder ein primäres oder ein sekundäres Carbeniumion entstehen kann. Sekundäre Carbeniumionen sind stabiler (energieärmer), $\Delta H^{\ddagger}$ ist somit niedriger, und sie entstehen schneller als primäre Carbeniumionen (s. S. 90).
Bei der Addition von Chlorwasserstoff an Vinylchlorid entsteht ausschließlich das Markownikow-Produkt 1,1-Dichlorethan (Vinylidenchlorid). Das entsprechende sekundäre Carbeniumion ist zusätzlich durch den +M-Effekt des Chloratoms stabilisiert:

$$H_2C{=}CH{-}Cl \xrightarrow{\ +H^+\ } \left[H_3C{-}\overset{\oplus}{C}H{-}\underline{\underline{C}}l \longleftrightarrow H_3C{-}CH{=}\overset{\oplus}{\underline{\underline{C}}l} \right]$$

$$\xrightarrow{\ +Cl^-\ } \ H_3C{-}\overset{\displaystyle Cl}{\underset{\displaystyle |}{C}}H{-}Cl$$

Eine derartige Stabilisierung ist beim primären Carbeniumion nicht möglich. Ein weiteres Beispiel bietet die Addition von Schwefelsäure an Isobuten:

$$H_3C{-}\underset{\displaystyle CH_3}{\underset{\displaystyle |}{C}}{=}CH_2 \xrightarrow{\ +H_2SO_4\ } H_3C{-}\underset{\displaystyle CH_3}{\overset{\displaystyle O{-}SO_3H}{\underset{\displaystyle |}{\overset{\displaystyle |}{C}}}}{-}CH_3 \xrightarrow[\ -H_2SO_4\ ]{\ +H_2O\ } H_3C{-}\underset{\displaystyle CH_3}{\overset{\displaystyle OH}{\underset{\displaystyle |}{\overset{\displaystyle |}{C}}}}{-}CH_3$$

Es entsteht ausschließlich das Markownikow-Produkt tert-Butylhydrogensulfat. Seine Hydrolyse ergibt tert-Butanol, das auf diesem Weg hergestellt wird.

2. Addition von Wasser (Hydratisierung). Wasser addiert sich in Gegenwart von sauren Katalysatoren direkt an Olefine, z. B.:

$$H_3C{-}CH{=}CH_2 \ + \ H_3O^+ \longrightarrow H_3C{-}\overset{\oplus}{C}H{-}CH_3 \ + \ H_2O$$

$$\longrightarrow H_3C{-}\overset{\displaystyle \overset{\oplus}{O}H_2}{\underset{\displaystyle |}{C}}H{-}CH_3 \xrightarrow{\ +H_2O\ } H_3C{-}\overset{\displaystyle OH}{\underset{\displaystyle |}{C}}H{-}CH_3 \ + \ H_3O^+$$

Somit kann Isopropanol aus dem petrolchemischen Grundstoff Propen einfach hergestellt werden.

3. Addition von unterchloriger Säure, z. B.:

$$H_3C{-}CH{=}CH_2 \xrightarrow[\ +HO{-}Cl\ ]{\ -2 \ +1\ } \begin{cases} H_3C{-}\overset{\displaystyle Cl}{\underset{\displaystyle |}{C}}H{-}CH_2{-}OH \\[2em] H_3C{-}\overset{\displaystyle OH}{\underset{\displaystyle |}{C}}H{-}CH_2{-}Cl \end{cases}$$

Regioselektiv entsteht 1-Chlorpropan-2-ol. Berücksichtigt man, daß das Chlor in der unterchlorigen Säure die Oxidationszahl +1 hat, dann läßt sich die Regel von Markownikow wie folgt erweitern:
Bei den elektrophilen Additionsreaktionen der Olefine lagert sich der positiv geladene (positivierte) Teil des Reagens an das C-Atom mit der größten Zahl von H-Atomen an.

4. Addition von Halogenen. Die Addition von Brom an Cyclohexen verläuft diastereoselektiv, es entsteht nahezu ausschließlich trans-1,2-Dibromcyclohexan:

Zur Erklärung der Diastereoselektivität wird angenommen, daß im 1., geschwindigkeitsbestimmenden Schritt ein cyclisches Bromoniumion und ein Bromidion entstehen. Im 2. Schritt vereinigen sich beide Ionen. Dabei nähert sich das Bromidion einem C-Atom von der dem Bromoniumion abgewandten Seite des Cyclohexanringes, so daß das trans-Diastereomer gebildet wird. Man bezeichnet diesen sterischen Verlauf als *anti-Addition*. Würde das cis-Diastereomer entstehen, dann läge ein *syn-Addition* vor.

Analog ergibt die Addition von Brom an Maleinsäure (±)-Dibrombernsteinsäure, die an Fumarsäure aber meso-Dibrombernsteinsäure:

Demgegenüber erfolgt die Addition von Brom an (E)-Stilben in Dichlormethan als Lösungsmittel zu 77% als anti-Addition und zu 23% als syn-Addition. In diesem Fall tritt wahrscheinlich auch ein durch Konjugation stabilisiertes 2-Bromcarbeniumion als Zwischenstufe auf [4.13]:

5. Addition an 1,3-Diene. Die Addition von Chlorwasserstoff an Buta-1,3-dien ist regioselektiv:

Bei tiefen Temperaturen entsteht hauptsächlich 3-Chlorbut-1-en als Ergebnis einer *1,2-Addition* von Chlorwasserstoff, bei höherer Temperatur und längerer Reaktionsdauer jedoch überwiegt 1-Chlorbut-2-en als Folge einer *1,4-Addition* von Chlorwasserstoff an das konjugierte System. Demnach verläuft die 1,2-Addition schneller, und bei tiefen Temperaturen liegt kinetische Kontrolle vor. 1-Chlorbut-2-en ist jedoch das thermodynamisch stabilere Produkt (s. S. 127). Sowohl die 1,2- als auch die 1,4-Addition erfolgen über das gleiche, durch Konjugation stabilisierte Carbeniumion.

Analog ergibt die Addition von Brom an Buta-1,3-dien bei kinetischer Kontrolle überwiegend 3,4-Dibrombut-1-en, bei thermodynamischer Kontrolle dagegen hauptsächlich 1,4-Dibrombut-2-en.

6. Addition an Acetylene. Acetylen addiert Chlorwasserstoff zu Vinylchlorid:

$$HC\equiv CH \;+\; HCl \longrightarrow H_2C=CH-Cl$$

Bei der säurekatalysierten Hydratisierung von Propin entsteht das Markownikow-Produkt Propen-2-ol, die Enolform des Acetons. Es isomerisiert unter den Reaktionsbedingungen sofort zu Aceton (s. S. 135):

$$H_3C-C\equiv CH \;+\; H_3O^+ \longrightarrow H_3C-\overset{\oplus}{C}=CH_2 \;+\; H_2O \longrightarrow$$

$$H_3C-\overset{\overset{\overset{\oplus}{O}H_2}{|}}{C}=CH_2 \xrightarrow[-H_3O^+]{+H_2O} H_3C-\overset{\overset{OH}{|}}{C}=CH_2 \longrightarrow H_3C-\overset{\overset{O}{||}}{C}-CH_3$$

Die Addition von Brom an Acetylendicarbonsäure ergibt zu 70% (E)-Dibrombutendisäure und nur zu 30% das (Z)-Isomer:

$$HOOC-C\equiv C-COOH \xrightarrow{+Br_2}$$

HOOC, Br   C=C   Br, COOH   70%

Das Überwiegen der anti-Addition läßt vermuten, daß auch hier ein cyclisches Bromoniumion am Reaktionsablauf beteiligt ist.

4.2.2 Radikalische Additionsreaktionen an C–C-Mehrfachbindungen

Bei der Addition von Bromwasserstoff an Propen in Gegenwart von Dibenzoylperoxid entsteht 1-Brompropan (Kharasch 1933):

$$H_3C-CH=CH_2 \;+\; HBr \longrightarrow H_3C-CH_2-CH_2-Br$$

Somit wird die Regel von Markownikow nicht befolgt, man sagt auch, es liegt anti-Markownikow-Orientierung vor, oder es entsteht das anti-Markownikow-Produkt. Dies wird dadurch verursacht, daß die Reaktion nach einem Radikalketten-Mechanismus verläuft. Durch thermischen Zerfall des Initiators

entstehen Radikale, die den Kettenstart bewirken (s. S. 84):

Kettenstart:

$$Ph\cdot \;+\; HBr \;\longrightarrow\; Ph{-}H \;+\; Br\cdot$$

Reaktionskette:

$$H_3C{-}CH{=}CH_2 \;+\; Br\cdot \;\longrightarrow\; H_3C{-}\overset{\cdot}{C}H{-}CH_2{-}Br$$

$$H_3C{-}\overset{\cdot}{C}H{-}CH_2{-}Br \;+\; HBr \;\longrightarrow\; H_3C{-}CH_2{-}CH_2{-}Br \;+\; Br\cdot$$

Kettenabbruch, z. B.:

$$H_3C{-}\overset{\cdot}{C}H{-}CH_2{-}Br \;+\; Br\cdot \;\longrightarrow\; H_3C{-}\overset{\overset{\textstyle Br}{|}}{C}H{-}CH_2{-}Br$$

Im ersten der sich wiederholenden Elementarprozesse der Reaktionskette erfolgt eine Wechselwirkung zwischen dem HOMO des Olefins und dem einfach besetzten 4p-AO der Br-Atoms, das als SOMO aufgefaßt werden kann. Als Ergebnis kommt eine C–Br-Bindung zustande. Im zweiten Schritt entstehen die C–H-Bindung und ein Br-Atom, das die Kette fortpflanzt.

Die Resultate dieser und anderer Experimente lassen sich zu folgender Regel über die Regioselektivität bei den radikalischen Additionsreaktionen der Olefine verallgemeinern [4.1]:

Ein Atom oder ein Radikal lagert sich vorzugsweise an das unsubstituierte Ende (das am wenigsten substituierte C-Atom) der C–C-Doppelbindung eines Olefins an.

Es konnte gezeigt werden, daß die Regioselektivität hauptsächlich durch sterische Effekte verursacht wird. Je mehr Substituenten sich an einem C-Atom der C–C-Doppelbindung befinden, desto stärker ist dieses Atom gegenüber dem angreifenden Atom bzw. Radikal sterisch abgeschirmt (F-strain-Effekt, s. S. 90).

Bei Belichtung oder in Gegenwart von Initiatoren erfolgt auch die Addition von Halogenen an Ethen sowie sowie an Tetrachlorethen radikalisch:

$$Cl_2 \;\xrightarrow{\;h\nu\;}\; 2Cl\cdot$$

$$Cl_2C{=}CCl_2 \;+\; Cl\cdot \;\longrightarrow\; Cl_2\overset{\cdot}{C}{-}CCl_3$$

$$Cl_2\overset{\cdot}{C}{-}CCl_3 \;+\; Cl_2 \;\longrightarrow\; Cl_3C{-}CCl_3 \;+\; Cl\cdot$$

Bei anderen Alkenen, z. B. Propen, verläuft jedoch die radikalische Substitution am gesättigten C-Atom schneller (s. S. 86). Obwohl radikalische Reaktionen generell durch einen Mangel an Selektivität gekennzeichnet sind, haben sie dennoch erhebliche Bedeutung für die organische Synthese [4.14].

Nach einem Radikalkettenmechanismus verlaufen die technisch wichtigsten *Polymerisationsreaktionen*, z. B. die durch Peroxide ausgelösten Polymerisationen der Vinylverbindungen:

$$Ph\cdot \;+\; H_2C{=}\underset{\underset{\displaystyle Cl}{|}}{CH} \longrightarrow Ph{-}CH_2{-}\underset{\underset{\displaystyle Cl}{|}}{CH}\cdot \xrightarrow{+H_2C{=}\underset{|}{CH}\ (Cl)}$$

$$Ph{-}CH_2{-}\underset{\underset{\displaystyle Cl}{|}}{CH}{-}CH_2{-}\underset{\underset{\displaystyle Cl}{|}}{CH}\cdot \xrightarrow{+H_2C{=}\underset{|}{CH}\ (Cl)} \;\ldots$$

Beim Kettenstart entsteht aus dem Initiator ein Radikal. Es lagert sich an ein Monomermolekül an. Dabei entsteht ein neues Radikal, an das sich ein weiteres Monomermolekül anlagert. Auf diese Weise wächst die Kette immer weiter, bis die Konzentration an Monomer so gering geworden ist, daß Abbruchprozesse dominieren. Das Resultat der Reaktion ist ein aus kettenförmigen Makromolekülen aufgebautes Polymer.

4.2.3 Nucleophile Additionsreaktionen an C–C-Mehrfachbindungen

Bei der Addition von Chlorwasserstoff an Acrylsäure wird Regioselektivität beobachtet, es entsteht ausschließlich das anti-Markownikow-Produkt 3-Chlorpropansäure:

$$H_2C{=}CH{-}COOH \xrightarrow{\;+HCl\;} Cl{-}CH_2{-}CH_2{-}COOH$$

Anti-Markownikow-Orientierung wird auch bei Additionen an Acrylsäuremethylester, Acrylnitril, Acrolein und Methylvinylketon festgestellt. Die Ursache dafür ist, daß ein anderer Mechanismus vorliegt, es handelt sich um nucleophile Additionsreaktionen [4.15]. Bei allen fünf Substraten befindet sich an der C–C-Doppelbindung ein Akzeptor-Substituent, er zieht Bindungselektronen an, wodurch die π-Elektronendichte am C-Atom 3 vermindert wird. Es handelt sich um "elektronenarme" Olefine. Deswegen addiert sich im 1., geschwindigkeitsbestimmenden Schritt der Folgereaktion ein Nucleophil (der negativ geladene Teil des Reagens) an das C-Atom 3, wobei ein Carbanion entsteht, das durch Konjugation stabilisiert ist:

$$H_2C{=}CH{-}C\overset{O}{\underset{OH}{\big\backslash}} \xrightarrow{\;k_1\;} \left[Cl{-}CH_2{-}\overset{\ominus}{C}H{-}C\overset{O}{\underset{OH}{\big\backslash}} \;\rightleftharpoons\; Cl{-}CH_2{-}CH{=}C\overset{O^{\ominus}}{\underset{OH}{\big\backslash}} \right] + H^+ \xrightarrow{\;k_2\;} Cl{-}CH_2{-}CH_2{-}C\overset{O}{\underset{OH}{\big\backslash}}$$

$$k_2 \gg k_1$$

Im 2. Schritt vereinigt sich das Carbanion mit dem Proton. Das Resultat ist anti-Markownikow-Orientierung.

Chlorwasserstoff ist sozusagen ambiphil. Bei der Addition an Ethen (s. S. 112) verhält er sich elektrophil, bei der Addition an Acrylsäure dagegen nucleophil. Zugleich wird wiederum ersichtlich, daß die Gültigkeit von Regeln für die Regioselektivität (Orientierung) an einen bestimmten Mechanismus gebunden ist. Die Nichtbefolgung dieser Regeln bei einer untersuchten Reaktion ist geradezu ein Indiz dafür, daß ein anderer Mechanismus vorliegt.

Auf der nucleophilen Addition an C–C-Doppelbindungen beruhen wichtige Synthesemethoden, z. B. die Michael-Addition. Darunter versteht man die Addition von CH-aciden Verbindungen, z. B. von Malonsäurediethylester, an α,β-ungesättigte Carbonylverbindungen, z. B. an Methylvinylketon, in Gegenwart von Basen. Die Base erzeugt in einem vorgelagerten Gleichgewicht Carbanionen (s. S. 63):

$$(EtOOC)_2CH_2 \;+\; B \;\rightleftharpoons\; (EtOOC)_2\overset{\ominus}{C}H \;+\; BH^+$$

$$(EtOOC)_2\overset{\ominus}{C}H \;+\; H_2C{=}CH{-}\overset{O}{\overset{\|}{C}}{-}CH_3 \;\longrightarrow\; (EtOOC)_2CH{-}CH_2{-}\overset{\ominus}{C}H{-}\overset{O}{\overset{\|}{C}}{-}CH_3$$

$$\overset{+BH^+}{\longrightarrow} \;(EtOOC)_2CH{-}CH_2{-}CH_2{-}\overset{O}{\overset{\|}{C}}{-}CH_3 \;+\; B$$

Die Michael-Addition ist demnach eine Methode zur Knüpfung von C–C-Bindungen.

Acetylene sind, auch wenn sie keine Akzeptor-Substituenten aufweisen, bestimmten nucleophilen Additionsreaktionen zugänglich. Als Beispiel dient die Synthese von Vinylethern durch Addition von Alkoholen in Gegenwart von Basen.

$$R{-}OH \;+\; B \;\rightleftharpoons\; R{-}O^{\ominus} \;+\; BH^+$$

$$R{-}\overset{\ominus}{O} \;+\; HC{\equiv}CH \;\longrightarrow\; R{-}O{-}CH{=}\overset{\ominus}{C}H$$

$$\overset{+BH^+}{\longrightarrow} \;R{-}O{-}CH{=}CH_2 \;+\; B$$

Als Ursache dafür kann die hohe Elektronegativität des sp-hybridisierten C-Atoms angesehen werden, die einen erfolgreichen Angriff von Nucleophilen provoziert.

4.2.4 Cycloadditionen

Bei diesem Typ von Additionsreaktionen vereinigen sich die Edukte zu einem cyclischen Produkt. Im allgemeinen wird nicht zwischen Substrat und Reagens unterschieden, sondern angegeben, wieviel Atome jedes der Edukte in den entstehenden Ring einbringt. Im Folgenden werden die wichtigsten Fälle beschrieben.

1. [2+1]-Cycloadditionen. Als Beispiel dient die Cyclopropanierung von Olefinen, z. B. durch Einwirkung von Dichlorcarben CCl_2 [4.16]:

Das Dichlorcarben wird durch α-Eliminierung aus Chloroform erzeugt (s. S. 124). Da das Olefin zwei Atome und das Dichlorcarben ein Atom zum dreigliedrigen Ring im Produkt beisteuert, liegt eine [2+1]-Cycloaddition vor.
Im Dichlorcarben ist das C-Atom sp^2-hybridisiert. Die beiden Elektronen befinden sich in einem sp^2-Hybridorbital, dem HOMO. Das $2p_z$-AO stellt das LUMO dar. Bei der Cycloaddition kommt es zu einer Wechselwirkung LUMO(Dichlorcarben) - HOMO(Olefin). Derartige Carbene bezeichnet man als elektrophil. Die Cycloaddition erfolgt konzertiert, so daß die Konfiguration erhalten bleibt. Aus einem (Z)-Olefin entsteht das cis-Cyclopropan, aus einem (E)-Olefin das trans-Cyclopropan. Es gibt aber auch Carbene, z. B. Methylen CH_2, deren C-Atom sp-hybridisiert ist. Dann befindet sich ein Elektron im $2p_y$-AO, das andere im $2p_z$-AO (s. S. 23).

2. [2+2]-Cycloadditionen. Dazu zählt die Dimerisierung von Olefinen. Sie erfordert photochemische Aktivierung, z. B.:

3. [3+2]-Cycloadditionen. Die bekannteste Reaktion dieses Typs ist die 1,3-dipolare Cycloaddition [4.17]:

$1,3\text{-Dipol}$ Dipolarophil

Diazomethan

$3H$-Pyrazol   Pyrazol

Eine mesomere Grenzstruktur des Diazomethans CH_2N_2 stellt einen sogenannten 1,3-Dipol dar. Acetylen und andere Verbindungen mit kovalenten Mehrfachbindungen, die mit 1,3-Dipolen unter Cycloaddition reagieren, bezeichnet man als Dipolarophile. Den meisten 1,3-dipolaren Cycloadditionen liegt ein konzertierter Elementarprozeß mit einem cyclischen aktivierten Komplex zugrunde. Demnach handelt es sich um eine pericyclische Reaktion (s. S. 81). Zuerst entsteht $3H$-Pyrazol, das sofort zu Pyrazol isomerisiert.

4. **[4+1]-Cycloadditionen.** Ein Beispiel dafür bietet die Reaktion von Buta-1,3-dien mit flüssigem Schwefeldioxid zu 2,5-Dihydrothiophendioxid:

Sulfolan

Diese Reaktion wird technisch durchgeführt, denn die katalytische Hydrierung des Produktes ergibt das bekannte Lösungsmittel Sulfolan.

[4+1]-Cycloadditionen nennt man auch cheletrope Reaktionen. Das LUMO des Buta-1,3-diens umfaßt das nichtbindende Elektronenpaar des Schwefeldioxids wie eine Krebsschere (griech. chele).

5. **[4+2]-Cycloadditionen.** Dazu gehört die am längsten bekannte Cycloaddition, die Diels-Alder-Reaktion (s. S. 81) [4.18]. Sie kann allgemein wie folgt formuliert werden:

$$\tag{4.1}$$

1,3-Dien   Dienophil   Addukt

Ethen selbst reagiert nur sehr langsam mit 1,3-Dienen. Gute Dienophile sind:

Tetracyano- ethen	Maleinsäure- anhydrid	Acrolein	Acrylnitril

Voraussetzung auf der Seite des 1,3-Diens ist, daß es in der s-cis-Konformation vorliegen kann. Bei einigen cyclischen 1,3-Dienen ist diese fixiert, z. B. im Cyclopentadien. Die Verbindung dimerisiert schon bei Raumtemperatur, wobei sie zugleich als 1,3-Dien und als Dienophil reagiert:

$$\text{(4.2)}$$

Cyclopentadien   Dicyclopentadien

Es gibt zahlreiche Indizien dafür, daß der Diels-Alder-Reaktion ein konzertierter Elementarprozeß mit einem cyclischen aktivierten Komplex zugrunde liegt, wobei gleichzeitig drei π-Bindungen gelöst werden und zwei σ-Bindungen sowie eine π-Bindung entstehen. Anders formuliert, es handelt sich um eine pericyclische Reaktion. So läßt sich in den meisten Fällen die Geschwindigkeit der Gleichgewichtseinstellung durch Katalysatoren nicht beeinflussen, auch die Polarität der verwendeten Lösungsmittel hat nur geringe Auswirkungen.
Der durch Gleichung 4.1 beschriebene Mechanismus der Diels-Alder-Reaktion ist dadurch gekennzeichnet, daß keine aliphatischen Zwischenstufen auftreten. Deswegen bleibt die Konfiguration der Edukte erhalten. Aus dem (E,E)-1,3-Dien und dem (Z)-Dienophil entsteht ein Produkt, in dem R^1 und R^2 sowie R^3 und R^4 cis-Konfiguration aufweisen.
Zur Erklärung von Reaktivität und Selektivität bei der Diels-Alder-Reaktion kann die Grenzorbital-Theorie herangezogen werden [4.19]. Bei einer "normalen" Diels-Alder-Reaktion sind R^1 und R^2 Donor-Substituenten, z. B. Alkylgruppen. An der C–C-Doppelbindung des Dienophils befindet sich mindestens ein Akzeptor-Substituent, im Fall des Maleinsäureanhydrids handelt es sich um zwei C=O-Gruppen. Die Substituenten verändern die Energie der MO dergestalt, (vgl. Abb. 15 S. 27), daß gemäß Abb. 36 hauptsächlich eine Wechselwirkung zwischen dem HOMO des 1,3-Diens und dem LUMO des Dienophils erfolgt, weil die Energiedifferenz zwischen diesen beiden MO kleiner ist als die zwischen dem LUMO des 1,3-Diens und dem HOMO des Dienophils. In Abb. 36a ist die Situation zu Beginn der Wechselwirkung perspektivisch dargestellt. Die Wechselwirkung (Überlappung) von HOMO(1,3-Dien) und LUMO(Dienophil) wird maximal, wenn sich die

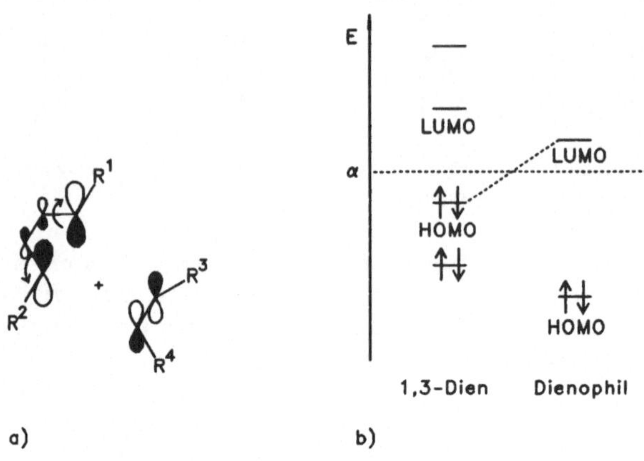

Abb. 36. Grenzorbital-Theorie der Diels-Alder-Reaktion

a) Wechselwirkung der Grenzorbitale

b) Energieniveau-Schema

Moleküle auf zwei zueinander parallelen Ebenen nähern. Im aktivierten Komplex erfolgt dann die Umgruppierung der Elektronen, und es entstehen die MO von zwei σ-Bindungen und einer π-Bindung. Zugleich geht aus Abb. 36a hervor, daß im Produkt R^1 und R^3 sowie R^2 und R^4 trans-Konfiguration haben. Die Beobachtung, daß Ethen ein schlechtes Dienophil ist und nur sehr langsam mit Buta-1,3-dien reagiert, kann demnach so erklärt werden, daß die Energiedifferenz zwischen den Grenzorbitalen der Edukte zu groß ist (s. S. 42).

Die Diels-Alder-Reaktion verläuft regioselektiv, z. B.:

$$(4.3)$$

D   Donor-Substituent

A   Akzeptor-Substituent

$k_2 \gg k_1$

Das ortho-disubstituierte Cyclohexen entsteht vorwiegend oder ausschließlich. Dies ist eine Folge der Veränderung der Koeffizienten der Grenzorbitale durch die Substituenten. In Gleichung 4.3 sind die Koeffizienten von HOMO(1,3-Dien) und LUMO(Dienophil) für den Fall $D = OCH_3$ und $A = CHO$ angegeben.

Wenn die HOMO-LUMO-Wechselwirkung zwischen den Atomen erfolgt, an denen die Koeffizienten am größten sind, dann wird die meiste Energie frei (s. S. 42). Deswegen entsteht regioselektiv das ortho-disubstituierte Cyclohexen.

Wenn cyclische 1,3-Diene mit cyclischen Dienophilen umgesetzt werden, dann können zwei diastereomere Addukte entstehen, die als endo bzw. exo bezeichnet werden. Als Beispiel kann die Dimerisierung von Cyclopentadien dienen:

$$k_1 \longrightarrow \text{endo}$$
$$k_2 \longrightarrow \text{exo}$$
$$k_1 \gg k_2$$

exo-Dicyclopentadien ist das thermodynamisch stabilere Produkt, da die sterische Spannung im Molekül geringer ist. Trotzdem entsteht infolge kinetischer Kontrolle diastereoselektiv die endo-Verbindung. Die Ursache sind sekundäre Orbitalwechselwirkungen [4.20]. Im zur endo-Verbindung führenden aktivierten Komplex kommt zusätzlich eine schwache Wechselwirkung zwischen den Grenzorbitalen der Eduktmoleküle zustande. Deswegen ist $\Delta H^{\neq}$ niedriger als bei der Entstehung des exo-Diastereomers.

Die Diels-Alder-Reaktion ist eine der am intensivsten untersuchten organisch-chemischen Reaktionen und zugleich eine wichtige Synthesemethode zum Aufbau sechsgliedriger Ringe. Bei vielen Synthesen von Naturstoffen, z. B. Steroiden oder Antibiotica, sind die entscheidenden Syntheseschritte Diels-Alder-Reaktionen.

Bei pericyclischen Reaktionen existieren Zusammenhänge zwischen der Struktur der Edukte, der Art der Aktivierung und der Struktur der Produkte, die unter der Bezeichnung Woodward-Hoffmann-Regeln zusammengefaßt werden [4.21]. Für Cycloadditionen lassen sich diese Regeln vereinfacht wie folgt formulieren:

[4+2]-Cycloadditionen sind thermisch erlaubt und photochemisch verboten. [2+2]-Cycloadditionen sind thermisch verboten und photochemisch erlaubt.

Zur theoretischen Interpretation gibt es verschiedene Möglichkeiten. Eine davon ist das sogenannte Evans-Prinzip [4.22]:

Thermische pericyclische Reaktionen verlaufen bevorzugt über aktivierte Komplexe, die aromatisch sind. Photochemische pericyclische Reaktionen führen bevorzugt zu den Produkten, die thermisch über antiaromatische aktivierte Komplexe gebildet würden.

Der aktivierte Komplex der Diels-Alder-Reaktion ist mit seinen sechs delokalisierten Elektronen aromatisch und die Reaktion deswegen thermisch erlaubt. Bei der Dimerisierung von Olefinen (s. S. 119) sind im aktivierten Komplex nur vier Elektronen delokalisiert. Deswegen ist ΔH^* sehr groß. Eine Belichtung bewirkt jedoch, daß Eduktmoleküle in elektronisch angeregte Zustände übergehen und aus diesen heraus reagieren (s. S. 70 u. 192).

4.3 Eliminierungen

Da Eliminierungen als Umkehrung (Rückreaktion, Gegenreaktion) von Additionen aufgefaßt werden können, sind die meisten von ihnen endotherm. Zugleich vergrößert sich die Teilchenzahl. Deswegen sind Eliminierungen nur bei genügend hohen Temperaturen thermodynamisch möglich (s. S. 57). Im Folgenden werden die vier wichtigsten Typen beschrieben.

4.3.1 α-Eliminierungen

Bei α-Eliminierungen erfolgt die Abspaltung von einem Atom des Substrates. Sie sind relativ selten. Ein Beispiel ist die Reaktion von Chloroform mit Kaliumhydroxid. Die Bruttoreaktionsgleichung lautet:

$$CHCl_3 + KOH \longrightarrow CCl_2 + KCl + H_2O$$

Durch das Reagens wird formal Chlorwasserstoff vom C-Atom des Chloroforms abgespalten. Es handelt sich um eine Folgereaktion:

$$CHCl_3 + OH^- \underset{}{\overset{k_1}{\rightleftharpoons}} CCl_3^- + H_2O$$

$$CCl_3^- \xrightarrow{k_2} CCl_2 + Cl^- \qquad\qquad k_1 \gg k_2.$$

Der 1. Schritt ist ein sich schnell einstellendes Säure-Base-Gleichgewicht. Im 2., geschwindigkeitsbestimmenden Schritt entsteht aus dem Carbanion Dichlorcarben.
Dichlorcarben und andere Carbene sowie Nitrene sind so reaktionsfähig, daß sie nicht als Substanzen isoliert werden können [3.8]. In Gegenwart von Olefinen reagieren sie zu substituierten Cyclopropanen und lassen sich dadurch indirekt nachweisen (abfangen, s. S. 119). Bei Abwesenheit von Olefinen entstehen Kaliumformiat und Kaliumchlorid:

$$CCl_2 + 3KOH \longrightarrow HCOOK + 2KCl + H_2O$$

4.3.2 β-Eliminierungen

β-Eliminierungen sind dadurch gekennzeichnet, daß die Abspaltung von zwei benachbarten Atomen des Substrates erfolgt. Dies setzt voraus, daß eines dieser

Atome eine nucleofuge Abgangsgruppe Y trägt und das benachbarte (β-ständige) Atom mindestens ein H-Atom, z. B.:

$$R^2-\underset{\underset{R^1}{|}}{\overset{\overset{H}{|}}{C^\beta}}-\underset{\underset{Y}{|}}{\overset{\overset{R^3}{|}}{C^\alpha}}-R^4 \;+\; KOH \longrightarrow \;\underset{R^1}{\overset{R^2}{}}C=C\underset{R^4}{\overset{R^3}{}} \;+\; KY \;+\; H_2O$$

Typisch für derartige Reaktionen ist, daß das Produkt eine Mehrfachbindung aufweist, im gewählten Beispiel eine C–C-Doppelbindung. Durch das Reagens wird formal die Verbindung HY aus dem Substrat abgespalten.

Mechanismus, Regioselektivität und Stereoselektivität der β-Eliminierungen hängen in erster Linie von der Art der nucleofugen Abgangsgruppe Y ab. Weiterhin sind die Art der Substituenten R^1 bis R^4, das verwendete Reagens sowie das Lösungsmittel von Bedeutung [4.23].

1. E2-Mechanismus. β-Eliminierungen von Substraten, bei denen die nucleofuge Abgangsgruppe eine Trimethylammoniumgruppe oder eine Dimethylsulfoniumgruppe ist, verlaufen nach dem E2-Mechanismus, z. B.:

$$H\bar{O}|^- \quad\; H_2C\overset{1}{\leftarrow}\overset{2}{C}H-\overset{3}{C}H-\overset{4}{C}H_3 \longrightarrow \left[H_2C=CH-CH_2-CH_3 \right]^{\ddagger}$$

$$\longrightarrow \; H_2O \;+\; H_2C=CH-CH_2-CH_3 \;+\; N(CH_3)_3$$

But-1-en

In einer bimolekularen Reaktion entstehen aus der Brönsted-Base OH^- und dem Substrat die Produkte (E2 bedeutet Eliminierung bimolekular). Demnach liegt der Reaktion ein konzertierter Elementarprozeß zugrunde, die Lösung der C–H-Bindung und die Lösung der C–Y-Bindung erfolgen nahezu gleichzeitig. Ist dabei die Bildung konstitutionsisomerer Olefine möglich, *dann entsteht regioselektiv das Olefin mit der kleinsten Zahl von Alkylsubstituenten an der Doppelbindung (Hofmann-Regel, Hofmann-Orientierung)*. Im gewählten Beispiel entsteht demnach bevorzugt But-1-en und nicht But-2-en. Zur Erklärung nimmt man an, daß die H-Atome am C-Atom 3 des Substrates gegen die Hydroxidionen stärker sterisch abgeschirmt sind als die H-Atome am C-Atom 1.

Die Diastereoselektivität der Eliminierungen nach dem E2-Mechanismus wird dadurch gesteuert, daß der anti-koplanare aktivierte Komplex gegenüber dem ebenfalls möglichen syn-koplanaren aktivierten Komplex energetisch begünstigt ist:

anti-koplanar   syn-koplanar

Dies hat zwei Ursachen:

1. Im anti-koplanaren aktivierten Komplex haben HO····H und Y die energiearme antiperiplanare Konformation.

2. Im anti-koplanaren aktivierten Komplex entsteht die O–H-Bindung auf der der zu lösenden C–Y-Bindung abgewandten Seite. Dieser sogenannte *stereoelektronische Effekt* senkt wie beim S_N2-Mechanismus die Energie und verringert somit $\Delta H^{\ddagger}$, verglichen mit dem syn-koplanaren aktivierten Komplex.

Die Bevorzugung des anti-koplanaren aktivierten Komplexes hat zur Folge, daß die diastereomeren Olefine P_1 und P_2 in ungleichen Mengen entstehen:

P_1 $\qquad$ A_1 $\qquad$ A $\qquad$ A_2 $\qquad$ P_2

Während P_1 durch Reaktion der Base mit dem Konformer A_1 des Substrates gebildet wird, führt die Reaktion der Base mit A_2 zu P_2. Allerdings kann man aus dem Produktverhältnis P_1/P_2 in der Regel nicht schlußfolgern, welches der Konformere A_1 und A_2 des Substrates im Gleichgewicht überwiegt. Dies ist die Aussage des *Curtin-Hammett-Prinzips*:

Wenn bei einer chemischen Reaktion ein Konformer A_1 eines Substrates ein Produkt P_1 ergibt und ein anderes Konformer A_2 ein Produkt P_2, dann ist das Produktverhältnis P_1/P_2 nicht vom Mengenverhältnis A_1/A_2 der Konformere im Substrat abhängig, es wird vielmehr bestimmt durch den Unterschied der freien Aktivierungsenthalpien $\Delta G_1^{\ddagger}$ und $\Delta G_2^{\ddagger}$ [4.24].

Dabei gilt als Voraussetzung, daß $k_{\rightarrow}$ und $k_{\leftarrow}$ viel größer sind als k_1 und k_2 und daß sich P_2 unter den Reaktionsbedingungen nicht in P_1 umlagert.

2. **E1-Mechanismus.** Substrate, die ein Halogenatom oder eine Sulfonyloxygruppe OSO_2R als nucleofuge Abgangsgruppe enthalten, tendieren zum E1-Mechanismus, z. B.:

$$H_3C-CH-CH_2-CH_3 \quad \xrightarrow[-Br^-]{k_1} \quad H_3\overset{1}{C}-\overset{\oplus 2}{CH}-\overset{3}{CH_2}-\overset{4}{CH_3} \quad \xrightarrow[-H_2O]{\substack{k_2 \\ +OH^-}} \quad H_3C-CH=CH-CH_3$$

mit Br am zweiten C-Atom; rechts: But-2-en

$$k_2 \gg k_1$$

Hierbei handelt es sich um eine Folgereaktion, deren geschwindigkeitsbestimmender Schritt, die Lösung der C–Y-Bindung, monomolekular ist. Erst im zweiten Schritt erfolgt die Lösung der C–H-Bindung, indem die Base ein Proton aus dem Carbeniumion abspaltet. Kann es dabei zur Bildung konstitutionsisomerer Olefine kommen, *dann entsteht regioselektiv das Olefin mit der größten Zahl von Alkylsubstituenten an der Doppelbindung (Sayzew-Regel, Sayzew-Orientierung)*. Dies wird dadurch verursacht, daß Olefine infolge Hyperkonjugation um so stabiler (energieärmer) sind, je größer die Zahl der Alkylsubstituenten an der Doppelbindung ist. Deswegen erfolgt die Protonenabspaltung vom C-Atom 3 des Carbeniumions schneller als vom C-Atom 1, und es entsteht das thermodynamisch stabilere Produkt But-2-en. Da Brönsted-Basen zugleich Nucleophile sind, konkurriert in vielen Fällen die nucleophile Substitution am α-C-Atom mit der β-Eliminierung.

Nach dem E1-Mechanismus verläuft auch die säurekatalysierte Dehydratisierung der Alkohole, z. B.:

$$H_3C-\underset{OH}{CH}-CH_2-CH_3 \; + \; H^+ \; \underset{}{\overset{k_1}{\rightleftharpoons}} \; H_3C-\underset{\overset{\oplus}{OH_2}}{CH}-CH-CH_2-CH_3$$

$$\xrightarrow[-H_2O]{k_2} \quad H_3C-\overset{\oplus}{CH}-CH_2-CH_3 \quad \xrightarrow{k_3} \quad H_3C-CH=CH-CH_3 \; + \; H^+$$

But-2-en

Im 1. Schritt wird der Alkohol in einem sich schnell einstellenden Säure-Base-Gleichgewicht am Sauerstoffatom protoniert. Danach entstehen im geschwindigkeitsbestimmenden Schritt ein Carbeniumion und Wasser. Im 3. Schritt wird der Katalysator wieder freigesetzt. Der E1-Mechanismus hat Sayzew-Orientierung zur Folge.

Die Stabilisierung von Olefinen und von Carbeniumionen durch Alkylsubstituenten bewirkt, daß die Eliminierung nach dem E1-Mechanismus gegenüber konkurrierender Substitution immer dann bevorzugt wird, wenn Y an ein tertiäres C-Atom des Substrates gebunden ist. So ergibt 2-Brom-2-methyl-propan mit Natriummethanolat in Ethanol zu 100% Isobuten, 1-Brompropan unter den gleichen Bedingungen aber nur zu 10% Propen:

Diese Reaktionen sind zugleich weitere Beispiele für Chemoselektivität.

3. E1cB-Mechanismus (Carbanion-Mechanismus). Dieser Mechanismus wurde bei Halogenalkanen mit mehreren carbanionstabilisierenden Substituenten nachgewiesen, z. B.:

$k_2 \gg k_1$

Im geschwindigkeitsbestimmenden Schritt der Folgereaktion entfernt die Base ein Proton aus dem Substrat. Da das dabei entstehende Carbanion die konjugierte Base des Substrates ist, bezeichnet man diesen Mechanismus als den Carbanion- oder E1cB-Mechanismus der β-Eliminierung (von engl. conjugate base). Das Carbanion schließlich spaltet ein Chloridion ab.

Ebenso wie bei der nucleophilen Substitution am gesättigten C-Atom (s. S. 92) kann man E1cB-, E2- und E1-Mechanismus als Grenz- oder Extremfälle eines mechanistischen Spektrums der β-Eliminierung durch Basen auffassen.

E1cB: Zuerst wird die C–H-Bindung des Substrates gelöst, danach die C–Y-Bindung.
E2:   Die Lösung der C–H-Bindung und der C–Y-Bindung erfolgt gleichzeitig.
E1:   Zuerst wird die C–Y-Bindung des Substrates gelöst, danach die C–H-Bindung.

Dazwischen existieren Mechanismen, die sich durch das Ausmaß von Lösung und Entstehung der Bindungen unterscheiden. Eine gute Möglichkeit zur graphischen Darstellung bieten Energieprofile und deren Projektionen [4.25]. In Abb. 37a ist auf der y-Achse von A bis B der zunehmende Abstand C⋯Y aufgetragen, auf der x-Achse von B bis D der zunehmende Abstand C⋯H. Das verstärkt gezeichnete, diagonal von A nach D′ verlaufende Energieprofil entspricht dem E2-Mechanismus. Die Energieprofile von A nach B′ und von B′

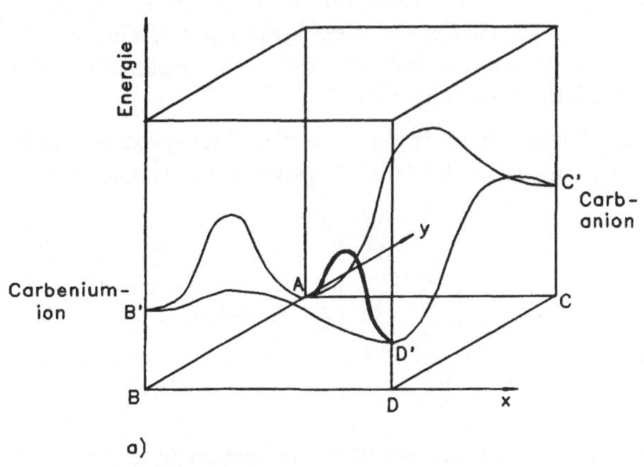

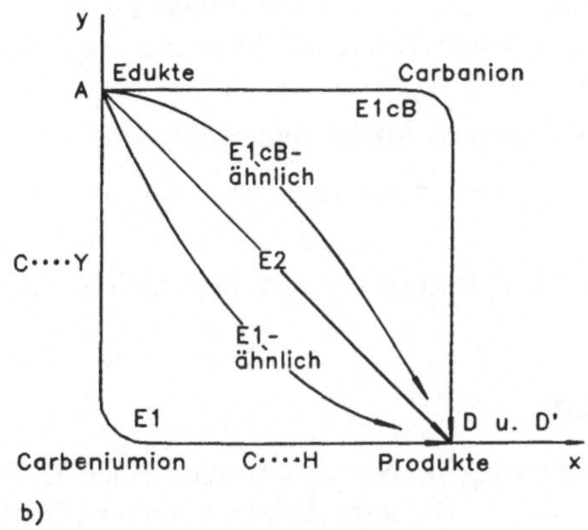

Abb. 37. Mechanismen der β-Eliminierung durch Basen

a) Energieprofile

b) Projektion auf die x,y-Ebene

nach D′ stellen den Verlauf beim E1-Mechanismus dar, in B′ befindet sich die Zwischenstufe, das Carbeniumion. Schließlich gibt der Kurvenzug A-C′-D′ den E1cB-Mechanismus an. Im gewählten Beispiel würde die Reaktion nach dem E2-Mechanismus verlaufen. Zugleich ist ersichtlich, daß jede Stabilisierung der Zwischenstufen entsprechend dem Hammond-Postulat zu einer Begünstigung des E1- bzw. des E1cB-Mechanismus führt, vorausgesetzt, daß dabei $\Delta H^{\neq}$ für den E2-Mechanismus nicht verringert wird. In Abb. 37b ist die Projektion von Abb. 37a auf die x,y-Ebene dargestellt. Der Elementarprozeß des idealen E2-Mechanismus entsprechend der Diagonale A-D,D′ ist konzertiert und synchron.

Die E1- und E1cB-ähnlichen Prozesse mit unterschiedlichem Ausmaß von Lösung und Entstehung der Bindungen sind konzertiert. Beim E1- und beim E1cB-Mechanismus dagegen handelt es sich um Folgereaktionen, zwei Elementarprozesse verlaufen nacheinander.

4. Ei-Mechanismus. Carbonsäurealkylester außer Methylestern zerfallen bei hohen Temperaturen in ein Alken und die entsprechende Carbonsäure:

Diese sogenannten Esterpyrolysen verlaufen konzertiert über einen cyclischen aktivierten Komplex. In Analogie zum S_Ni-Mechanismus (s. S. 92) bezeichnet man diesen Mechanismus als Ei. Er erfordert anders als der E2-Mechanismus einen syn-koplanaren aktivierten Komplex. Derartige Reaktionen nennt man auch cis-Eliminierungen.

Durch β-Eliminierungen sind auch Alkine zugänglich, z. B.:

$$R-CH_2-CHCl_2 \xrightarrow{-HCl} R-CH=CH-Cl \xrightarrow{-HCl} R-C\equiv CH$$

Sie verlaufen über die Vinylhalogenide, in den meisten Fällen nach dem E2-Mechanismus.

4.3.3 Fragmentierungen

Es gibt einige β-Eliminierungen, bei denen statt einer C-H-Bindung eine C-C-Bindung gelöst wird, z. B. beim Erhitzen von γ-(Dialkylamino)alkylhalogeniden:

$$R_2\overset{+}{N}-CH_2-CH_2-CH-Cl \xrightarrow{\Delta} R_2\overset{\oplus}{N}=CH_2 + H_2C=CH-R + Cl^-$$

Ein weiteres Beispiel ist die Decarboxylierung der Salze von β-Halogencarbonsäuren:

$$\overset{\ominus}{|O}-C-CH_2-CH-Cl \xrightarrow{\Delta} CO_2 + H_2C=CH-R + Cl^-$$

Derartige Reaktionen nennt man Fragmentierungen. Die meisten von ihnen verlaufen konzertiert.

4.3.4 Cycloeliminierungen

Cycloeliminierungen, häufig auch als Cycloreversionen bezeichnet, sind die Umkehrung (Gegenreaktion, Rückreaktion) der Cycloadditionen und verlaufen in den meisten Fällen konzertiert. Beispielsweise zerfällt 2,5-Dihydrothiophendioxid in siedendem Xylen unter Umkehrung einer [4+1]-Cycloaddition zu Buta-1,3-dien und Schwefeldioxid [4.26]:

Es handelt sich um eine [4+1]-Cycloreversion. Auch [3+2]-Cycloreversionen [4.27] und [4+2]-Cycloreversionen [4.28] sind bekannt. So wird Cyclopentadien durch Erhitzen von Dicyclopentadien hergestellt. Diese Reaktion ist die Umkehrung der Dimerisierung von Cyclopentadien gemäß Gleichung 4.2 (s. S. 121).

4.4 Isomerisierungen

Unter Isomerisierungen versteht man Reaktionen, bei denen das Edukt A und das Produkt P Konstitutionsisomere oder Stereoisomere sind:

$$A \longrightarrow P$$

Bei einigen Isomerisierungen, den sogenannten *Valenzisomerisierungen*, gruppieren sich lediglich Bindungen innerhalb eines Moleküls um, es erfolgt sozusagen eine Reorganisation von Bindungselektronen [4.29]. Bei anderen Isomerisierungen wandern Atome oder Atomgruppen intramolekular, d. h. von einer Position zu einer anderen Position innerhalb des Moleküls, in einigen Fällen allerdings unter Beteiligung des Lösungsmittels. Häufig werden Isomerisierungen als Elementarschritte im Verlauf von Substitutions-, Additions- und Eliminierungsreaktionen beobachtet. Allgemein kann man sagen, daß sich das Edukt A in das Produkt P umlagert. Daher werden Isomerisierungen vielfach auch als *Umlagerungen* bezeichnet. Isomerisierungen, die reversibel sind ($\Delta_R G^0 < 25$ kJ mol^{-1}) und die relativ schnell verlaufen ($\Delta G^{\neq} < 90$ kJ mol^{-1}), werden unter dem Begriff *Tautomerie* zusammengefaßt. Die konstitutionsisomeren Verbindungen A und P nennt man in diesem Fall tautomere Verbindungen oder Tautomere.

4.4.1 Elektrocyclische Reaktionen

Ein einfaches Beispiel für diesen Typ ist das Gleichgewicht zwischen Buta-1,3-dien und Cyclobuten:

Analog reagiert Hexa-1,3,5-trien zu Cyclohexa-1,3-dien:

Aus beiden Beispielen geht hervor, daß die elektrocyclischen Reaktionen zu den Valenzisomerisierungen gehören und zugleich pericyclische Reaktionen sind.
Bei elektrocyclischen Reaktionen hängt die Stereochemie davon ab, ob die Aktivierung thermisch oder photochemisch erfolgt, z. B.:

Thermische Aktivierung (konrotatorisch)

Photochemische Aktivierung (disrotatorisch)

Experimentell wurde gefunden, daß ein 1,4-disubstituiertes (E,E)-Buta-1,3-dien bei thermischer Aktivierung mit einem trans-disubstituierten Cyclobuten im Gleichgewicht steht. Demnach verlaufen die Elementarprozesse konrotatorisch, d. h., die die Substituenten tragenden C-Atome drehen sich gleichsinnig. Demgegenüber ist die Stereochemie der Reaktion bei photochemischer Aktivierung das Ergebnis disrotatorischer Elementarprozesse.
Gerade umgekehrt liegen die Verhältnisse bei der Reaktion von Hexa-1,3,5-trien zu Cyclohexa-1,3-dien. Sie verläuft bei thermischer Aktivierung disrotatorisch und bei photochemischer Aktivierung konrotatorisch. Durch Verallgemeinerung erhält man die Woodward-Hoffmann-Regeln für elektrocyclische Reaktionen [4.21]:
Sind im aktivierten Komplex 4n Elektronen delokalisiert, dann verläuft die Reaktion bei thermischer Aktivierung konrotatorisch und bei photochemischer Aktivierung disrotatorisch. Im Fall von 4n + 2 delokalisierten Elektronen trifft das Gegenteil zu.
In Analogie zu den Cycloadditionen (s. S. 123) kann man die aktivierten Komplexe als aromatisch oder antiaromatisch klassifizieren:

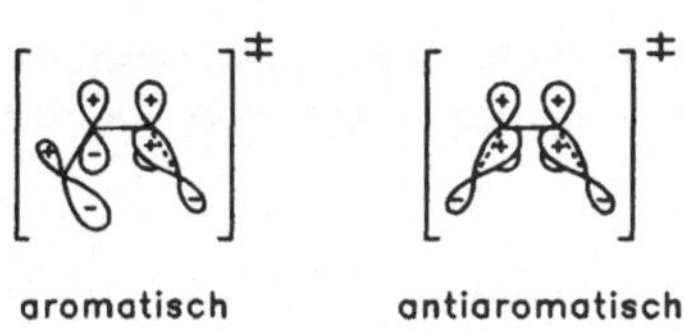

Beim konrotatorischen Prozeß weist der aktivierte Komplex einen Phasensprung auf, d. h., die Vorzeichen plus und minus der Wellenfunktion stehen sich gegenüber. Nach den Dewar-Zimmermann-Regeln [4.22] ist dieser aktivierte Komplex mit 4 delokalisierten Elektronen aromatisch und die Reaktion somit thermisch erlaubt und photochemisch verboten. Im Gegensatz dazu weist der aktivierte Komplex des disrotatorischen Prozesses keinen Phasensprung auf und ist deshalb mit 6 delokalisierten Elektronen aromatisch.

4.4.2 Sigmatrope Umlagerungen

Sigmatrope Umlagerungen sind dadurch gekennzeichnet, daß außer π-Bindungen auch eine σ-Bindung gelöst wird und an anderer Stelle neu entsteht. Als Beispiel für eine [1,3]sigmatrope Umlagerung dient die Allylumlagerung, z. B.:

Bei dieser Isomerisierung wird die C–Cl-Bindung gelöst und an derselben Position 1 des einen Fragmentes, des Cl-Atoms, wieder gebildet, jedoch an der Position 3 des anderen Fragmentes, daher die Bezeichnung [1,3]sigmatrope Umlagerung.

Ein Beispiel für eine [1,5]sigmatrope Umlagerung bietet die 1,5-Wasserstoff-Verschiebung eines 1,3-Diens:

Seltener sind [2,3]sigmatrope Umlagerungen, z. B. die Umlagerung von Sulfensäureestern in Sulfoxide:

Am längsten sind [3,3]sigmatrope Umlagerungen bekannt. Dazu zählt die Cope-Umlagerung, z. B. die Umlagerung von 3-Phenylhexa-1,5-dien zu 1-Phenylhexa-1,5-dien:

Diese Reaktion findet statt, weil sich im Produkt eine C–C-Doppelbindung in Konjugation zum Benzenring befindet.

Ein weiteres Beispiel ist die Claisen-Umlagerung. Diese Umlagerung von Allylphenylethern in o-Allylphenole kann auch als Hetero-Cope-Umlagerung aufgefaßt werden:

Im geschwindigkeitsbestimmenden Schritt entsteht die Ketoform eines o-Allylphenols. Sie lagert sich schnell in die Enolform um. Analog reagiert Allylvinylether zu Pent-4-enal:

Sigmatrope Umlagerungen zählen zu den pericyclischen Reaktionen, ihnen liegen konzertierte Elementarprozesse zugrunde (s. S. 81). [2,3]- und [3,3]sigmatrope Umlagerungen sind zugleich Valenzisomerisierungen.

4.4.3 Protomerie (prototrope Umlagerungen)

Unter dem Begriff Protomerie werden Umlagerungen zusammengefaßt, bei denen ein H-Atom von einem Atom an ein anderes Atom eines Moleküls wandert. Häufig handelt es sich dabei um Fälle von Tautomerie. Das klassische Beispiel ist die *Keto-Enol-Tautomerie* des Acetessigsäureethylesters:

Ketoform (92,5%)   Enolform (7,5%)

Bei der Umlagerung der Ketoform in die Enolform wandert ein H-Atom vom C-Atom 2 an das am C-Atom 3 befindliche O-Atom, gleichzeitig entsteht zwischen den C-Atomen 2 und 3 eine Doppelbindung.

Die *Lage derartiger Gleichgewichte* wird durch die thermodynamischen Stabilitäten der beiden Tautomere bestimmt. Im Fall des Acetons ist die Ketoform wesentlich stabiler als die Enolform:

Ketoform (99,9997%)   Enolform (0,0003%)

Die Enolform des Acetessigsäureethylesters wird im Vergleich zu der des Acetons durch Konjugation und durch eine intramolekulare Wasserstoffbrücken-Bindung stabilisiert. Noch stärker wirkt sich dies beim Acetylaceton aus:

Ketoform (23,6%)   Enolform (76,4%)

3-Acetylpentan-2,4-dion schließlich existiert nur in der Enolform:

Ketoform (0%)   Enolform (100%)

Die angegebene prozentuale Zusammensetzung der Gleichgewichtsgemische gilt nur für die reinen flüssigen bzw. festen Verbindungen. Lösungsmittel verändern die Gleichgewichtslage zugunsten des Tautomers, das in dem betreffenden Lösungsmittel leichter löslich ist.
Die *Geschwindigkeit der Gleichgewichtseinstellung* kann bei Raumtemperatur so groß sein, daß sich das Gleichgewicht äußerst schnell einstellt. Der Nachweis einer Tautomerie gelingt in solchen Fällen mit Hilfe der NMR-Spektroskopie. Erfolgt die Einstellung des Gleichgewichts dagegen mit mäßiger Geschwindigkeit, dann ist jede Komponente rein darstellbar und über kürzere oder längere Zeit haltbar, bis sich das Gleichgewicht erneut eingestellt hat. In solchen Fällen wurde beobachtet, daß die Protomerie sowohl durch Basen als auch durch Säuren katalysiert wird.
Im Fall des Acetessigsäureethylesters stellt sich das Gleichgewicht bei Raumtemperatur in Glasgefäßen schnell ein, da das Alkali des Glases als Katalysator wirkt. Reiner flüssiger Acetessigsäureethylester ist demnach ein Gemisch von zwei konstitutionsisomeren Verbindungen. Durch Abkühlen in Quarzgefäßen auf -78°C läßt sich die Ketoform (Schmp. -39°C) abtrennen,

durch Destillation in Quarzgefäßen die leichter flüchtige Enolform.

Entscheidend für die Geschwindigkeit der Gleichgewichtseinstellung ist die Polarität der zu lösenden CH-Bindung. Je polarer diese Bindung ist, desto schneller stellt sich das Gleichgewicht ein. Als Beispiel dient wieder die Keto-Enol-Tautomerie:

$$H_3C-C(=O)-CH-Y \rightleftharpoons H_3C-C(OH)=CH-Y$$

In dieser Gleichung wurde die Protomerie als konzertierter, intramolekular ablaufender Prozeß formuliert. Akzeptorsubstituenten Y erhöhen die Polarität der zu lösenden CH-Bindung um so mehr, je stärker elektronenanziehend sie wirken; die Geschwindigkeit der Gleichgewichtseinstellung mit $Y = NO_2$ ist deshalb größer als mit $Y = COOC_2H_5$. Die Katalyse durch Basen läßt sich wie folgt erklären:

$$H_3C-C(=O)-CH-Y \rightleftharpoons H_3C-C(O^-)=CH-Y$$

$$\xrightarrow[-H_2O]{+NaOH} \left[H_3C-C(O^-)=CH-Y \longleftrightarrow H_3C-C(=O)-\overset{\ominus}{C}H-Y \right] Na^+$$

Natriumenolat

Das O-Atom der Carbonylgruppe der Ketoform betätigt eine Wasserstoffbrücken-Bindung zu einem Wassermolekül, und die Base nimmt das acide H-Atom auf. Mit der stöchiometrischen Menge an Base entstehen Enolate. Enolationen (allgemein Anionen von protomeren Verbindungen) sind ambidente Nucleophile (s. S. 168). Säuert man die Lösung des Enolats an, entsteht zunächst das reine Enol. Erst danach stellt sich das Protomeriegleichgewicht ein.

Wurde bei einer organischen Verbindung einer bestimmten Summenformel die Existenz eines Protomeriegleichgewichts nachgewiesen, so muß dies bei der Beurteilung der Reaktivität der betreffenden Verbindung berücksichtigt werden. Die beiden tautomeren Formen der Verbindung können sich nämlich in ihrer Reaktionsfähigkeit stark unterscheiden. Im Fall der Keto-Enol-Tautomerie verfügt die Enolform über eine olefinische Doppelbindung. Enole reagieren daher wie Olefine leicht mit elektrophilen Reagenzien. Die elektrophilen Substitutionsreaktionen einfacher Carbonylverbindungen verlaufen in neutraler oder saurer Lösung über Enole, auch wenn der Enolgehalt sehr gering ist. Ein Beispiel dafür ist die Bromierung von Aceton:

$$k_2 \gg k_1$$

Die Reaktion gehorcht einer Kinetik erster Ordnung; die Reaktionsgeschwindigkeit ist unabhängig von der Bromkonzentration. Dies deutet darauf hin, daß der geschwindigkeitsbestimmende Schritt die Umlagerung der Ketoform in die Enolform ist.

Die am Beispiel der Keto-Enol-Tautomerie erläuterten Ursachen für die Lage des Gleichgewichts und für die Geschwindigkeit der Gleichgewichtseinstellung lassen sich sinngemäß auf die anderen Arten der Protomerie übertragen. Die wichtigsten von ihnen sind:

Ketimid-Enamin-Tautomerie

Ketimidform   Enaminform

Amid-Iminol-Tautomerie mit ihrem Sonderfall *Lactam-Lactim-Tautomerie*

Amidform   Iminolform

Lactamform   Lactimform

Nitro-aci-Nitro-Tautomerie

Nitroform   aci-Nitroform (Nitronsäure)

Nitroso-Oxim-Tautomerie

$$
\underset{\text{Nitrosoform}}{\overset{\overset{\displaystyle O}{\|}}{N}-CH_2-R} \quad=\!=\!= \quad \underset{\text{Oximform}}{\overset{\overset{\displaystyle OH}{|}}{N}=CH-R}
$$

Annulare Tautomerie, z. B.:

$$
1H\text{-}1,2,3\text{-Triazol} \quad=\!=\!= \quad 2H\text{-}1,2,3\text{-Triazol}
$$

4.4.4 Nucleophile Umlagerungen

Nucleophile Umlagerungen können vor allem dann stattfinden, wenn im Verlauf von Reaktionen Zwischenstufen mit Elektronensextett (Oktettlücke) an einem C-, N- oder O-Atom auftreten Die Oktettlücke wird dadurch aufgefüllt, daß in einem anderen Teil des Moleküls eine C–C-Bindung gelöst wird, wobei die wandernde Gruppe das Bindungselektronenpaar mitnimmt. Daher die Bezeichnung nucleophile Umlagerungen, früher anionotrope Umlagerungen. Im Unterschied zu den elektrocyclischen Reaktionen, den sigmatropen Umlagerungen und der Protomerie wandern also Carbanionen intramolekular. Damit ist ein Umbau des σ-Bindungsgerüstes verbunden, man spricht daher auch von *Gerüstumlagerungen*. Als Beispiel für eine Substitutionsreaktion, bei der eine Gerüstumlagerung erfolgt, dient die nach dem S_N1-Mechanismus verlaufende Hydrolyse von 1-Brom-2,2-dimethylpropan zu 2-Methylbutan-2-ol:

Das im 1. Schritt entstehende primäre Carbeniumion lagert sich in ein stabileres tertiäres Carbeniumion um. Da die Methylgruppe an das benachbarte C-Atom wandert, spricht man von einer 1,2-Umlagerung. Nucleophile 1,2-Umlagerungen von Carbeniumionen werden heute unter der Bezeichnung Wagner-Meerwein-Umlagerungen zusammengefaßt. Zu den am längsten bekannten Wagner-Meerwein-Umlagerungen gehört die Pinacol-Pinacon-Umlagerung. Sie wird durch Säuren katalysiert. Die Bruttoreaktionsgleichung lautet:

$$H_3C-\underset{\underset{CH_3}{|}}{\overset{\overset{OH}{|}}{C}}-\underset{\underset{CH_3}{|}}{\overset{\overset{OH}{|}}{C}}-CH_3 \quad \xrightarrow[-H_2O]{(H^+)} \quad H_3C-\overset{\overset{O}{\|}}{C}-\underset{\underset{CH_3}{|}}{\overset{\overset{CH_3}{|}}{C}}-CH_3$$

Pinacol   Pinacon

Demnach ist die Eliminierung von Wasser aus Pinacol mit einer Gerüstumlagerung verbunden. Der folgende Mechanismus gilt als gesichert:

$$H_3C-\underset{\underset{CH_3}{|}}{\overset{\overset{OH}{|}}{C}}-\underset{\underset{CH_3}{|}}{\overset{\overset{OH}{|}}{C}}-CH_3 \quad + \quad H^+ \quad \rightleftharpoons \quad H_3C-\underset{\underset{CH_3}{|}}{\overset{\overset{OH}{|}}{C}}-\underset{\underset{CH_3}{|}}{\overset{\overset{\overset{\oplus}{OH_2}}{|}}{C}}-CH_3$$

tertiär tertiär

a)

$$H_3C-\underset{\underset{CH_3}{|}}{\overset{\overset{OH}{|}}{C}}-\underset{\underset{CH_3}{|}}{C}=CH_2$$

b)

$$H_3C-\overset{\overset{O}{\|}}{C}-\underset{\underset{CH_3}{|}}{\overset{\overset{CH_3}{|}}{C}}-CH_3$$

sekundär quartär

$$H_3C-\underset{\underset{CH_3}{|}}{\overset{\overset{OH}{|}}{C}}-\underset{\underset{CH_3}{|}}{\overset{\overset{CH_3}{|}}{C}}-\overset{\oplus}{S}\langle\text{Thiolan}\rangle$$

Das im 2. Schritt entstehende Carbeniumion hat zwei Möglichkeiten, sich zu stabilisieren. Einerseits kann ein Proton vom benachbarten Kohlenstoffatom abgespalten werden, dies entspricht der normalen E1-Dehydratisierung der Alkohole. Andererseits ist die Wanderung einer Methylgruppe mit Bindungselektronenpaar in die Oktettlücke des benachbarten Carbeniumkohlenstoffs möglich. Die Methylgruppe wandert deshalb, weil die O–H-Heterolyse (Möglichkeit b) viel schneller verläuft als die C–H-Heterolyse (Möglichkeit a). Bei dieser Wagner-Meerwein-Umlagerung gehen zwei tertiäre C-Atome in ein sekundäres und ein quartäres C-Atom über. Für den hier beschriebenen Mechanismus spricht u. a., daß bei Anwesenheit von Thiolan im Reaktionsgemisch das Carbeniumion mit dem Thiolan zum entsprechenden Sulfoniumsalz reagiert. Man bezeichnet dies als *Abfangen einer Zwischenstufe*.
Die Reduktion von Pinacon ergibt den sekundären Alkohol 3,3-Dimethylbutan-2-ol. Beim Erhitzen mit Säuren unterliegt er einer Dehydratisierung zu 2,3-Dimethylbut-2-en:

$$H_3C-\underset{\underset{\text{OH}}{|}}{CH}-\underset{\underset{\text{CH}_3}{|}}{\overset{\overset{\text{CH}_3}{|}}{C}}-CH_3 \quad \xrightarrow[-H_2O]{(H^+)} \quad \underset{H_3C}{\overset{H_3C}{>}}C=C\underset{CH_3}{\overset{CH_3}{<}}$$

Wiederum ist die Eliminierung von Wasser mit einer Wagner-Meerwein-Umlagerung verbunden:

$$H_3C-\underset{\underset{\text{OH}}{|}}{CH}-\underset{\underset{\text{CH}_3}{|}}{\overset{\overset{\text{CH}_3}{|}}{C}}-CH_3 \;+\; H^+ \longrightarrow H_3C-\underset{\underset{\text{$\overset{\oplus}{O}H_2$}}{|}}{CH}-\underset{\underset{\text{CH}_3}{|}}{\overset{\overset{\text{CH}_3}{|}}{C}}-CH_3 \xrightarrow{-H_2O}$$

sekundär quartär

Das im 2. Schritt entstehende Carbeniumion hat zwei Möglichkeiten zur Stabilisierung. Die Abspaltung des Protons vom benachbarten Kohlenstoffatom erfolgt jedoch nur in untergeordnetem Maße, weil das Carbeniumion I im Gleichgewicht mit dem stabileren Carbeniumion II steht. Die unterschiedlichen Stabilitäten der beiden Carbeniumionen werden im wesentlichen durch Hyperkonjugationseffekte bestimmt (s. S. 90). Im letzten Schritt spaltet das Carbeniumion II ein Proton ab. In diesem Fall gehen ein sekundäres und ein quartäres C-Atom in zwei tertiäre C-Atome über. Daher nannte man diese Umlagerung früher Retro-Pinacol-Pinacon-Umlagerung.

Wagner-Meerwein-Umlagerungen treten besonders häufig bei Additions- und Eliminierungsreaktionen an bicyclischen Terpenen auf. Beispielsweise addiert α-Pinen Chlorwasserstoff zu 2-Chlorbornan (Bornylchlorid):

α-Pinen   2-Chlorbornan

In diesem Fall ist also eine Addition von einer Gerüstumlagerung begleitet. Wie bei der Addition von Bromwasserstoff an Propen (s. S. 112) entsteht zuerst regioselektiv ein Carbeniumion:

Dieses Carbeniumion I unterliegt einer Wagner-Meerwein-Umlagerung. Es ist wegen der Baeyer-Spannung des Cyclobutanringes energiereicher als das Carbeniumion II.

Bei der Einwirkung von Alkalihydroxiden auf 2-Chlorbornan entsteht durch Eliminierung von Chlorwasserstoff Camphen:

2-Chlorbornan   Camphen

Aus der Bruttoreaktionsgleichung geht hervor, daß auch diese Eliminierung von einer Gerüstumlagerung begleitet wird und demzufolge ein E1-Mechanismus vorliegt:

Bornen

Camphen

Im 1. Schritt der Folgereaktion entsteht das Carbeniumion I. Es hat zwei Möglichkeiten zur Stabilisierung. Das durch Abspaltung eines Protons vom benachbarten C-Atom entstehende Bornen weist jedoch infolge seiner endocyclischen Doppelbindung eine erhebliche Baeyer-Spannung auf. Durch Wagner-Meerwein-Umlagerung entsteht aus I das stabilere Carbeniumion II. Jetzt ergibt die Abspaltung eines Protons vom benachbarten C-Atom Camphen. Es enthält eine semicyclische Doppelbindung. Seine Baeyer-Spannung ist deswegen wesentlich geringer als die des Bornens.

Die hier beschriebenen Reaktionen sind ein Teil der technisch durchgeführten Partialsynthese des Camphers. Die Addition von Ameisensäure an Camphen ergibt den Ameisensäureester des Bornan-2-ols. Hydrolyse und Oxidation führen zum Campher:

Camphen

Campher

Bei der Partialsynthese des Camphers aus dem α-Pinen des Terpentinöls finden demnach drei Wagner-Meerwein-Umlagerungen statt.

In einigen Fällen wurden bei Reaktionen von substituierten Bicycloalkanen Carboniumionen (nichtklassische Ionen) als Zwischenstufen nachgewiesen [4.30].

Nucleophile Umlagerungen, bei denen die Oktettlücke an einem N- oder O-Atom durch die Wanderung eines kohlenstoffhaltigen Restes aufgefüllt wird, sind seltener. Meist treten dabei auch keine Nitrenium- oder Oxeniumionen als Zwischenstufen auf. Ein Beispiel dafür ist die *Beckmann-Umlagerung* von Ketoximen zu N-substituierten Carbonsäureamiden:

Folgender Mechanismus gilt als gesichert:

Das im Primärschritt entstehende Oxoniumion spaltet Wasser ab, wobei gleichzeitig der Rest R^1 mit dem Bindungselektronenpaar wandert. Die Umlagerung ist demnach regioselektiv. Dies wird als Beweis für den konzertierten Verlauf von N–O- und C–C-Bindungslösung angesehen, denn nur R^1 kann sich von der dem austretenden Wassermolekül entgegengesetzten Seite her dem N-Atom nähern (stereoelektronischer Effekt, s. S. 126). Die Anlagerung von Wasser führt zur Iminolform des N-substituierten Carbonsäureamids, die sich in die Amidform umlagert. Durch Beckmann-Umlagerung von

Cyclohexanonoxim wird ε-Caprolactam technisch hergestellt.

Eine ähnliche nucleophile 1,2-Umlagerung erfolgt im Verlauf des *Hofmann-Abbaus von Carbonsäureamiden*. Die Bruttoreaktionsgleichung lautet:

$$R-CO-NH_2 \quad \xrightarrow[-2KBr,\ -CO_2,\ -H_2O]{+Br_2,\ +2KOH} \quad R-NH_2$$

Es liegt eine Folgereaktion aus vier Schritten vor:

$$R-CO-NH_2 \quad \xrightarrow[-KBr,\ -H_2O]{+Br_2,\ +KOH} \quad R-CO-NH-Br \quad \xrightarrow[-H_2O]{+KOH}$$

$$\text{I}$$

$$R-CO-\underset{}{N}^{\ominus}-Br \ \ K^+ \quad \xrightarrow{-KBr} \quad O=C=\underline{N}-R \quad \xrightarrow[-CO_2]{+H_2O} \quad R-NH_2$$

$$\text{II} \qquad\qquad\qquad \text{III}$$

Alle drei Zwischenstufen, das N-Bromamid (I), sein Kaliumsalz (II) und das Isocyanat (III) konnten nachgewiesen werden. Durch Hofmann-Abbau von Phthalimid wird Anthranilsäure technisch hergestellt.

Auch der *Curtius-Abbau* von Carbonsäureaziden beruht auf einer nucleophilen 1,2-Umlagerung:

$$R-CO-\underset{}{N}^{\ominus}-\overset{\oplus}{N}\equiv N \quad \xrightarrow[-N_2]{\Delta} \quad O=C=\underline{N}-R \quad \xrightarrow[-CO_2]{+H_2O} \quad R-NH_2$$

Ein aktuelles Beispiel für eine analoge Umlagerung ist die Synthese von Tri-tert-butylazet durch Erhitzen von 3-Azidotri-tert-butylcyclopropen [4.31]:

$$\xrightarrow[-N_2]{\Delta}$$

$$+ \ \ \widehat{=} \ \ -C(CH_3)_3$$

Zu den wenigen nucleophilen Umlagerungen, bei denen der kohlenstoffhaltige Rest an ein O-Atom wandert, gehört die *Hock-Spaltung* tertiärer Hydroperoxide, z. B. des Cumylhydroperoxids. Diese Verbindung erhält man durch Einwirkung von Sauerstoff auf Cumen (Autoxidation):

Cumen   Cumylhydroperoxid

Die Reaktion wird durch Säuren katalysiert. Die Lösung von O-O- und C-C-Bindung erfolgt konzertiert:

I   II

III

In einigen Fällen konnten die im 3. Schritt entstehenden Halbacetale III isoliert werden. Die Hock-Spaltung des Cumylhydroperoxids ist der letzte Syntheseschritt bei der technischen Herstellung von Phenol nach dem Cumen-Phenol-Verfahren.

Eine analoge Umlagerung erfolgt im Verlauf der *Baeyer-Villiger-Oxidation* von Ketonen zu Carbonsäureestern mittels Peroxysäuren:

Der 1. Schritt der Reaktion ist ein sich schnell einstellendes Säure-Base-Gleichgewicht. Im 2. Schritt vereinigt sich das Carbeniumion mit dem

Peroxybenzoation. Es folgt in einem konzertierten Prozeß die Wanderung von R und die Lösung der O–O-Bindung. Den Abschluß bildet eine Protonenübertragung. Die Baeyer-Villiger-Oxidation von Cycloalkanonen ergibt Lactone.

4.4.5 Elektrophile Umlagerungen

Bei elektrophilen Umlagerungen wandert ein Kation intramolekular. Daher wurden sie früher kationotrope Umlagerungen genannt. Sie sind viel seltener als die nucleophilen Umlagerungen. Ein gut untersuchtes Beispiel ist die *Fries-Umlagerung* von Phenolestern zu o- und p-Acylphenolen. Sie wird durch Aluminiumchlorid katalysiert:

Im Primärschritt lagert sich die Lewis-Säure Aluminiumchlorid an das Substrat an. Es folgt die Lösung der O–CO-Bindung der Estergruppe. Das entstehende Acyliumion substituiert den Benzenring elektrophil in o- oder p-Position:

Der Mechanismus entspricht weitgehend dem der Friedel-Crafts-Acylierung. Im letzten Schritt wird der Katalysator zurückgebildet.

Bei der *Benzidinumlagerung* entsteht aus Hydrazobenzen durch Einwirkung von Säuren Benzidin:

Hydrazobenzen   Benzidin

Die katalytische Wirkung von Säuren läßt vermuten, daß zuerst ein Salz des Hydrazobenzens entsteht:

Daß die Reaktion über chinoide Zwischenstufen verläuft, kann man daraus schließen, daß stets geringe Mengen des o-Isomers (Diphenylin) entstehen.

Dagegen wurde das m-Isomer nicht gefunden. Ist eine p-Stellung des Hydrazobenzens substituiert, dann entstehen Derivate des Diphenylamins (Semidine).

Sieben andere Umlagerungen N-substituierter Arenamine ähneln in ihrem Bruttoverlauf der Benzidinumlagerung. Bezüglich ihres Mechanismus handelt es sich jedoch um keine echten Umlagerungen. Die Wanderung des Substituenten erfolgt nicht intramolekular, sondern intermolekular. Dies wurde bewiesen bei der Umlagerung des Diazoaminobenzens zum p-Aminoazobenzen und bei der Umlagerung des N-Chloracetanilids zum p-Chloracetanilid:

$$C_6H_5-\overset{H}{\underset{|}{N}}-\underline{N}=\underline{N}-C_6H_5 \quad \overset{+H^+}{\rightleftharpoons} \quad C_6H_5-\overset{\overset{H}{|}}{\underset{\underset{H}{|}}{\overset{\oplus}{N}}}-\underline{N}=N-C_6H_5$$

$$\rightleftharpoons \quad C_6H_5-\bar{N}H_2 \quad + \quad \overset{\oplus}{\underline{N}}=\underline{N}-C_6H_5$$

$$C_6H_5-\overset{\bar{N}}{\underset{|}{}}-COCH_3 \quad + \quad HCl \quad \longrightarrow \quad C_6H_5-\overset{\bar{N}}{\underset{H}{}}-COCH_3 \quad + \quad Cl_2$$
$$\underset{Cl}{|}$$

Beide Umlagerungen sind säurekatalysiert. Das Diazoaminobenzen wird in Anilin und Diazoniumsalz gespalten. Das Diazoniumion kuppelt anschließend in einer normalen elektrophilen Substitutionsreaktion mit dem Anilin, aber da das Anilin infolge gleichartiger Spaltung anderer Diazoaminobenzenmoleküle in endlicher Konzentration vorhanden ist, kuppelt es in der Regel nicht mit "seinem" Anilinmolekül. Setzt man dem Reaktionsgemisch tertiäre Arenamine zu, so findet man auch deren Kupplungsprodukte. Bei der durch Chlorwasserstoff katalysierten Umlagerung des N-Chloracetanilids konnten Acetanilid und Chlor sogar direkt im Reaktionsgemisch nachgewiesen werden. Das Chlor reagiert in einer normalen elektrophilen Substitutionsreaktion mit dem Acetanilid. Wahrscheinlich verlaufen die anderen Umlagerungen N-substituierter Arenamine ebenfalls intermolekular:

$$\text{Phenyl}-NH-R \quad \xrightarrow{(H^+)} \quad R-\text{Phenylen}-NH_2$$

N-Alkylanilin → p-Alkylanilin

$$\text{Phenyl}-\overset{NO}{\underset{R}{N}} \quad \xrightarrow{(H^+)} \quad ON-\text{Phenylen}-NH-R$$

N-Nitroso-N-alkylanilin → p-Nitroso-N-alkylanilin

$$\text{Phenyl}-NHCl \quad \xrightarrow{(H^+)} \quad Cl-\text{Phenylen}-NH_2$$

N-Chloranilin → p-Chloranilin

Phenylhydroxylamin → p-Aminophenol

Phenylsulfaminsäure → Sulfanilsäure

4.4.6 Radikalische Umlagerungen

Bei diesem Typ von Umlagerungen wandert ein Radikal intramolekular. Ein Beispiel dafür bietet die *Wittig-Umlagerung* von Benzylethern:

Benzylmethylether   1-Phenylethanol

Es wurde nachgewiesen, daß im 1. Schritt ein metallierter Ether entsteht. Die anschließende Homolyse der $O-CH_3$-Bindung führt zu einem Radikalpaar, dessen Rekombination das Produkt ergibt:

Im Gegensatz dazu verläuft die Wittig-Umlagerung von Benzylallylether als [2,3]sigmatrope Umlagerung [4.32]:

4.4.7 Stereoisomerisierungen

Zu den Stereoisomerisierungen gehören die *Racemisierungen*. Das gesättigte vierbindige C-Atom ist im allgemeinen konfigurationsstabil, d. h., ein reines

Enantiomer unterliegt bei Raumtemperatur keiner Racemisierung. Dagegen werden CH-acide Verbindungen durch katalytische Mengen einer Base infolge pyramidaler Inversion der Carbanionen racemisiert:

pyramidale Inversion

(Z)-(E)-Isomerisierungen von π-Diastereomeren können durch katalytische Mengen von Stickstoffdioxid bewirkt werden, z. B.:

Ölsäure

Elaidinsäure

Durch Addition des Radikals $\cdot NO_2$ an die π-Bindung der Ölsäure entsteht ein Kohlenstoffradikal, das um die Achse der verbleibenden σ-Bindung frei drehbar ist. Die anschließende Abspaltung von $\cdot NO_2$ ergibt die stabilere Elaidinsäure. Weiterhin werden (Z)-(E)-Isomerisierungen bei Belichtung (photochemischer Aktivierung) von Olefinen beobachtet (s. S. 191).

4.5 Reaktionen der Carbonylverbindungen mit Nucleophilen

Infolge der Elektronegativitätsdifferenz zwischen Kohlenstoff und Sauerstoff ist vor allem die σ-Bindung der Carbonylgruppe polar, wobei das C-Atom die positive Partialladung trägt:

Die π-Elektronen der Carbonylgruppe sind leicht wie folgt polarisierbar:

150

Infolge der positiven Partialladung am C-Atom der Carbonylgruppe lagern sich Nucleophile an dieses Atom unter gleichzeitiger Verschiebung der π-Elektronen an. Deswegen reagieren Carbonylverbindungen bevorzugt mit Nucleophilen und können selbst als Elektrophile aufgefaßt werden, z. B.:

Diesem Primärschritt, der in den meisten Fällen geschwindigkeitsbestimmend ist, folgen je nach der Natur des Nucleophils verschiedene Schritte.
Gegenüber starken Brönsted-Säuren verhalten sich Carbonylverbindungen als Basen, z. B.:

Die dabei entstehenden Kationen reagieren schneller mit Nucleophilen als die Carbonylverbindungen selbst.
Von den zahlreichen Reaktionen der Carbonylverbindungen mit Nucleophilen werden einige genauer beschrieben.

1. Bildung von Hydraten:

Aldehydhydrat

Die im Primärschritt entstehende Zwischenstufe stabilisiert sich durch Umprotonierung. Die Lage des Gleichgewichts hängt davon ab, ob es sich um einen Aldehyd oder ein Keton handelt und darüberhinaus von der Natur des Restes bzw. der Reste R. Formaldehyd liegt in wässriger Lösung als Hydrat vor ($K = 2 \cdot 10^3$). Das Hydrat des Trichlorethanals (Chloralhydrat) ist eine stabile, kristalline Verbindung.

2. Bildung von Halbacetalen, Acetalen und Ketalen. Die Addition von Alkoholen an Carbonylverbindungen ergibt Halbacetale:

In Gegenwart katalytischer Mengen einer Säure reagieren Halbacetale von Aldehyden mit Alkoholen zu Acetalen:

Analog reagieren Ketone über die entsprechenden Halbacetale zu Ketalen, z. B.:

Durch Einwirkung wässriger Säuren unterliegen Acetale und Ketale in Umkehrung ihrer Bildung über die entsprechenden Halbacetale der Hydrolyse zu Carbonylverbindung und Alkohol. Gegenüber Basen sind sie stabil. Die Überführung von Carbonylverbindungen in Acetale bzw. Ketale ist eine wichtige Methode zum Schutz der Carbonylgruppe bei mehrstufigen Synthesen.

Auf der Bildung von Halbacetalen beruht die Oxo-Cyclo-Tautomerie der Monosaccharide.

Analog reagieren Carbonylverbindungen mit Thiolen zu Thioacetalen bzw. zu Thioketalen.

3. Bildung von Iminen, Oximen, Hydrazonen und Semicarbazonen. Stickstoff-Nucleophile, die eine primäre Aminogruppe aufweisen, reagieren wie folgt mit Carbonylverbindungen:

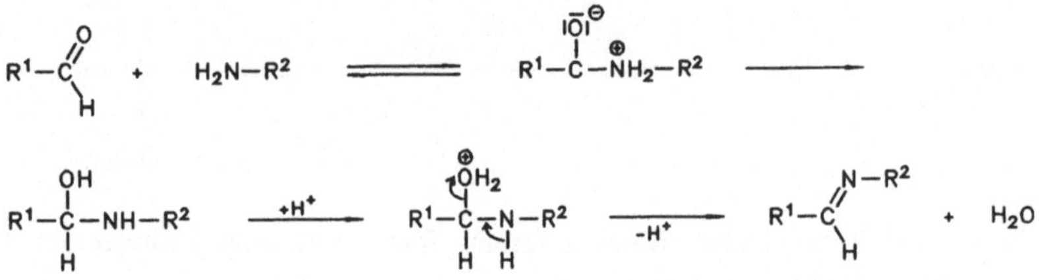

Halbaminal

R² = Alkyl- oder Aryl: Imine (Azomethine, Schiffsche Basen)
R² = OH: Oxime
R² = NH₂: Hydrazone
R² = NH–CONH₂: Semicarbazone

Zuerst verläuft die Reaktion in Analogie zur Addition von Sauerstoff- und Schwefel-Nucleophilen. Jedoch schließt sich eine β-Eliminierung von Wasser an, die durch Säuren katalysiert wird. Auch bei den ersten Schritten wurde im Fall reaktionsträger Stickstoff-Nucleophile Säurekatalyse beobachtet, z. B.:

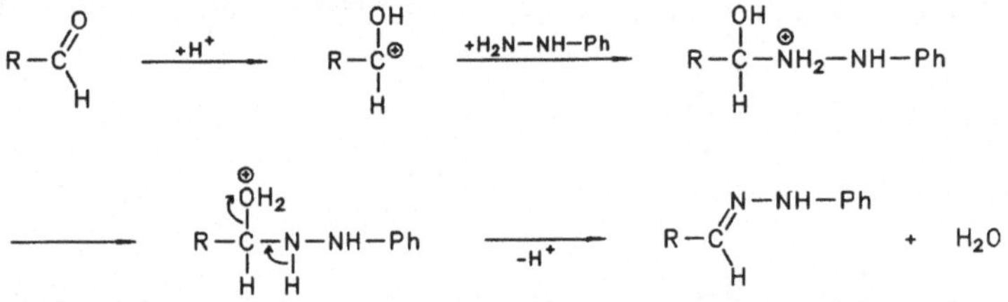

Phenylhydrazon

Wäßrige Säuren hydrolysieren Imine, Oxime, Hydrazone und Semicarbazone mehr oder weniger schnell, wobei die oben angegebenen Schritte in entgegengesetzter Richtung durchlaufen werden.
Bei der Einwirkung sekundärer Amine auf Carbonylverbindungen kann die β-Eliminierung von Wasser nur zum benachbarten C-Atom hin erfolgen, falls dieses ein H-Atom trägt. Es entstehen Enamine:

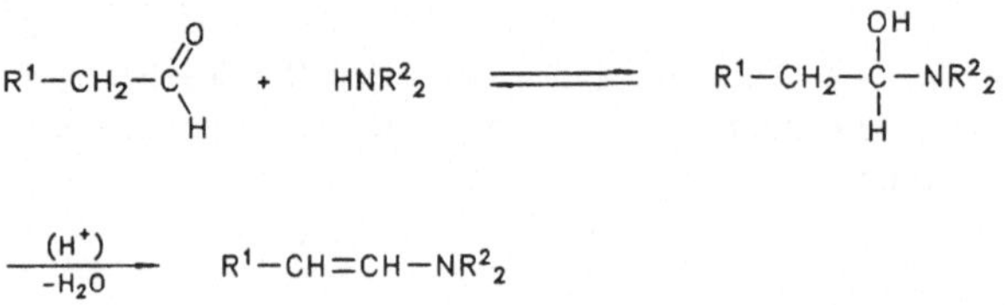

Enamin

4. **Bildung von Cyanhydrinen.** Bei einer Reihe von Reaktionen werden Kohlenstoff-Nucleophile an die Carbonylgruppe addiert, z. B. bei der Einwirkung einer wäßrigen Lösung von Cyanwasserstoff:

$$HCN \quad + \quad H_2O \quad \rightleftharpoons \quad CN^- \quad + \quad H_3O^+$$

Der 2. Schritt ist geschwindigkeitsbestimmend. Cyanhydrine werden durch Basen in Carbonylverbindung und Cyanidionen gespalten.

5. **Ethinylierung.** Alkine, die eine endständige Dreifachbindung aufweisen, reagieren mit Natrium in flüssigem Ammoniak zu Acetyliden:

$$Na \quad + \quad HC\equiv C-R^2 \quad \longrightarrow \quad Na^+ \quad \overset{\ominus}{C}\equiv C-R^2 \quad + \quad \tfrac{1}{2}H_2$$

Die nucleophilen Acetylidionen addieren sich an die Carbonylgruppe. Bei der Aufarbeitung mittels Wasser oder verdünnten Säuren entstehen Alkohole mit einer Ethinylgruppe im Molekül:

6. **Reaktionen mit Diazomethan.** Als Beispiel dient die Ringerweiterung von Cyclohexanon zu Cycloheptanon:

Es handelt sich um eine Folgereaktion. Im 1. Schritt reagiert das Kohlenstoff-Nucleophil Diazomethan mit dem Elektrophil Cyclohexanon. Die Abspaltung von Stickstoff führt zu einem Carbeniumion. Dieses stabilisiert sich hauptsächlich durch nucleophile 1,2-Umlagerung. Als Nebenreaktion wird die Bildung von Oxiranen beobachtet:

7. Reaktion mit Grignard-Verbindungen. Grignard-Verbindungen werden durch Einwirkung von Alkyl- oder Arylhalogeniden auf Magnesium in Diethylether oder Tetrahydrofuran hergestellt:

$$\overset{\delta^-}{R}-X \quad + \quad Mg \quad \longrightarrow \quad \overset{\delta^-\ \ \delta^+}{R-MgX}$$

Da der Rest R eine negative Partialladung trägt, könnte man die Reaktion von Grignard-Reagenzien mit Carbonylverbindungen formal als Addition eines Carbanions an die Carbonylgruppe auffassen. Tatsächlich verläuft sie aber nach folgendem Mechanismus (vereinfacht) [4.33]:

Durch **SET** (Einelektronen-Übertragung, engl. *single electron transfer*) entsteht über ein aus Radikalanion und Radikalkation bestehendes Ionenpaar ein Halogenmagnesiumalkoholat. Bei der Aufarbeitung mit Wasser erfolgt Hydrolyse zum tertiären Alkohol.

Ähnlich verläuft die Reformatsky-Reaktion. Sie ermöglicht die Synthese von β-Hydroxycarbonsäureestern [4.34]:

$$X-CH_2-COOEt \quad + \quad Zn \quad \longrightarrow \quad XZn-CH_2-COOEt$$

$$\underset{R}{\overset{R}{>}}C=O \;+\; XZn-CH_2-COOEt \;\longrightarrow\; R-\overset{OZnX}{\underset{R}{\underset{|}{\overset{|}{C}}}}-CH_2-COOEt$$

$$\xrightarrow[-ZnXOH]{+H_2O} \quad R-\overset{OH}{\underset{R}{\underset{|}{\overset{|}{C}}}}-CH_2-COOEt$$

Von großer präparativer Bedeutung ist weiterhin die Addition von lithiumorganischen Reagenzien an Carbonylverbindungen, z. B.:

$$\underset{R}{\overset{R}{>}}C=O \;+\; Li-Ph \;\longrightarrow\; R-\overset{OLi}{\underset{R}{\underset{|}{\overset{|}{C}}}}-Ph \;\xrightarrow[-LiOH]{+H_2O}\; R-\overset{OH}{\underset{R}{\underset{|}{\overset{|}{C}}}}-Ph$$

8. Aldolreaktion. Die Bruttorreaktionsgleichung der Aldolreaktion des Acetaldehyds lautet:

$$2\; H_3C-\overset{O}{\underset{H}{C}} \;\xrightarrow{(OH^-)}\; H_3C-\overset{OH}{\underset{H}{\underset{|}{\overset{|}{C}}}}-CH_2-\overset{O}{\underset{H}{C}}$$

3-Hydroxybutanal

(Acetaldol)

Das Produkt ist sozusagen ein *Ald*ehyd-alkoh*ol*, davon leitet sich die Bezeichnung Aldolreaktion ab. Seine Entstehung wurde erst durch die Aufklärung des Reaktionsmechanismus verständlich.

Carbonylverbindungen mit mindestens einem H-Atom in α-Stellung zur Carbonylgruppe sind CH-acid. Sie reagieren mit Brönsted-Basen unter Bildung von Carbanionen, die durch Konjugation stabilisiert werden (s. S. 117):

$$H_3C-\overset{O}{\underset{H}{C}} \;+\; OH^- \;\xrightleftharpoons{k_1}\; H_2\overset{\ominus}{C}-\overset{O}{\underset{H}{C}} \;+\; H_2O$$

$$H_2\overset{\ominus}{C}-\overset{\bar{O}|}{\underset{H}{C}} \;\longleftrightarrow\; H_2C=\overset{|\bar{O}|^{\ominus}}{\underset{H}{C}}$$

Wiederum läßt sich die Konjugation durch einen punktierten Bogen oder durch mesomere Grenzstrukturen veranschaulichen. Aus letzteren geht hervor, daß man die Carbanionen auch als Enolationen auffassen kann.

Im 2. Schritt der Folgereaktion lagern sich die Carbanionen als Nucleophile an die noch unveränderte Carbonylverbindung an:

Elektrophil   Nucleophil

Beim 3. Schritt handelt es sich abermals um ein Säure-Base-Gleichgewicht:

Je nach Konstitution der Edukte ist der 1. oder der 2. Schritt geschwindigkeitsbestimmend. In einigen Fällen folgt auf die Addition eine β-Eliminierung, z. B.:

Derartige Reaktionen, bei denen das Produkt eine α,β-ungesättigte Carbonylverbindung ist, nennt man Aldolkondensationen.

Einige Carbonylverbindungen sind einer *säurekatalysierten Aldolreaktion* zugänglich. Hierbei verhält sich ein Molekül der Carbonylverbindung elektrophil, ein anderes gewinnt durch Umlagerung in die Enolform nucleophilen Charakter:

Elektrophil   Nucleophil

Die anwesende Säure bewirkt in den meisten Fällen eine sofortige Dehydratisierung der entstehenden Aldole.

9. Knoevenagel-Kondensation. Außer Carbanionen aus Carbonylverbindungen lassen sich auch aus CH-aciden Verbindungen des Typs $Y-CH_2-Z$ erzeugte

Carbanionen an Aldehyde und Ketone anlagern, wobei es anschließend zur β-Eliminierung von Wasser kommt. So lautet die Bruttoreaktionsgleichung für die Knoevenagel-Kondensation von Benzaldehyd mit Malonsäurediethylester (s. S. 64) wie folgt:

$$Ph-C\underset{H}{\overset{O}{\big\langle}} \quad + \quad H_2C\underset{COOEt}{\overset{COOEt}{\big\langle}} \quad \xrightarrow{\text{(Piperidin)}} \quad Ph-CH=C\underset{COOEt}{\overset{COOEt}{\big\langle}} \quad + \quad H_2O$$

Weitere, für die Knoevenagel-Kondensation geeignete "methylenaktive" Verbindungen sind Cyanessigsäureethylester $NC-CH_2-COOEt$ und Malononitril $NC-CH_2-CN$.

10. Nitroaldol-Reaktion (Henry-Reaktion). Darunter versteht man die Addition von aus Nitroalkanen erzeugten Carbanionen an Carbonylverbindungen:

$$H_3C-NO_2 \quad + \quad OH^- \quad \rightleftharpoons \quad H_2\overset{\ominus}{C}-NO_2 \quad + \quad H_2O$$

$$R-C\underset{H}{\overset{O}{\big\langle}} \quad + \quad \overset{\ominus}{C}H_2-NO_2 \quad \longrightarrow \quad R-\underset{\overset{|}{O^\ominus}}{C}H-CH_2-NO_2$$

$$\xrightarrow{+H_2O} \quad R-\underset{\overset{|}{OH}}{C}H-CH_2-NO_2 \quad + \quad OH^-$$

11. Benzoinkondensation. Diese Reaktion wird durch Kaliumcyanid katalysiert. Die Bruttoreaktionsgleichung lautet:

$$2 \ Ph-C\underset{H}{\overset{O}{\big\langle}} \quad \xrightarrow{\text{(CN}^-)} \quad Ph-\underset{\overset{|}{OH}}{C}H-\underset{\overset{\|}{O}}{C}-Ph$$

Benzoin

Früher bezeichnete man Reaktionen als Kondensationen, bei denen eine neue C-C-Bindung zustande kommt. Im Fall der Reaktion von Benzaldehyd zu Benzoin ist dies auch heute noch üblich. Wie bei der Bildung von Cyanhydrinen lagert sich zuerst ein Cyanidion an den Aldehyd an:

$$Ph-\overset{O}{\underset{H}{C}} \;+\; CN^- \;\longrightarrow\; Ph-\overset{\overset{\ominus}{|O|}}{\underset{H}{C}}-CN \;\longrightarrow\; Ph-\overset{OH}{\underset{\ominus}{C}}-CN$$

$$Ph-\overset{O}{\underset{H}{C}} \;+\; \overset{OH}{\underset{CN}{\overset{\ominus}{|}C}}-Ph \;\longrightarrow\; Ph-\overset{}{\underset{H}{C}}-\overset{\overset{\ominus}{|\overline{O}|}\,H\,O}{\underset{CN}{C}}-Ph$$

$$\longrightarrow\; Ph-\overset{OH}{\underset{}{CH}}-\overset{O}{\underset{}{C}}-Ph \;+\; CN^-$$

Wegen der geringen Wasserstoffionenkonzentration kann jedoch kein Proton aus dem Lösungsmittel aufgenommen werden. Vielmehr erfolgt die Umprotonierung zu einem Carbanion, das sich im geschwindigkeitsbestimmenden Schritt an noch unveränderten Benzaldehyd anlagert. Die Zwischenstufe stabilisiert sich durch Umprotonierung unter gleichzeitiger Abspaltung eines Cyanidions [4.35].

12. Cannizzaro-Reaktion. Aldehyde ohne H-Atom in α-Position zur Aldehydgruppe, z. B. Benzaldehyd und Formaldehyd, reagieren mit Kaliumhydroxid-Lösung wie folgt:

$$2\ Ph-\overset{O}{\underset{H}{C}} \;+\; OH^- \;\longrightarrow\; Ph-CH_2-OH \;+\; Ph-COO^{\ominus}$$

Demnach nimmt ein Benzaldehydmolekül ein H-Atom auf, das zweite Benzaldehydmolekül gibt ein H-Atom ab. Führt man die Cannizzaro-Reaktion in schwerem Wasser als Lösungsmittel aus, dann enthält der entstehende Alkohol kein an Kohlenstoff gebundenes Deuterium. Das während der Reaktion von einem Aldehydmolekül aufgenommene H-Atom kann also nur von einem anderen Aldehydmolekül stammen. Der folgende Mechanismus erklärt diesen Tatbestand:

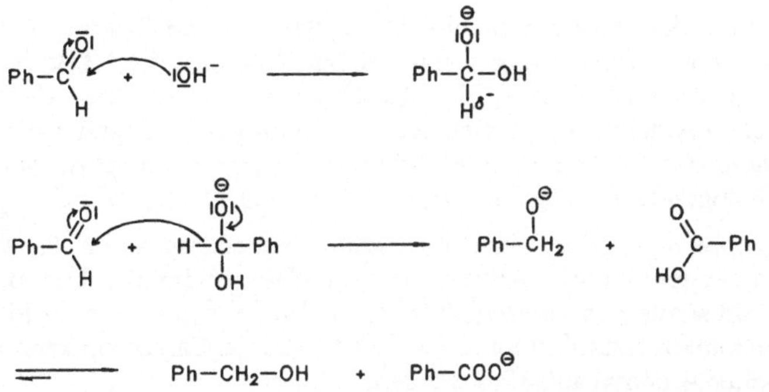

Im 1. Schritt lagert sich ein Hydroxidion als Nucleophil an ein Aldehydmolekül an. In der dabei entstehenden Zwischenstufe trägt das H-Atom der ursprünglichen Aldehydgruppe eine negative Partialladung. Im nun folgenden geschwindigkeitsbestimmenden Schritt wird es als Hydridion auf ein zweites Aldehydmolekül übertragen. Schließlich folgt ein Säure-Base-Gleichgewicht [4.36].

Bei Aldehyden mit H-Atom in α-Position zur Aldehydgruppe bleibt die Cannizzaro-Reaktion aus, da die in diesen Fällen mögliche Aldolreaktion wesentlich schneller verläuft.

Bei den Reaktionen der Carbonylverbindungen mit Nucleophilen handelt es sich demnach um eine nucleophile Addition an die C–O-Doppelbindung, der sich eine β-Eliminierung anschließen kann. Demgegenüber reagieren Carbonylverbindungen nicht mit elektrophilen Reagenzien, z. B. Alkylhalogeniden. Derartige Reaktionen lassen sich aber im Fall von Aldehyden über einen Umweg erreichen, z. B.:

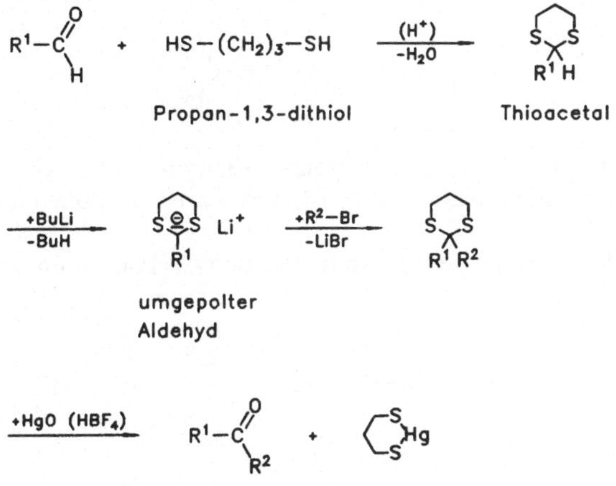

Propan-1,3-dithiol   Thioacetal

umgepolter
Aldehyd

Zunächst wird der Aldehyd in das Thioacetal, ein 1,3-Dithian, übergeführt (s. S. 151). Die Einwirkung von n-Butyllithium in Tetrahydrofuran ergibt die Lithiumverbindung des 1,3-Dithians, in der das C-Atom der ursprünglichen Aldehydgruppe eine negative Ladung trägt. Man bezeichnet dies als *Umpolung der Carbonylgruppe*. Nunmehr ist eine nucleophile Substitution an Alkylhalogeniden möglich. Im letzten Schritt schließlich wird die Carbonylgruppe regeneriert. Formal betrachtet reagiert das Anion $R^1-\overset{\ominus}{C}{=}O$ mit dem Alkylhalogenid unter Abspaltung von Halogenidionen. Der umgepolte Aldehyd stellt sozusagen ein *synthetisches Acylanion-Äquivalent* dar [4.37]. Das bei der Benzoinkondensation im 2. Schritt entstehende Carbanion kann ebenfalls als umgepolter Aldehyd aufgefaßt werden.

Die Reaktionen der Carbonylverbindungen mit Nucleophilen sowie nach Umpolung mit Elektrophilen sind als Synthesemethoden für zahlreiche organische Verbindungen von größter Bedeutung.

4.6 Reaktionen der Carbonsäuren und ihrer Derivate mit Nucleophilen

Bis zu einem gewissen Grad weist die Carboxylgruppe sowohl die Besonderheiten der Carbonylgruppe als auch die der Hydroxylgruppe auf. An die Carbonylgruppe können sich Nucleophile anlagern:

Ist das Nucleophil aber zugleich eine starke Brönsted-Base, dann entzieht es der Carbonsäure ein Proton, z. B.:

Deswegen sind Carbonsäuren Brönsted-Säuren (s. S. 62). Die entstehenden, durch Konjugation stabilisierten Carboxylationen reagieren als Nucleophile.

Starken Brönsted-Säuren gegenüber verhalten sich Carbonsäuren als Basen und nehmen ein Proton auf:

Die dabei entstehenden Kationen reagieren schneller mit Nucleophilen als die Carbonsäuren selbst.

In den funktionellen Derivaten der Carbonsäuren (außer Nitrilen) ist die Hydroxylgruppe der Carboxylfunktion durch ein Atom oder eine Atomgruppe Y ersetzt. An die Carbonylgruppe können sich Nucleophile anlagern:

$$Y = OR, Cl, Br, OCOR, NH_2, NHR, NR_2$$

Durch starke Brönsted-Säuren werden Carbonsäurederivate protoniert, z. B.:

Die resultierenden Kationen reagieren mit Nucleophilen.

Den beschriebenen Primärschritten der Reaktionen von Carbonsäuren und ihren Derivaten folgt meist ein Eliminierungsschritt. Allgemein kann man sagen, daß Carbonsäuren und ihre Derivate mit Nucleophilen nach einem *Additions-Eliminierungs-Mechanismus* reagieren. Folgende Reaktionen der Carbonsäuren und ihrer Derivate sind von allgemeiner Bedeutung.

1. Veresterung. Carbonsäuren reagieren mit Alkoholen in Gegenwart von starken Brönsted-Säuren zu Carbonsäureestern:

Die Reaktion ist reversibel. Hohe Ausbeuten an Carbonsäureestern erhält man, wenn das entstehende Wasser aus dem Gleichgewicht entfernt wird. Für die meisten säurekatalysierten Veresterungen wurde der folgende Mechanismus experimentell bewiesen:

Es handelt sich um eine Folgereaktion aus fünf Schritten. Der 1. und 5. Schritt sind Säure-Base-Gleichgewichte. Im 2., geschwindigkeitsbestimmenden Schritt lagert sich das Nucleophil R^2OH an das Carbeniumion an. Es folgt eine Umprotonierung und im 4. Schritt die Abspaltung von Wasser. Durch den Additionsschritt ändert sich die Hybridisierung des C-Atoms der Carboxylgruppe von sp^2 nach sp^3, es entsteht eine tetraedrische Zwischenstufe. Im Verlauf der Eliminierung erreicht das C-Atom wieder die sp^2-Hybridisierung.

Es gibt noch andere Methoden zur Veresterung von Carbonsäuren. Bei der *Steglich-Veresterung* versetzt man die Mischung aus Carbonsäure und Alkohol mit 4-(Dimethylamino)pyridin als Katalysator und Dicyclohexylcarbodiimid als wasserbindendem Reagens [4.38].

2. Säurekatalysierte Esterhydrolyse. Diese Reaktion stellt in bezug auf Bruttoreaktionsgleichung und Mechanismus die Umkehrung (Rückreaktion) der Veresterung dar. Die fünf Schritte werden in entgegengesetzter Reihenfolge durchlaufen, so daß ebenfalls ein Additions-Eliminierungs-Mechanismus resultiert. Daß der Ester dabei einer Acyl-Sauerstoff-Trennung $R^1CO{-}OR^2$ unterliegt, wurde experimentell durch den Einsatz von $H_2^{18}O$ bewiesen. Es entsteht $R^1CO^{18}OH$, während eine Alkyl-Sauerstoff-Trennung $R^1COO{-}R^2$ den Alkohol $R^2(^{18}OH)$ ergeben müßte. Diesen Mechanismus charakterisiert man durch die Bezeichnung $A_{Ac}2$. A symbolisiert die Säurekatalyse (von engl. *acid*), der Index Ac die Acyl-Sauerstoff-Trennung, die Zahl 2 schließlich bedeutet, daß der geschwindigkeitsbestimmende Schritt der Reaktion bimolekular ist.

Veresterung und Esterhydrolyse werden also gleichermaßen durch Säuren katalysiert, anders ausgedrückt, die Gleichgewichtskonstante wird durch Säuren nicht beeinflußt, sondern lediglich die Geschwindigkeit der Gleichgewichtseinstellung. Wenn man hohe Ausbeuten an Carbonsäuren und Alkohol erzielen will, dann muß Wasser im Überschuß eingesetzt werden.

Bei Carbonsäuren mit sperrigen Substituenten sowie bei tertiären Alkoholen wurden andere Mechanismen von Veresterung und Esterhydrolyse nachgewiesen.

3. Alkalische Esterspaltung (Verseifung). Außer der säurekatalysierten Hydrolyse gibt es noch eine zweite Möglichkeit, Ester zu spalten:

$$R^1{-}\underset{\underset{\displaystyle OR^2}{|}}{\overset{\overset{\displaystyle O}{\|}}{C}} \;+\; NaOH \;\longrightarrow\; R^1{-}\underset{\underset{\displaystyle O^{\ominus}\,Na^+}{|}}{\overset{\overset{\displaystyle O}{\|}}{C}} \;+\; R^2OH$$

Für die Alkalisalze der höheren Alkansäuren (Fettsäuren) ist die Bezeichnung Seifen üblich, daher nennt man die alkalische Esterspaltung auch Verseifung. Der Reaktion liegt ebenfalls ein Additions-Eliminierungs-Mechanismus zugrunde. Nucleophil ist das Hydroxidion:

Der 1. Schritt ist geschwindigkeitsbestimmend. Im 2. Schritt erfolgt die Abspaltung eines Alkoholations, somit liegt auch hier eine Acyl-Sauerstoff-Trennung vor ($B_{Ac}2$-Mechanismus, B von engl. *base*). Da Carbonsäuren stärkere Säuren sind als Alkohole, überträgt die Carbonsäure ihr Proton im 3. Schritt auf das Alkoholation. Es wird also die stöchiometrische Menge Alkalihydroxid verbraucht. Verseifungen verlaufen schneller als säurekatalysierte Esterhydrolysen, weil die Nucleophilie der Hydroxidionen größer ist als die der Wassermoleküle. Außerdem verlaufen Verseifungen meist quantitativ, weil das dritte Gleichgewicht vollständig auf der rechten Seite liegt, es entsteht das Alkalisalz der Carbonsäure.

4. **Reaktion mit Grignard-Verbindungen.** In Analogie zu den Carbonylverbindungen addieren Carbonsäureester Grignard-Reagenzien. Infolge der Anwesenheit einer nucleofugen Abgangsgruppe entsteht jedoch im sich anschließenden Schritt ein Keton:

Das Keton reagiert mit dem Grignard-Reagens weiter wie auf S. 154 beschrieben, so daß bei der Aufarbeitung tertiäre Alkohole erhalten werden.

5. **Claisen-Kondensation.** Die Bruttoreaktionsgleichung der Claisen-Kondensation des Essigsäureethylesters lautet:

Acetessigsäureethylester

In Analogie zu den Carbonylverbindungen sind auch Carbonsäureester mit mindestens einem H-Atom in α-Stellung zur Carbonylgruppe CH-acid. So reagiert Essigsäureethylester mit starken Brönsted-Basen oder mit metallischem Natrium zu einer salzartigen Verbindung, die ein durch Konjugation stabilisiertes Carbanion enthält:

Im 2. Schritt der Folgereaktion lagern sich die nucleophilen Carbanionen an noch unveränderten Essigsäureethylester an:

Die entstehende Zwischenstufe geht durch Abspaltung eines Alkoholations in Acetessigsäureethylester über. Diese Verbindung ist stärker CH-acid als Ethanol OH-acid, deswegen folgt als 4. Schritt ein Säure-Base-Gleichgewicht, das nahezu vollständig auf der rechten Seite liegt:

Ähnlich wie bei der Verseifung muß daher die stöchiometrische Menge Natriumethanolat eingesetzt werden, wenn man einen quantitativen Umsatz erreichen will. Aus der Natriumverbindung des Acetessigsäureethylesters wird der Ester durch Zugabe von Schwefelsäure freigesetzt.

Das Anion des Acetessigsäureethylesters ist stärker durch Konjugation stabilisiert als das des Essigsäureethylesters, anders formuliert, Acetessigsäureethylester ist stärker CH-acid als Essigsäureethylester. Deswegen werden die vier Schritte in der angegebenen Reihenfolge durchlaufen.

6. Solvolyse von Carbonsäurehalogeniden (Acylhalogeniden). Carbonsäure-halogenide unterliegen in wäßriger Lösung der Hydrolyse zu Carbonsäuren, in alkoholischer Lösung der Alkoholyse zu Carbonsäureestern. Für viele derartige Reaktionen wurde ebenfalls ein Additions-Eliminierungs-Mechanismus nachgewiesen [4.39], z. B.:

Die Reaktionsgeschwindigkeit hängt stark von der Art des Restes R und von der Art des Halogens X ab. Acetylchlorid reagiert explosionsartig mit Wasser, Benzoylchlorid bei Raumtemperatur nur langsam.

Zusammenfassend läßt sich sagen, daß die funktionellen Derivate der Carbonsäuren mit Nucleophilen meist nach dem Additions-Eliminierungs-Mechanismus reagieren. Die Reaktivität nimmt in der folgenden Reihe ab:

Halogenide	Anhydride	Ester	Amide	N,N-Dialkylamide

7. Reaktionen der Nitrile mit Nucleophilen. Einige Carbonsäurederivate, z. B. Nitrile und Ketene, reagieren mit Nucleophilen nur unter Addition. So ergibt die säurekatalysierte Addition von Wasser an Nitrile Carbonsäureamide:

Folgender Mechanismus steht mit den experimentellen Befunden in Einklang:

$$R-C\equiv N \quad \xrightarrow{+H^+} \quad R-\overset{\oplus}{C}=NH \quad \xrightarrow{+H_2O} \quad R-C\overset{\overset{\oplus}{O}H_2}{\underset{NH}{<}}$$

$$\xrightarrow[-H^+]{} \quad R-C\overset{OH}{\underset{NH}{<}} \quad \rightleftharpoons \quad R-C\overset{O}{\underset{NH_2}{<}}$$

An das Nitril wird ein Proton angelagert, es folgen die Anlagerung von Wasser
und die Abspaltung eines Protons. Dabei entsteht die Iminolform des
Säureamids, die sich in die tautomere Amidform umlagert.

Mit Ethanol in Gegenwart von Chlorwasserstoff reagieren Nitrile zu
Imidsäureesterhydrochloriden:

$$R-C\equiv N \quad + \quad EtOH \quad + \quad HCl \quad \longrightarrow \quad R-C\overset{OEt}{\underset{\overset{\oplus}{N}H_2}{<}} \; Cl^-$$

Carbonsäuren, ihre Salze und ihre funktionellen Derivate sind Ausgangsstoffe
für zahlreiche Synthesen und zugleich wichtige Zwischenprodukte der
chemischen Industrie.

4.7 Reaktionen ambidenter Verbindungen

Als ambident (ambifunktionell) bezeichnet man Verbindungen, deren Moleküle,
Anionen oder Kationen π-Systeme sind, wobei das System mindestens zwei
verschiedene Atome aufweist. So enthält z. B. die Natriumverbindung der
β-Diketone ein ambidentes Anion:

$$R-\overset{O}{\overset{\|}{C}}-CH_2-\overset{O}{\overset{\|}{C}}-R \quad \xrightarrow[-EtOH]{+EtONa} \quad R-\overset{O}{\overset{\|}{C}}-\overset{\ominus}{C}H-\overset{O}{\overset{|}{C}}-R \quad Na^+$$

bifunktionell $\qquad\qquad\qquad\qquad\qquad$ ambident

Demgegenüber ist die Ketoform eine bifunktionelle Verbindung.

Ambidente Anionen sind zugleich *ambidente Nucleophile*. Weitere Beispiele
bieten das Cyanidion, das Nitrition und das Rhodanidion:

$$IN\equiv\overset{\ominus}{C}I \qquad \overline{O}=\underline{N}-\overset{\ominus}{\underset{}{O}}I \qquad IN\equiv C-\overset{\ominus}{\underset{}{\underline{S}}}I$$

Derartige ambidente Nucleophile können durch Elektrophile an zwei Atomen
(Zentren) angegriffen werden, z. B.:

Bei kinetisch kontrollierten Reaktionen dieses Typs wird die Regioselektivität durch die *Kornblum-Regel* wiedergegeben:
Im Fall eines S_N2-Mechanismus werden ambidente Nucleophile am Zentrum mit der größten Polarisierbarkeit angegriffen, im Fall eines S_N1-Mechanismus am Zentrum mit der größten Ladungsdichte.
Iodmethan reagiert mit Natriumnitrit nach dem S_N2-Mechanismus:

Nitromethan

Es handelt sich um eine orbitalkontrollierte Reaktion, d. h., der Grenzorbital-Term dominiert (s. S. 42 u. S. 80). Im Nitrition ist der Koeffizient des HOMO am N-Atom am größten. Aus diesem Grund ist das N-Atom das weiche (polarisierbare) Zentrum. Durch Wechselwirkung mit dem LUMO des Iodmethans, einem weichen Elektrophil, entsteht regioselektiv Nitromethan.
2-Chlor-2-methylpropan reagiert mit Natriumnitrit nach dem S_N1-Mechanismus:

tert-Butylnitrit

Deswegen liegt eine ladungskontrollierte Reaktion vor, d. h., der Coulomb-Term überwiegt. Die negative Ladung ist an einem O-Atom des Nitritions konzentriert, dieses Atom ist ein hartes Zentrum, ebenso wie das C-Atom im tert-Butylkation. Da die Coulomb-Wechselwirkung entscheidet, entsteht regioselektiv tert-Butylnitrit.

Auch Carbanionen mit α-ständiger Carbonylgruppe (Enolationen) sind ambidente Nucleophile:

$$R^1-\overset{\ominus}{\underset{\underset{R^2}{|}}{CH}}-C-O \qquad\qquad \overset{0{,}543\ \ 0{,}349}{R^1-\bullet-\circ-\bullet} \qquad\qquad \overset{-0{,}301\ \ -0{,}785}{R^1-\underset{\underset{R^2}{|}}{CH}-C-O}$$

$$C^2(\text{HOMO}) \qquad\qquad\qquad \text{Ladungsdichte}$$

c^2(HOMO) ist am C-Atom größer als am O-Atom. Folglich reagieren Enolate mit Iodmethan bevorzugt zu C-Methylverbindungen:

$$R^1-\overset{\ominus}{\underset{\underset{R^2}{|}}{CH}}-C-O \ +\ CH_3I \ \longrightarrow\ R^1-\underset{\underset{R^2}{|}}{CH}-\overset{\overset{CH_3}{|}}{C}=O \ +\ I^-$$

Demgegenüber ist die Ladungsdichte am O-Atom größer als am C-Atom. Mit harten Elektrophilen wie Protonen oder Acylchloriden reagieren Enolate daher wie folgt:

$$\xrightarrow{\ +H^+\ } \quad R^1-CH=\underset{\underset{R^2}{|}}{C}-OH \quad\rightleftharpoons\quad R^1-CH_2-\underset{\underset{R^2}{|}}{C}=O$$

$$\text{Enolform} \qquad\qquad\qquad \text{Ketoform}$$

$$R^1-\overset{\ominus}{\underset{\underset{R^2}{|}}{CH}}-C-O$$

$$\xrightarrow{\ +\ R^3-\overset{O}{\overset{\|}{C}}-Cl\ } \quad R^1-CH=\underset{\underset{R^2}{|}}{C}-O-\overset{O}{\overset{\|}{C}}-R^3 \ +\ Cl^-$$

Auch im Fall der Enolate von β-Dicarbonylverbindungen (R^1 = ROC) und der β-Ketocarbonsäureester (R^1 = EtOOC) konkurriert die C-Alkylierung bzw. Acylierung mit der O-Alkylierung bzw. Acylierung. So werden die Tetraalkylammoniumenolate von β-Dicarbonylverbindungen durch Iodalkane am C-Atom alkyliert [4.40]. Beim Natriumenolat des Acetessigsäureethylesters bewirken Acylchloride in Pyridin O-Acylierung. Allerdings wird die Regioselektivität in komplexer Weise durch die Substituenten R, das Gegenion (Kation) im Enolat und das Lösungsmittel beeinflußt [4.41].
Beispiele für *ambidente Elektrophile* findet man unter den α,β-ungesättigten Carbonylverbindungen:

Der Koeffizient des LUMO ist am C-Atom 4 am größten, die positive Ladungsdichte am C-Atom 2. Daher greift das weiche Nucleophil CN^- am C-Atom 4 an, es entsteht 4-Oxopentanitril. Das harte Nucleophil Hydrazin greift zuerst am C-Atom 2 und danach am C-Atom 4 an:

2-Pyrazolin

4.8 Oxidation und Reduktion organischer Verbindungen

Bei einer großen Gruppe von chemischen Reaktionen, den Redoxreaktionen, sind Oxidation und Reduktion miteinander gekoppelt. Im Bereich der anorganischen Chemie haben sich folgende Definitionen bewährt:

Oxidation bedeutet Abgabe von Elektronen.
Reduktion bedeutet Aufnahme von Elektronen.

Entscheidend für die Anwendung dieser Festlegungen sind die Oxidationszahlen der Elemente in den beteiligten Verbindungen, z. B.:

$$\overset{-1}{4\,HCl} + \overset{+4}{MnO_2} \longrightarrow \overset{0}{Cl_2} + \overset{+2}{MnCl_2} + 2\,H_2O$$

Bei dieser Reaktion gibt das Chlor im Chlorwasserstoff ein Elektron ab, und das Mangan im Mangandioxid nimmt zwei Elektronen auf. Somit wird Chlorwasserstoff durch Mangandioxid oxidiert, und das Mangandioxid wird durch Chlorwasserstoff reduziert.

Will man diese Definitionen in der organischen Chemie anwenden, dann müssen dem Kohlenstoff in den organischen Verbindungen ebenfalls Oxidationszahlen zugeordnet werden, z. B.:

$$\overset{-4}{C}H_4 \qquad \overset{-2}{C}H_3OH \qquad \overset{0}{C}H_2O \qquad H\overset{+2}{C}OOH \qquad \overset{+4}{C}O_2$$

Bei den meisten Redoxreaktionen der organischen Chemie ist dies jedoch kompliziert und außerdem wenig hilfreich. Deswegen werden meist die älteren, bereits auf S. 79 erläuterten Definitionen benutzt.

In neueren Publikationen, insbesondere bei biochemischen Sachverhalten, trifft man häufig folgende Bezeichnungen an:

1. Oxidation. Aus dem Substrat werden ein oder zwei Elektronen auf das Oxidationsmittel übertragen, z. B. bei der photographischen Entwicklung:

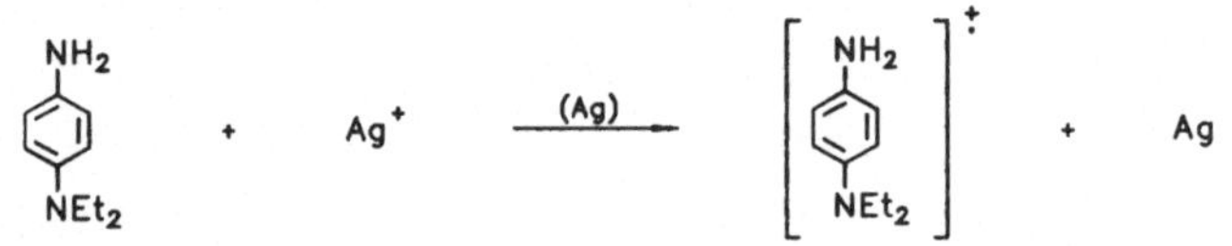

N,N-Diethyl-p-
phenylendiamin
(Entwickler)

Radikalkation

Aus dem HOMO des Substrates (aus dem nichtbindenden Elektronenpaar eines N-Atoms) wird ein Elektron auf das Silberion übertragen. Es handelt sich um eine Einelektronen-Übertragung (SET, s. S. 108, 154).

2. Dehydrogenierung (Dehydrierung). Dem Substrat wird Wasserstoff entzogen, ohne daß es dabei Sauerstoff aufnimmt, z. B.:

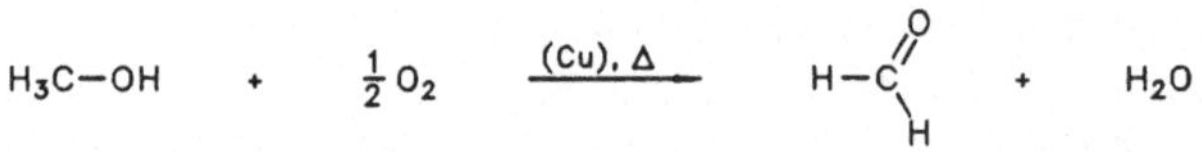

3. Oxygenierung. Das Substrat nimmt Sauerstoff auf, häufig unter Entfernung von Wasserstoff aus den Molekülen, z. B.:

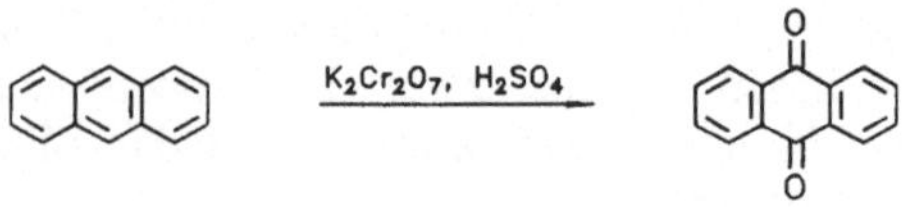

Anthracen

Anthrachinon

Spezielle Fälle der Oxygenierung sind z. B. die Hydroxylierung (s. S. 175) und die Epoxidierung (s. S. 176).

4. Reduktion. Auf das Substrat werden ein oder zwei Elektronen aus dem Reduktionsmittel übertragen, z. B. bei der Birch-Reduktion (s. S. 179):

$$
\text{Benzen} + \text{Na·} \longrightarrow [\text{Radikalanion}]^{\cdot -} + \text{Na}^+
$$

Benzen   Radikalanion

Natrium, gelöst in flüssigem Ammoniak, überträgt ein Elektron auf das LUMO des Benzenmoleküls. Auch im 1. Schritt der Sandmeyer-Reaktion (s. S. 108) erfolgt eine derartige Einelektronen-Übertragung (SET).

5. Hydrogenierung. Das Substrat nimmt Wasserstoff auf, z. B.:

$$
H_3C-\underset{\underset{O}{\|}}{C}-COOH + NADH + H^+ \longrightarrow H_3C-\underset{\underset{OH}{|}}{C}H-COOH + NAD^+
$$

Brenztraubensäure   Milchsäure

NAD⁺   Nicotinsäureamid-adenin-dinucleotid

Dazu zählen auch Reaktionen, bei denen die Aufnahme von Wasserstoff mit einer Entfernung von Sauerstoff aus den Substratmolekülen verbunden ist. Reagiert das Substrat mit elementarem Wasserstoff in Gegenwart eines Katalysators, dann nennt man die Reaktion katalytische Hydrierung.

6. Deoxygenierung. Dem Substrat wird Sauerstoff entzogen, ohne daß es dabei Wasserstoff aufnimmt, z. B.:

$$
\text{Pyridin-N-oxid} + PPh_3 \longrightarrow \text{Pyridin} + O{=}PPh_3
$$

Pyridin-N-oxid   Pyridin

Die wichtigsten Fälle von Oxidation und Readuktion organischer Verbindungen lassen sich in folgenden Reihen zusammenfassen:

1. Oxidation und Reduktion an einem C-Atom des Substrates.

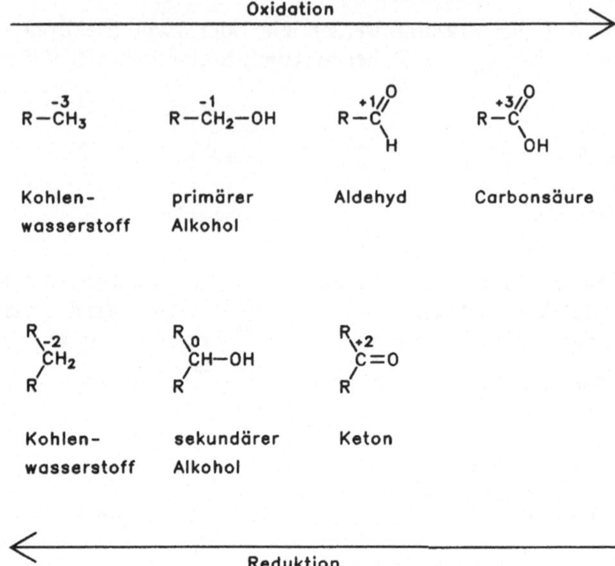

2. Oxidation und Reduktion an einem S-Atom des Substrates.

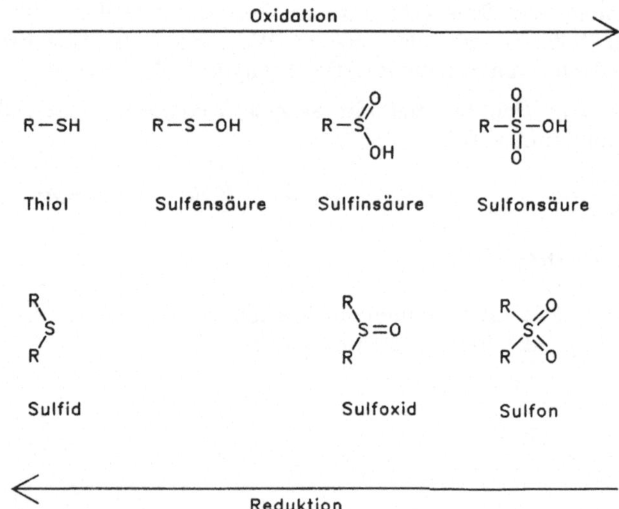

3. Oxidation und Reduktion an einem N-Atom des Substrates.

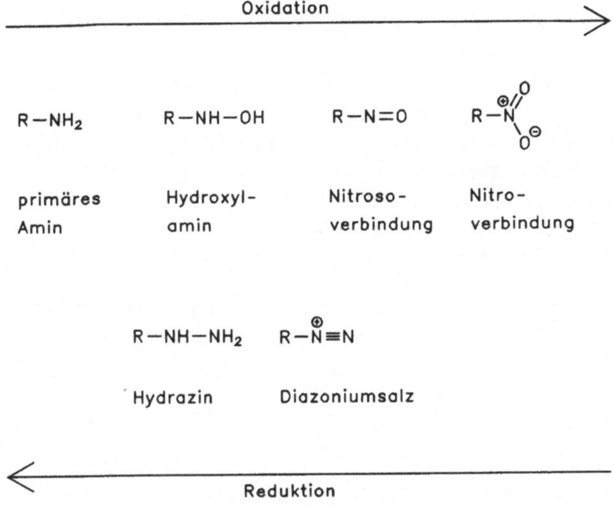

Demnach handelt es sich häufig um die Transformation einer funktionellen Gruppe des Substrates. Andererseits gibt es Reaktionen, bei denen eine oxidative Spaltung von C–C-Bindungen erfolgt, z. B.:

Substrate, Oxidationsmittel und Reduktionsmittel sind so zahlreich und verschieden, daß sich in diesem Abschnitt nicht wie bei den vorher behandelten Reaktionstypen eine übersichtliche Gliederung finden läßt [4.42]. Im Folgenden werden daher nur die Mechanismen einiger repräsentativer Reaktionen beschrieben.

1. Oxidation von Alkanen. Alkane lassen sich nur unter verschärften Bedingungen zu Gemischen von Alkoholen, Aldehyden, Ketonen und Carbonsäuren oxidieren. Häufig erfolgen dabei Spaltungen von C–C-Bindungen.

Schneller und selektiver verlaufen Oxidationen, wenn eine Alkylgruppe an ein sp^2-hybridisiertes C-Atom gebunden ist. So wird Toluen durch Kaliumpermanganat in 50proz. Essigsäure zu Benzoesäure oxidiert:

$$Ph-\overset{-3}{C}H_3 \; + \; 2\overset{+7}{Mn}O_4^- \; \longrightarrow \; Ph-\overset{+3}{C}OO^- \; + \; 2\overset{+4}{Mn}O_2 \; + \; H_2O \; + \; OH^-$$

In diesem Fall sind die Oxidationszahlen zur Aufstellung der Bruttoreaktionsgleichung nützlich. Im geschwindigkeitsbestimmenden Schritt abstrahiert das Oxidationsmittel ein H-Atom aus dem Substrat:

$$Ph-CH_3 \; + \; \overset{+7}{Mn}O_4^- \; \longrightarrow \; Ph-\overset{\cdot}{C}H_2 \; + \; \overset{+6}{H}MnO_4^-$$

Die weiteren Schritte sind noch nicht genau bekannt. Wahrscheinlich entsteht zuerst Benzylalkohol, der weiter über Benzaldehyd zu Benzoesäure oxidiert wird:

$$Ph-\overset{\cdot}{C}H_2 \; + \; H_2O \; + \; MnO_4^- \; \longrightarrow \; Ph-CH_2-OH \; + \; HMnO_4^-$$

$$Ph-CH_2-OH \; + \; H_2O \; \rightleftharpoons \; Ph-CH_2-O^{\ominus} \; + \; H_3O^+$$

$$Ph-CH_2-O^{\ominus} \; \xrightarrow[-HMnO_4^-]{+MnO_4^-} \; \left[Ph-CH-O\right]^{\cdot -} \; \xrightarrow[-MnO_4^{2-}]{+MnO_4^-} \; Ph-\overset{O}{\underset{H}{C}} \; \longrightarrow \; \ldots$$

Das Hydrogenmanganat bzw. Manganat disproportioniert zu Mangandioxid und Permanganat:

$$3\overset{+6}{H}MnO_4^- \; \longrightarrow \; \overset{+4}{Mn}O_2 \; + \; 2\overset{+7}{Mn}O_4^- \; + \; H_2O \; + \; OH^-$$

Einige Metallsalze, z. B. Cobalt(III)-acetat, katalysieren die Oxidation von Alkanen durch Sauerstoff [4.43]. Zuerst entsteht ein Radikalkation, das im 2. Schritt zerfällt:

$$R-H \; \xrightarrow[-Co^{2+}]{+Co^{3+}} \; \left[R-H\right]^{\cdot +} \; \longrightarrow \; R\cdot \; + \; H^+$$

Das Alkylradikal reagiert mit Sauerstoff zu einem Peroxyradikal und weiter mit dem Alkan zu einem Alkylhydroperoxid. Demnach liegt eine Kettenreaktion vor:

$$R\cdot \; + \; O_2 \; \longrightarrow \; R-O-O\cdot \; \xrightarrow{+R-H} \; R-O-OH \; + \; R\cdot$$

Bei der Autoxidation bestimmter Kohlenwasserstoffe, z. B. des Cumens (s. S. 143), können die Alkylhydroperoxide isoliert werden. Durch die hier im 1. Schritt gebildeten Cobalt(II)-Verbindungen werden sie jedoch reduziert:

$$R-O-OH \xrightarrow[-Co^{3+},-OH^-]{+Co^{2+}} R-O\cdot \xrightarrow{+R-H} R-OH + R\cdot$$

Somit resultiert eine Hydroxylierung des Alkans.

Zur Gruppe der Monooxygenasen gehörende Enzyme, z. B. Cytochrom P 450, katalysieren ebenfalls die Hydroxylierung von Alkanen durch Sauerstoff [4.44]:

$$R-H + O_2 + NADPH + H^+$$

$$\xrightarrow{\text{(Cytochrom P 450)}} R-OH + H_2O + NADP^+$$

$NADP^+$ Nicotinsäureamid-adenin-dinucleotidphosphat

Aus der Bruttoreaktionsgleichung geht hervor, daß nur ein O-Atom des O_2-Moleküls in das Substrat eingebaut wird, daher die Bezeichnung Monooxygenasen. Das zweite O-Atom wird zu H_2O reduziert.

2. Hydroxylierung von Alkenen und Cycloalkenen. Verbindungen, die olefinische Doppelbindungen enthalten, entfärben eine neutrale oder alkalische Lösung von Kaliumpermanganat unter Abscheidung von Mangandioxid (Baeyersche Probe). Dabei entstehen 1,2-Diole (Glycole):

$$R^1-CH=CH-R^2 \xrightarrow{KMnO_4} R^1-\underset{\overset{|}{OH}}{CH}-\underset{\overset{|}{OH}}{CH}-R^2$$

Im Gegensatz zur Hydroxylierung von Alkanen verläuft diese Reaktion nicht über Radikale. Vielmehr erfolgt im 1. Schritt eine Addition des MnO_4^--Ions an die Doppelbindung:

$$MnO_3^- \longrightarrow \cdots \longrightarrow MnO_2$$

Diese, auch als cis-Hydroxylierung bezeichnete Reaktion verläuft infolge der cyclischen Zwischenstufe stereospezifisch. Für den Fall $R^1 = R^2$ ergibt das (Z)-Alken das meso-Glycol, das (E)-Alken dagegen das (±)-Glycol. Aus Cyclohexen entsteht cis-Cyclohexan-1,2-diol. Daß der Sauerstoff im Glycol aus dem Oxidationsmittel und nicht aus dem Lösungsmittel stammt, wurde durch Einsatz von $KMn^{18}O_4$ bewiesen. Die dabei entstehenden Glycole enthalten zwei ^{18}O-Atome.

Eine cis-Hydroxylierung von Olefinen erfolgt auch durch Einwirkung von Wasserstoffperoxid in Gegenwart katalytischer Mengen Osmiumtetraoxid.

3. Epoxidierung. Alkene und Cycloalkene werden durch Peroxysäuren zu Epoxiden oxidiert (Prileschajew-Reaktion). In schwach polaren Lösungsmitteln liegt dieser Reaktion ein konzertierter Prozeß zugrunde [4.45]:

Peroxysäure

Oxiran

Peroxysäuren weisen eine starke intramolekulare Wasserstoffbrücken-Bindung auf. Nach der systematischen Nomenklatur sind Epoxide als Oxirane zu bezeichnen. Der konzertierte Verlauf hat zur Folge, daß die Reaktion stereospezifisch ist. (Z)-Olefine ergeben cis-Oxirane, (E)-Olefine trans-Oxirane. Oxirane können unter den Bedingungen der Prileschajew-Reaktion einer Hydrolyse zu Glycolen unterliegen:

Infolge des S_N2-Mechanismus verläuft auch diese Reaktion stereospezifisch. Im Fall $R^1 = R^2$ entsteht aus dem cis-Oxiran das (±)-Glycol.

Unter bestimmten Bedingungen läßt sich die Epoxidierung enantioselektiv führen (Sharpless-Epoxidierung, s. S. 207).

Das Enzym Cytochrom P 450 katalysiert nicht nur die Hydroxylierung von Alkanen (s. S. 175), sondern auch die Epoxidierung von Arenen durch

Sauerstoff in lebenden Zellen. Die entstehenden Arenoxide werden enzymatisch hydrolysiert, z. B.:

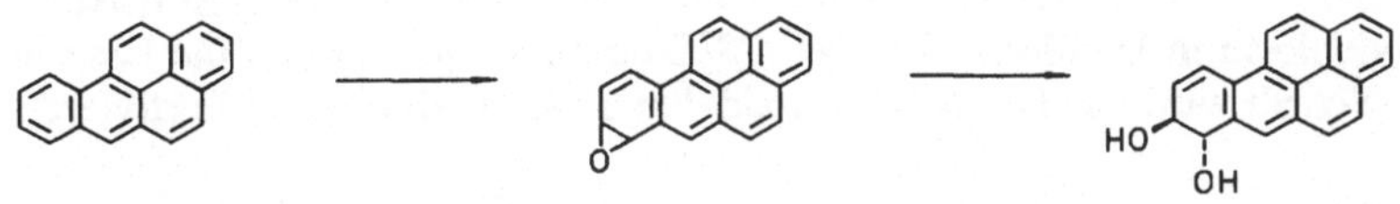

Benzo[a]pyren — Arenoxid — trans-1,2-Diol

Das trans-1,2-Diol wird weiter oxidiert, wobei schließlich eine Verbindung entsteht, die mit den Nucleinsäuren der Zellen reagiert und dadurch normale Körperzellen zu Krebszellen umprogrammiert. Auf diesen Reaktionen beruht die krebserzeugende (carcinogene) Wirkung des Benzo[a]pyrens [4.46].

4. Oxidation von primären und sekundären Alkoholen zu Aldehyden bzw. Ketonen. Primäre und sekundäre Alkohole werden durch Chromiumsäure (Kaliumdichromat und Schwefelsäure) zu Carbonylverbindungen oxidiert. Die Bruttoreaktionsgleichung wurde bereits auf S. 79 angegeben. Einige Details des Mechanismus sind noch nicht aufgeklärt. Jedenfalls entsteht durch nucleophilen Angriff des Alkohols auf das Chromiumatom ein Chromiumsäureester als Zwischenstufe:

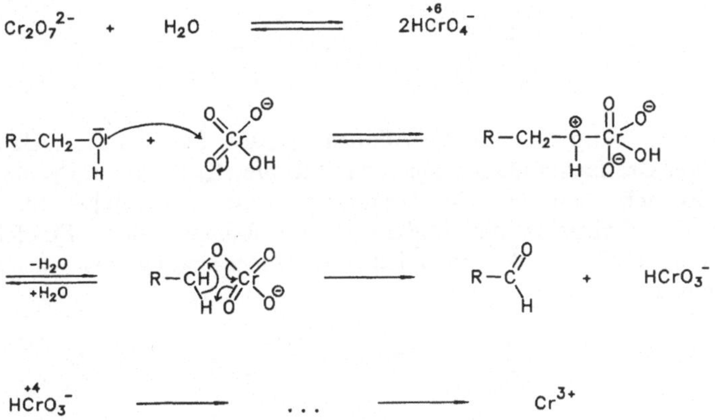

$$Cr_2O_7^{2-} + H_2O \rightleftharpoons 2\,H\overset{+6}{Cr}O_4^-$$

Der Zerfall des Chromiumsäureesters ist geschwindigkeitsbestimmend. Bei den entsprechenden Estern tertiärer Alkohole kann dieser Schritt nicht erfolgen. Auf der Oxidation von Ethanol zu Acetaldehyd durch Kaliumdichromat und Schwefelsäure beruht die Blutalkoholbestimmung nach Widmark.

Insbesondere Aldehyde werden durch Chromiumsäure leicht weiter zu Carbonsäuren oxidiert. Dies läßt sich vermeiden, wenn man Pyridiniumchlorochromat als Oxidationsmittel verwendet [4.47].

Außer den Chromium(VI)-Verbindungen haben sich noch andere Oxidationsmittel bewährt, insbesondere Dimethylsulfoxid [4.48]. So setzt man bei der *Swern-Oxidation* eine Mischung von Dimethylsulfoxid und Oxalylchlorid in Dichlormethan bei -78°C ein und fügt danach eine Base hinzu. Im 1. Schritt wird das Dimethylsulfoxid durch das Oxalylchlorid "aktiviert":

$$(CH_3)_2S{=}O \quad + \quad (COCl)_2 \quad \longrightarrow \quad (CH_3)_2\overset{\oplus}{S}{-}Cl \quad + \quad CO_2 \quad + \quad CO$$
$$Cl^-$$

Es folgt eine nucleophile Substitution am S-Atom:

$$R{-}CH_2{-}\overset{\ominus}{O}| \quad + \quad \underset{CH_3}{\overset{CH_3}{\overset{\oplus}{S}{-}Cl}} \quad \longrightarrow \quad R{-}CH_2{-}O{-}\overset{\oplus}{S}(CH_3)_2 \quad + \quad HCl$$

Die Base erzeugt ein Carbanion, das den Alkylrest intramolekular deprotoniert:

$$R{-}CH_2{-}O{-}\overset{\oplus}{S}(CH_3)_2 \quad \xrightarrow[{-BH^+}]{+B} \quad R{-}CH \cdots \overset{O}{\underset{\ominus CH_2}{S}}{-}CH_3$$

$$\longrightarrow \quad R{-}\overset{O}{\underset{H}{C}} \quad + \quad H_3C{-}S{-}CH_3$$

5. Oxidative Kupplung von Alkinen (Glaser-Kupplung). Alkine mit endständiger Dreifachbindung reagieren mit Kupfer(II)-Salzen in Pyridin zu 1,3-Diinen. Zunächst entsteht die konjugierte Base des Alkins (s. S. 63). Es folgt die Oxidation des Carbanions im Rahmen einer Einelektronen-Übertragung (SET) und schließlich die Dimerisierung der entstandenen Alkinylradikale:

$$R{-}C{\equiv}CH \quad \xrightarrow[{-PyH^+}]{+Py} \quad R{-}C{\equiv}\overset{\ominus}{C}| \quad \xrightarrow[{-Cu^+}]{+Cu^{2+}} \quad R{-}C{\equiv}C\cdot$$

$$2\ R{-}C{\equiv}C\cdot \quad \longrightarrow \quad R{-}C{\equiv}C{-}C{\equiv}C{-}R$$

6. Oxidative Kupplung von Phenolen. Phenole, insbesondere Naphthole, werden durch Kaliumhexacyanoferrat(III) oder Eisen(III)-chlorid zu Aroxylradikalen oxidiert. Wiederum wird der konjugierten Base ein Elektron entzogen:

Aroxyl

Die Radikale stabilisieren sich durch Dimerisierung (Kupplung):

2,2'-Bis-naphth-1-ol

Neben dem o,o-Kupplungsprodukt entsteht auch das o,p- und das p,p-Isomer. Wird die Kupplung durch raumerfüllende Substituenten erschwert, dann sind die Aroxylradikale isolierbar, z. B. das 2,4,6-Tri-tert-butylphenoxyl, eine dunkelblaue, kristalline Substanz vom Schmp. 96°C. Man kann auch sagen, daß dieses Radikal kinetisch stabilisiert ist.

Zusammenfassend ergibt sich, daß bei vielen Oxidationen organischer Verbindungen Radikale oder Radikalkationen als Zwischenstufen auftreten. Ausnahmen bilden hauptsächlich Reaktionen, die über cyclische Zwischenstufen bzw. cyclische aktivierte Komplexe verlaufen.

7. Birch-Reduktion. Metalle sind Reduktionsmittel. Sie übertragen Elektronen aus dem Elektronengas auf das LUMO des Substrates. Ihre reduzierende Wirkung ist um so größer, je unedler sie sind.

Bei der Birch-Reduktion verwendet man eine Lösung von Natrium in flüssigem Ammoniak als Reduktionsmittel für Arene. Sie enthält Natriumionen und solvatisierte Elektronen. Außerdem wird Ethanol hinzugefügt [4.49]. Zuerst entsteht ein Radikalanion, von dem folgende mesomere Grenzstruktur angegeben werden kann:

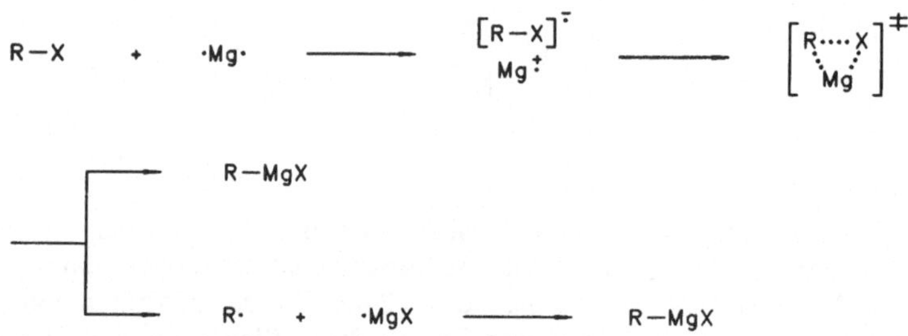

Im nächsten Schritt wird ein Proton aus dem Ethanol auf das Radikalanion übertragen, danach ein zweites Elektron und schließlich wiederum ein Proton. Das Resultat ist die Reduktion von Benzen zu Cyclohexa-1,4-dien.

8. Herstellung von Grignard-Reagenzien. Über 90 Jahre nach der ersten Publikation von Grignard ist der Mechanismus der Bildung von Grignard-Reagenzien (Grignard-Verbindungen) immer noch nicht vollständig aufgeklärt [4.50]. Zuerst wird das Alkyl- oder Arylhalogenid an der Oberfläche des Metalls zu einem Radikalanion reduziert:

Im 2. Schritt erfolgt die Lösung der nunmehr geschwächten R–X-Bindung (ein Elektron befindet sich im antibindenden σ-MO). Dabei kann das Organomagnesiumhalogenid direkt entstehen oder über Radikale gebildet werden. Welcher Weg befolgt wird, hängt hauptsächlich von der Art des Restes R und des Halogens X ab. Insgesamt resultiert eine Reduktion des Alkyl- bzw. Arylhalogenids. Entstehen dabei durch Konjugation stabilisierte und raumerfüllende Substituenten aufweisende Radikale, dann sind diese in Lösung existenzfähig. Das klassische Beispiel bietet die Reduktion von Chlortriphenylmethan durch Magnesium, Zink oder Silber in Benzen zu Triphenylmethyl (Gomberg 1900):

$$Ph_3C-Cl \xrightarrow{\text{Mg, Zn, Ag}} Ph_3C\cdot$$

Die Reduktion von Alkyl- und Arylhalogeniden zu den entsprechenden Kohlenwasserstoffen gelingt mittels Tributylzinnhydrid oder Tris(trimethylsilyl)silan [4.51]:

$$R-X \;+\; Bu_3Sn-H \longrightarrow R-H \;+\; Bu_3Sn-X$$

9. **Reduktion von Carbonylverbindungen zu Alkoholen.** Die am häufigsten angewandten Reagenzien für diese Reduktion sind Hydride. Lithiumtetrahydridoaluminat $LiAlH_4$ überträgt ein Hydridion auf eine Carbonylgruppe. Anschließend entsteht ein Alkoxotrihydridoaluminat, aus dem stufenweise weitere drei Hydridionen übertragen werden:

$$R-\overset{\displaystyle \overset{O}{\|}}{\underset{\displaystyle H}{C}} \;+\; H-AlH_3^{\ominus}\,Li^+ \;\longrightarrow\; R-\overset{\displaystyle \overset{O^{\ominus}}{|}}{\underset{\displaystyle H}{C}}-H \;+\; AlH_3 \;+\; Li^+$$

$$\longrightarrow\; R-CH_2-O-\overset{\ominus}{Al}H_3\;Li^+ \;\longrightarrow\; \ldots \;\longrightarrow$$

$$(R-CH_2-O)_4\overset{\ominus}{Al}\;Li^+ \xrightarrow{\;+4H_2O\;} 4\;R-CH_2-OH \;+\; Al(OH)_3 \;+\; LiOH$$

Demnach reduziert ein Mol $LiAlH_4$ vier Mol Carbonylverbindung. Das Lithiumtetraalkoxoaluminat ergibt bei der Aufarbeitung mit Wasser oder verdünnten Säuren den entsprechenden Alkohol. Somit fügt sich der Mechanismus in das allgemeine Schema der Reaktionen von Carbonylverbindungen mit Nucleophilen ein (s. S. 150, H^- als Nucleophil). Andere Mehrfachbindungen, z. B. C–C-Doppel- und Dreifachbindungen, die bevorzugt mit Elektrophilen reagieren, werden deswegen durch $LiAlH_4$ nicht angegriffen, und man kann ungesättigte Carbonylverbindungen selektiv zu ungesättigten Alkoholen reduzieren.
Reduktionen mit Lithiumtetrahydridoaluminat müssen in aprotischen Lösungsmitteln wie Diethylether oder Tetrahydrofuran durchgeführt werden, da das Reagens mit protischen Lösungsmitteln schneller als mit dem Substrat reagiert:

$$LiAlH_4 \;+\; 4\;CH_3OH \;\longrightarrow\; LiAl(OCH_3)_4 \;+\; 4\;H_2$$

Natriumtetrahydridoboranat $NaBH_4$ reagiert nur langsam mit protischen Lösungsmitteln. Daher kann man in Alkoholen oder in Wasser arbeiten und somit auch wasserlösliche Carbonylverbindungen wie Monosaccharide zu den entsprechenden Alkoholen reduzieren.

10. **Reduktion von Carbonsäuren und ihren Derivaten.** Carbonsäuren, Carbonsäurechloride und Carbonsäureester werden durch Lithiumtetrahydridoaluminat zu primären Alkoholen reduziert, Carbonsäureamide zu Aminen und Nitrile zu primären Aminen, z. B.:

Im 1. Schritt wird ein Hydridion auf die Carbonylgruppe des Esters übertragen. Das Vorhandensein einer nucleofugen Abgangsgruppe ermöglicht im nächsten Schritt die Entstehung des Aldehyds, der wie schon beschrieben weiter zum primären Alkohol reduziert wird. Demnach reduziert ein Mol $LiAlH_4$ zwei Mol Ester:

Natriumtetrahydridoboranat wirkt schwächer reduzierend und reagiert daher nicht mit Carbonsäuren und Carbonsäureestern. Demgegenüber werden Carbonsäurechloride in Gegenwart von Pyridin zu Aldehyden reduziert [4.52]:

Das Pyridin bindet das im 1. Schritt entstehende Boran, wodurch eine Weiterreduktion des Aldehyds unterbunden wird.
Carbonsäureester werden durch Diisobutylaluminiumhydrid zu Aldehyden reduziert.

11. Clemmensen-Reduktion. Bei dieser Reaktion handelt es sich um die Reduktion von Carbonylverbindungen zu Kohlenwasserstoffen durch amalgamiertes Zink und konzentrierte Salzsäure, z. B.:

Der Mechanismus ist noch nicht vollständig aufgeklärt [4.53]. Es handelt sich um eine Folge von Einelektronen- und Protonenübertragungen, die wie folgt beginnt:

$$R_2C=\overline{\underline{O}} \quad + \quad \cdot Zn \cdot \quad \longrightarrow \quad R_2\dot{C}-\overline{\underline{O}}-Zn\cdot \quad \longrightarrow$$

$$R_2\overset{\ominus}{\underline{C}}-\overline{\underline{O}}-Zn^+ \quad \xrightarrow{\ +H^+\ } \quad R_2CH-\overline{\underline{O}}-Zn^+ \quad \longrightarrow \quad \ldots$$

12. Reduktive Kupplung von Carbonylverbindungen. Carbonylverbindungen unterliegen je nach dem eingesetzten Reduktionsmittel einer reduktiven Kupplung zu 1,2-Diolen (häufig als Pinacole bezeichnet) oder zu Olefinen:

$$2\ R_2C=O \quad \xrightarrow{+2e^-,\ +2H^+} \quad \underset{\displaystyle R_2\overset{\textstyle OH}{\underset{|}{C}}-\overset{\textstyle OH}{\underset{|}{C}}R_2}{} \quad \xrightarrow[-2H_2O]{+2e^-,\ +2H^+} \quad R_2C=CR_2$$

1,2-Diol   Olefin
(Pinacol)

Bei der Reduktion mittels Natrium, Natriumamalgam oder Aluminiumamalgam entstehen im 1. Schritt Radikalanionen, die man in diesem Fall als Ketyle bezeichnet. Sie stabilisieren sich durch Dimerisierung (Kupplung). Bei der Aufarbeitung erfolgt Hydrolyse zum 1,2-Diol:

$$R_2C=O \quad + \quad Na\cdot \quad \longrightarrow \quad R_2\dot{C}-\overline{\underline{O}}\vert^{\ominus} \quad + \quad Na^+$$

Ketyl

$$2\ R_2\dot{C}-O^{\ominus} \quad \longrightarrow \quad R_2\overset{\overset{\textstyle O^{\ominus}}{|}}{C}-\overset{\overset{\textstyle O^{\ominus}}{|}}{C}R_2 \quad \xrightarrow{+2H_2O} \quad R_2\overset{\overset{\textstyle OH}{|}}{C}-\overset{\overset{\textstyle OH}{|}}{C}R_2 \quad + \quad 2OH^-$$

Weiter eignen sich Verbindungen von Übergangsmetallen, in denen das Metall in einer niedrigen Oxidationsstufe vorliegt, als Reduktionsmittel [4.54]. Werden Titaniumverbindungen eingesetzt, dann erfolgt eine Weiterreduktion der 1,2-Diole zu Olefinen. Diese reduktive Kupplung von Carbonylverbindungen zu Olefinen nennt man *McMurry-Reaktion* [4.55]. Ein typisches Reagens ist die Mischung aus $TiCl_3$ und $LiAlH_4$, in der zuerst durch $LiAlH_4$ Reduktion zu Titanium(I)- oder Titanium(0)-Komplexen erfolgt, die dann ihrerseits die Carbonylverbindung reduzieren.

Die Reduktion von Carbonsäureestern durch Natrium in Toluen verläuft analog zur 1,2-Diol-Bildung aus Carbonylverbindungen, wobei aber wegen des Vorhandenseins von zwei nucleofugen Abgangsgruppen im Kupplungsprodukt α-Hydroxyketone (Acyloine) entstehen:

$$R-\overset{\overset{\displaystyle O}{\|}}{C}-OEt \;+\; Na\cdot \;\longrightarrow\; R-\overset{\cdot}{\underset{\underset{\displaystyle OEt}{|}}{C}}-\bar{\underline{O}}|^{\ominus} \;+\; Na^{+}$$

$$2\; R-\overset{\cdot}{\underset{\underset{\displaystyle OEt}{|}}{C}}-\bar{\underline{O}}|^{\ominus} \;\longrightarrow\; R-\overset{|}{\underset{\underset{\displaystyle OEt}{|}}{C}}-\overset{|}{\underset{\underset{\displaystyle OEt}{|}}{C}}-R \;\xrightarrow{-2EtO^{-}}\; R-\overset{\overset{\displaystyle O}{\|}}{C}-\overset{\overset{\displaystyle O}{\|}}{C}-R$$

$$\xrightarrow{+2Na\cdot}\; \underset{R-\overset{}{C}=\overset{}{C}-R}{Na^{+}\,O^{\ominus}\;\;O^{\ominus}\,Na^{+}} \;\xrightarrow[-2NaOH]{+H_2O}\; \underset{R-\overset{}{C}=\overset{}{C}-R}{OH\;\;OH}$$

Endiol

$$\Longrightarrow\; \underset{R-\overset{}{C}H-\overset{}{C}-R}{OH\quad O}$$

α-Hydroxyketon
(Acyloin)

Insgesamt gesehen zeigt sich, daß die meisten Reduktionen organischer Verbindungen über Radikalanionen und/oder über Radikale verlaufen. Ausnahmen sind Reduktionen mittels komplexer Hydride ($LiAlH_4$, $NaBH_4$). Bei vielen Oxidationen und Reduktionen handelt es sich um die Transformation von funktionellen Gruppen. Derartige Reaktionen sind häufige Schritte innerhalb mehrstufiger Synthesewege.

4.9 Elektrochemische Reaktionen organischer Verbindungen

Elektrochemische Reaktionen sind dadurch gekennzeichnet, daß elektrische Energie an den Energieänderungen chemischer Systeme beteiligt ist. Dies kann in geeigneten Apparaturen vor allem dann erreicht werden, wenn ionische Verbindungen Bestandteile solcher Systeme sind. Dieser Fall ist jedoch im Bereich der organischen Chemie relativ selten gegeben. Ein Beispiel dafür bietet die Synthese von Alkanen durch Elektrolyse einer wässrigen Lösung der Natriumsalze von Carbonsäuren. Diese von Kolbe im Jahre 1849 entdeckte und häufig als *Kolbe-Synthese von Alkanen* bezeichnete Reaktion ist zugleich die am längsten bekannte elektroorganische Synthese [4.56]. Die Carboxylationen wandern zur Anode. Dort wird ihnen ein Elektron entzogen. Die entstehenden Carboxylradikale decarboxylieren zu Alkylradikalen, die sich durch Dimerisierung stabilisieren.

Anode:

$$R-COO^{\ominus} \longrightarrow R-COO\cdot \; + \; e^- \qquad \text{Oxidation}$$

$$\left.\begin{array}{l} R-COO\cdot \longrightarrow R\cdot \; + \; CO_2 \\[2ex] 2R\cdot \longrightarrow R-R \end{array}\right\} \quad \text{Folgereaktionen}$$

An der Katode nehmen die Natriumionen ein Elektron auf. Die entstehenden Natriumatome reagieren mit dem Lösungsmittel zu Natriumhydroxid und Wasserstoff.

Katode:

$$Na^+ \; + \; e^- \longrightarrow Na \qquad \text{Reduktion}$$

$$2Na \; + \; 2H_2O \longrightarrow 2NaOH \; + \; H_2 \qquad \text{Folgereaktion}$$

Gemäß den auf S. 170 und 171 gegebenen Definitionen von Oxidation und Reduktion kann man die Anode als Oxidationsmittel auffassen, man spricht direkt von anodischer Oxidation. Demgegenüber stellt die Katode ein Reduktionsmittel dar (katodische Reduktion).
Die meisten organischen Verbindungen sind jedoch aus Molekülen aufgebaut. Alkane und Cycloalkane sind fast ausnahmslos weder einer anodischen Oxidation noch einer katodischen Reduktion zugänglich. Dagegen werden Verbindungen, deren Moleküle π-Elektronensysteme und/oder Heteroatome mit nichtbindenden Elektronenpaaren enthalten, an der Anode zu Radikalkationen oxidiert und an der Katode zu Radikalanionen reduziert. Eine elektroorganische Synthese liegt dann vor, wenn es gelingt, die Bedingungen (Elektrodenmaterial, Stromdichte, Lösungsmittel) so zu wählen, daß die primär entstehenden Radikalionen Folgereaktionen eingehen, die in möglichst hohen Ausbeuten zu den gewünschten Produkten führen. Im Folgenden wird der Mechanismus einiger elektroorganischer Synthesen beschrieben.

1. Anodische Oxidation von Olefinen. Bei der Elektrolyse einer methanolischen Lösung von Styren entsteht 1,4-Dimethoxy-1,4-diphenylbutan:

$$Ph-CH=CH_2 \quad \xrightarrow{-e^-} \quad \left[Ph-CH=CH_2\right]^{+\cdot}$$

$$\left[Ph-CH=CH_2\right]^{+\cdot} \; + \; H_2C=CH-Ph \quad \longrightarrow \quad Ph-\overset{\cdot}{C}H-CH_2-CH_2-\overset{\oplus}{C}H-Ph$$

$$\xrightarrow{-e^-} \quad Ph-\overset{\oplus}{C}H-CH_2-CH_2-\overset{\oplus}{C}H-Ph \quad \xrightarrow[-2H^+]{+2CH_3OH}$$

$$\underset{Ph-\overset{|}{C}H-CH_2-CH_2-\overset{|}{C}H-Ph}{\overset{OCH_3 \qquad\qquad OCH_3}{}}$$

Die Folgereaktion beginnt mit der Addition des Radikalkations an Styren. Das dabei entstehende Radikalkation wird zu einem Dikation oxidiert, welches mit dem Lösungsmittel zum Endprodukt reagiert.

2. Anodische Oxidation von Aminen. Anodische Oxidation, Deprotonierung und erneute Oxidation von Alkylaminen ergeben die elektrophilen Alkylidenimmoniumionen [4.57]. Sie reagieren mit dem Lösungsmittel zu Aldehyden:

$$R-CH_2-NH_2 \quad \xrightarrow{-e^-} \quad R-CH_2-\overset{\oplus}{\overset{\cdot}{N}}H_2 \quad \xrightarrow{-H^+} \quad R-CH=\overset{\cdot}{N}H_2$$

$$\xrightarrow{-e^-} \quad R-CH=\overset{\oplus}{N}H_2 \quad \xrightarrow{+H_2O} \quad R-\overset{\overset{\textstyle O}{\|}}{\underset{\textstyle H}{C}} \; + \; H_2\overset{\oplus}{N}R_2$$

$$\text{Immoniumion}$$

Sind andere Nucleophile anwesend, dann reagieren sie ebenfalls mit den Immoniumionen, z. B.:

2-Cyano-1-methyl-pyrrolidin

3. Indirekte anodische Oxidation von Arenen. In einer wässrig-schwefelsauren Emulsion wird Benzen an mit Blei(IV)-oxid PbO_2 bedeckten Bleianoden zu p-Benzochinon oxidiert. Als Oxidationsmittel wirkt das PbO_2:

$$\text{C}_6\text{H}_6 \; + \; 3\text{PbO}_2 \; + \; 3\text{H}_2\text{SO}_4 \; \longrightarrow \; \text{Chinon} \; + \; 3\text{PbSO}_4 \; + \; 4\text{H}_2\text{O}$$

Anschließend erfolgt eine Regenerierung von PbO_2 durch anodische Oxidation von Blei(II)-sulfat:

$$3\text{PbSO}_4 \; + \; 6\text{H}_2\text{O} \; \xrightarrow{-6e^-} \; 3\text{PbO}_2 \; + \; 3\text{H}_2\text{SO}_4 \; + \; 6\text{H}^+$$

Wenn wie in diesem Beispiel ein chemisches Reagens, der sogenannte *Mediator*, die Umwandlung des Substrates bewirkt und laufend elektrochemisch regeneriert wird, dann spricht man von einer indirekten elektroorganischen Synthese [4.58].
Analog verläuft die indirekte anodische Oxidation von Anthracen zu Anthrachinon mit Kaliumdichromat als Mediator:

$$\text{Anthracen} \; + \; \text{Cr}_2\text{O}_7^{2-} \; + \; 8\text{H}^+ \; \longrightarrow \; \text{Anthrachinon} \; + \; 3\text{Cr}^{3+} \; + \; 5\text{H}_2\text{O}$$

$$2\text{Cr}^{3+} \; + \; 7\text{H}_2\text{O} \; \xrightarrow{-6e^-} \; \text{Cr}_2\text{O}_7^{2-} \; + \; 14\text{H}^+$$

4. Katodische Reduktion von Olefinen. Olefine lassen sich katodisch zu Radikalanionen reduzieren. Ein Beispiel dafür bietet die großtechnisch durchgeführte elektroorganische Synthese von Hexandinitril (Adiponitril) durch elektroreduktive Kupplung von Acrylnitril:

$$\text{H}_2\text{C}=\text{CH}-\text{CN} \; \xrightarrow{+e^-} \; \left[\text{H}_2\text{C}=\text{CH}-\text{CN}\right]^{\overline{\cdot}}$$

$$2 \; \text{NC}-\overset{\ominus}{\overline{\text{C}}}\text{H}-\text{CH}_2\cdot \; \longrightarrow \; \text{NC}-\overset{\ominus}{\overline{\text{C}}}\text{H}-\text{CH}_2-\text{CH}_2-\overset{\ominus}{\overline{\text{C}}}\text{H}-\text{CN}$$

$$\xrightarrow[-2\text{OH}^-]{+2\text{H}_2\text{O}} \; \text{NC}-(\text{CH}_2)_4-\text{CN}$$

Das Radikalanion, von dem eine Grenzstruktur angegeben wurde, dimerisiert zu einem Dianion, das mit dem Wasser des Elektrolyten zu Hexandinitril reagiert. Aus dieser Verbindung sind durch Hydrolyse Hexandisäure (Adipinsäure) und durch katalytische Hydrierung 1,6-Diaminohexan zugänglich, die Ausgangsstoffe für die Produktion von Polyamid-6,6.

5. **Katodische Reduktion von Ketonen.** Ketone werden katodisch zu Radikalanionen (Ketylen) reduziert. Bei genügend hoher Stromdichte (hoher Konzentration von Ketylen an der Katode) stabilisieren sie sich durch Dimerisierung (Kupplung). Die Protonierung der dabei entstehenden Dianionen durch das Lösungsmittel ergibt 1,2-Diole (Pinacole, s. S. 183).

6. **Indirekte katodische Reduktion von Alkyl- oder Arylhalogeniden.** In Gegenwart eines Mediators unterliegt Chlorbenzen der elektroreduktiven Kupplung zu Biphenyl [4.59]:

$$2\ Ph-Cl \xrightarrow{\ +2e^-\ } Ph-Ph \ +\ 2\ Cl^-$$

Als Mediator eignet sich z. B. der Nickel(II)-Komplex $NiCl_2L_2$ (L Triphenylphosphan). Er wird katodisch in Gegenwart von überschüssigem L reduziert:

$$\overset{+2}{NiCl_2L_2} \ +\ 2\ L \xrightarrow{\ +2e^-\ } \overset{0}{NiL_4} \ +\ 2\ Cl^-$$

Der Nickel(0)-Komplex NiL_4 bewirkt die Kupplung des Substrates und wird anschließend an der Katode regeneriert:

$$2\ Ph-Cl \ +\ NiL_4 \longrightarrow Ph-Ph \ +\ NiCl_2L_2 \ +\ 2\ L$$

Demnach genügt eine katalytische Menge des Mediators, der in einem solchen Fall auch als *Elektrokatalysator* bezeichnet wird.

Elektroorganische Synthesen weisen gegenüber Synthesen, die auf rein thermischen Reaktionen beruhen, eine Reihe von Vorteilen auf. Dazu gehören das Arbeiten bei Raumtemperatur, geringere Umweltbelastung, Möglichkeit zur kontinuierlichen Reaktionsführung. Häufig kann man Verbindungen herstellen, die auf anderen Wegen nur schwierig zugänglich sind. Der breiten Anwendung steht die Notwendigkeit entgegen, daß entsprechend ausgerüstete Laboratorien zur Verfügung stehen müssen.

4.10 Photochemische Reaktionen organischer Verbindungen

Bei photochemischen Reaktionen wird die Aktivierungsenergie mindestens eines Schrittes durch elektromagnetische Strahlung aus dem sichtbaren oder ultravioletten Teil des Spektrums zugeführt. Die Aktivierung eines Moleküls durch Absorption eines Lichtquants (Photons) bezeichnet man als *photochemischen Primärprozeß*. Dabei geht das Molekül aus dem elektronischen Grundzustand in einen elektronisch angeregten Zustand über (s. S. 70).

Die Multiplizität M des elektronischen Zustandes eines Moleküls ist durch folgende Gleichung gegeben:

$$M = 2S + 1$$

Die Moleküle organischer Verbindungen liegen bei 298 K im elektronischen Grundzustand vor, d. h. im Zustand niedrigster Elektronenenergie. Meist besetzen jeweils zwei Elektronen mit antiparallelen Spinmomenten ein MO. Der Gesamtspin S ist daher $1/2 - 1/2 = 0$ und der elektronische Grundzustand wegen $M = 1$ ein Singulettzustand (Symbol S_0).

Durch Absorption eines Lichtquants wird ein Elektron aus dem HOMO in ein höheres, unbesetztes MO gehoben, ohne daß sich dabei sein Spin ändert. Dadurch werden jedoch auch Molekülschwingungen angeregt. Der elektronische Anregungszustand ist daher zunächst ein schwingungsangeregter höherer Singulettzustand S_n. Wurde das Elektron in das LUMO gehoben ($n \longrightarrow \pi^*$- und $\pi \longrightarrow \pi^*$-Übergänge), dann liegt der schwingungsangeregte S_1-Zustand vor. Die thermische Energie der Molekülschwingungen wird innerhalb 10^{-14} bis 10^{-12} s abgegeben, danach befindet sich das Molekül im niedrigsten Schwingungsniveau des S_1-Zustandes (s. Abb. 38).

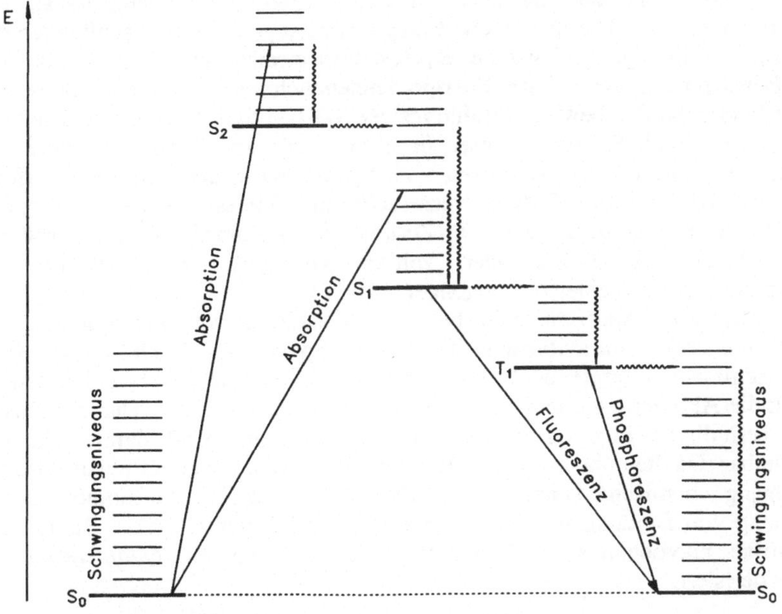

Abb. 38. Jablonski-Diagramm (vereinfachte Darstellung)

——— Strahlungsübergänge

∿∿∿ strahlungslose Übergänge

Kehrt das im LUMO befindliche Elektron sein Spinmoment um, dann beträgt der Gesamtspin $S = 1/2 + 1/2 = 1$ und somit $M = 3$. Dies entspricht einem Übergang vom S_1-Zustand in den schwingungsangeregten ersten Triplettzustand (Symbol T_1). Wiederum wird die thermische Energie der Molekülschwingungen äußerst schnell abgegeben, schließlich liegt der T_1-Zustand im niedrigsten Schwingungsniveau vor. Derartige Übergänge in energieärmere Zustände unter Spinumkehr werden *Interkombination* (engl. intersystem crossing) genannt. Demgegenüber bezeichnet man Übergänge in energieärmere Zustände ohne Spinumkehr, z. B. $S_2 \longrightarrow S_1$-Übergänge, als *innere Umwandlung* (engl. internal conversion). Alle diese Übergänge werden durch das Jablonski-Diagramm veranschaulicht (s. Abb. 38). Wichtige diesbezügliche Begriffe und die entsprechenden Definitionen sind von der IUPAC-Kommission für Photochemie zusammengestellt und veröffentlicht worden [4.60].

In Lösung beträgt die Lebensdauer von S_1-Zuständen nur etwa 10^{-8} s, die von T_1-Zuständen 10^{-4} bis 10^{-2} s, da elektronisch angeregte Moleküle innerhalb dieser Zeitspannen durch Sekundärprozesse desaktiviert werden. Man unterscheidet fünf Typen von Sekundärprozessen.

Strahlungslose Desaktivierung. Der T_1-Zustand geht durch Interkombination unter Spinumkehr des Elektrons in ein höheres Schwingungsniveau des S_0-Zustandes über. Die thermische Energie wird abgegeben und schließlich das niedrigste Schwingungsniveau des S_0-Zustandes erreicht. Dies bedeutet, daß die im Primärprozeß absorbierte Energie letztendlich nur eine Erwärmung des betreffenden Stoffes bewirkt. Strahlungslose $S_1 \longrightarrow S_0$-Übergänge sind selten.

Fluoreszenz und *Phosphoreszenz.* In Umkehrung zur Absorption wird ein Lichtquant emittiert. Der Übergang vom S_1-Zustand in den S_0-Zustand erfolgt innerhalb von 10^{-8} bis 10^{-6} s, er verursacht eine Fluoreszenz des betreffenden Stoffes. Der Übergang vom T_1-Zustand ist entsprechend der größeren Lebensdauer von T_1-Zuständen zeitlich verzögert, er verursacht eine Phosphoreszenz mit einer Abklingdauer $> 10^{-4}$ s.

Photochemische Reaktion. Die bei der Absorption von Lichtquanten des sichtbaren oder ultravioletten Teils des Spektrums durch einen Stoff aufgenommene Energie liegt zwischen 170 und 840 kJ mol^{-1} und übertrifft damit die Aktivierungsenergie zahlreicher Elementarreaktionen. Das in höheren MO befindliche Elektron ist leichter abspaltbar, der Stoff damit schneller oxidierbar. Da die höheren MO antibindend sind, werden bei der elektronischen Anregung chemische Bindungen geschwächt. Es kommt zur homolytischen Spaltung von Bindungen (Photolyse) sowie zur Entstehung neuer Bindungen. Derartige photochemische Reaktionen werden durch die *Quantenausbeute* charakterisiert:

$$\text{Quantenausbeute} = \frac{\text{Zahl der umgewandelten Moleküle}}{\text{Zahl der absorbierten Quanten}} \ .$$

Da strahlungslose Übergänge, Fluoreszenz und Phosphoreszenz mit den photochemischen Reaktionen konkurrieren, sind die Quantenausbeuten gewöhnlich < 1. Wenn dagegen im photochemischen Sekundärprozeß eine Kettenreaktion gestartet wird, dann ist die Quantenausbeute > 1.

Photosensibilisierung. Ein in einem S_1- oder T_1-Zustand befindliches elektronisch angeregtes Molekül A^* gibt beim Zusammenstoß Energie an ein Molekül B ab. Dabei geht A^* in den S_0-Zustand über und B in einen elektronischen Anregungszustand:

$$A^* + B \longrightarrow A + B^*$$

Nunmehr kann B^* eine photochemische Reaktion eingehen, ohne selbst Lichtquanten absorbiert zu haben. Als Photosensibilisatoren eignen sich vor allem Ketone sowie organische Farbstoffe. Sie übertragen Energie vom T_1-Zustand aus.

Primärprozeß, strahlungslose Desaktivierung, Fluoreszenz, Phosphoreszenz und Photosensibilisierung bezeichnet man als *photophysikalische Prozesse*. Im Folgenden wird der Mechanismus einiger photochemischer Reaktionen organischer Verbindungen beschrieben.

1. Photochemische (Z)-(E)-Isomerisierungen. Bestrahlt man einmal Maleinsäure und zum anderen Fumarsäure in Lösung mit UV-Licht, dann entsteht in beiden Fällen eine Mischung aus 75% Maleinsäure und 25% Fumarsäure, deren Zusammensetzung sich auch bei beliebig langer Bestrahlung nicht mehr ändert. Daraus folgt, daß beide Isomerisierungen reversibel sind und sich ein Gleichgewicht einstellt:

Man bezeichnet diesen Zustand des Systems als *photostationär*. Die Lage des Gleichgewichts hängt vom Verhältnis der Extinktionskoeffizienten der beiden Stereoisomere sowie vom Verhältnis der Quantenausbeuten der beiden Reaktionen ab. Das (Z)- bzw. (E)-Isomer geht durch Absorption eines Lichtquants in den jeweiligen S_1-Zustand über. Durch Interkombination entstehen daraus die entsprechenden T_1-Zustände. In ihnen besetzt ein π-Elektron das antibindende π-MO der C–C-Doppelbindung, die dadurch frei drehbar wird, so daß sich das (Z)-Triplett in das (E)-Triplett umwandeln kann und umgekehrt.

Ein weiteres Beispiel für eine photochemische (Z)-(E)-Isomerisierung bietet der Kohlenwasserstoff Stilben (1,2-Diphenylethen).

Eine photochemische (Z)-(E)-Isomerisierung ist von entscheidender Bedeutung für den Sehvorgang [4.61].

2. Photochemische pericyclische Reaktionen. Zu den pericyclischen Reaktionen zählen u. a. elektrocyclische Reaktionen (s. S. 131), Cycloadditionen (s. S. 119) und sigmatrope Umlagerungen (s. S. 133). Bei thermischer Aktivierung reagieren die Moleküle in einem schwingungsangeregten S_0-Zustand, also aus dem elektronischen Grundzustand heraus. Daher bezeichnet man thermische Reaktionen mitunter auch als *Grundzustandsreaktionen*. Demgegenüber handelt es sich bei photochemischer Aktivierung um Reaktionen, die vom S_1- oder vom T_1-Zustand der Moleküle ausgehen. Fast stets unterscheidet sich die Reaktivität des elektronischen Grundzustandes eines Moleküls signifikant von der Reaktivität der betreffenden elektronisch angeregten Zustände. Darauf beruhen die Woodward-Hoffmann-Regeln für pericyclische Reaktionen (s. S. 123 u. 132).

Durch photochemische elektrocyclische Reaktion entsteht aus Buta-1,3-dien ein Gemisch von Bicyclo[1.1.0]butan und Cyclobuten im Verhältnis 1:10. Im ersten Fall reagiert s-trans-Buta-1,3-dien(S_1), im zweiten Fall s-cis-Buta-1,3-dien(S_1):

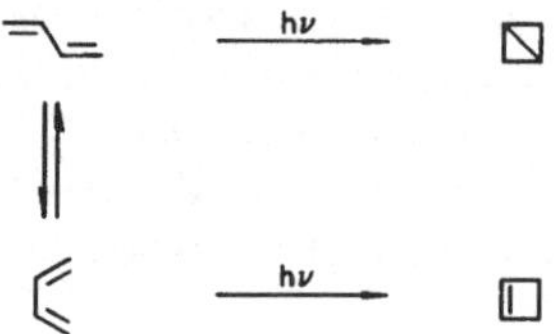

Die photochemische Elektrocyclisierung von (Z)-Stilben ergibt ein Dihydrophenanthren, das in Anwesenheit von Luftsauerstoff zu Phenanthren oxidiert wird:

Das (Z)-Stilben reagiert aus dem S_1-Zustand heraus. In Übereinstimmung mit den Woodward-Hoffmann-Regeln (s. S. 132) entsteht infolge eines konrotatorischen Prozesses das trans-Diastereomer.

Zu den photochemisch erlaubten Cycloadditionen gehört die Photodimerisierung der Olefine (s. S. 119 u. 124). α,β-ungesättigte Ketone reagieren mit Olefinen ebenfalls zu Cyclobutanen [4.62]:

Die photochemische [2+2]-Cycloaddition von Carbonylverbindungen an Olefine ergibt Oxetane (Paterno-Büchi-Reaktion) [4.62], z. B.:

Da zur Bestrahlung Licht aus dem Wellenlängenbereich genügt, in dem der $n \longrightarrow \pi^*$-Übergang der Carbonylverbindung liegt, reagiert die elektronisch angeregte Carbonylverbindung mit dem Olefin. Es entsteht ein 1,4-Diradikal, das sich zum Oxetan stabilisiert.

3. **Photoeliminierungen und Photofragmentierungen.** Derartigen Reaktionen liegen irreversible Spaltungen von kovalenten Bindungen (Photolysen) zugrunde. Sie sind besonders häufig bei Carbonylverbindungen, wobei die Aktivierung durch einen $n \longrightarrow \pi^*$-Übergang erfolgt. Ein Beispiel ist die Eliminierung von Kohlenmonoxid (Decarbonylierung) durch Belichtung von Aceton bei 100°C:

Durch Absorption eines Lichtquants entsteht Aceton(S_1) und danach infolge Interkombination Aceton(T_1). Nun verlaufen in zwei Schritten homolytische Spaltungen von C–C-Bindungen. Die dabei gebildeten Methylradikale stabilisieren sich durch Dimerisierung:

Alle photochemischen Reaktionen von Aldehyden und Ketonen, bei denen C–CO-Bindungen gespalten werden und Kohlenmonoxid entsteht, nennt man nach ihrem Entdecker *Norrish-Typ-1-Reaktionen*.

Ketone mit mindestens einem H-Atom in γ-Position fragmentieren bei Bestrahlung zu einem Alken und einem Enol, welches sich in seine tautomere Ketoform umlagert:

Photochemische Reaktionen dieses Typs werden als *Norrish-Typ-2-Reaktionen* bezeichnet.

4. **Photochemische Redoxreaktionen.** Bei Bestrahlung mit UV-Licht wird Benzophenon durch Isopropanol zu Tetraphenylethan-1,2-diol (Benzpinacol) reduziert:

$$2\ Ph_2C{=}O \quad + \quad HO{-}CH(CH_3)_2 \quad \xrightarrow{h\nu} \quad \overset{\overset{\textstyle OH\ \ OH}{\textstyle |\ \ \ \ |}}{Ph_2C{-}CPh_2} \quad + \quad O{=}C(CH_3)_2$$

Der folgende Mechanismus ist mit den experimentellen Befunden vereinbar:

$$Benzophenon \quad \xrightarrow{h\nu} \quad Benzophenon(S_1) \quad \longrightarrow$$

$$Benzophenon(T_1) \quad \xrightarrow{+HO{-}CH(CH_3)_2} \quad Ph_2\dot{C}{-}OH \quad + \quad HO{-}\dot{C}(CH_3)_2$$

$$Benzophenon \quad + \quad HO{-}\dot{C}(CH_3)_2 \quad \longrightarrow \quad Ph_2\dot{C}{-}OH \quad + \quad O{=}C(CH_3)_2$$

$$2\ Ph_2\dot{C}{-}OH \quad \longrightarrow \quad \overset{\overset{\textstyle OH\ \ OH}{\textstyle |\ \ \ \ |}}{Ph_2C{-}CPh_2}$$

Wiederum geht das Keton durch Absorption eines Lichtquants zuerst in den S_1-Zustand und danach durch Interkombination in den T_1-Zustand über. Benzophenon(T_1) entzieht dem Isopropanol ein H-Atom, ein weiteres wird von Benzophenon(S_0) aufgenommen, wobei Aceton entsteht. Die verbleibenden Ketyle dimerisieren zu Benzpinacol. Demnach ist eine reduktive Kupplung von Ketonen photochemisch, elektrochemisch (s. S. 188) und thermisch (s. S. 183) möglich.

5. Photooxygenierungen. Photochemische Reaktionen, bei denen das Substrat molekularen Sauerstoff addiert, nennt man Photooxygenierungen. Der elektronische Grundzustand des Sauerstoffmoleküls ist ein Triplettzustand (Symbol T_0), der erste elektronisch angeregte Zustand ein Singulettzustand. Bei Bestrahlung mit UV-Licht in Gegenwart eines Sensibilisators (z. B. Methylenblau) geht Sauerstoff(T_0) in Sauerstoff(S_1) über:

Eine andere Schreibweise ist:

$$^3O_2 \xrightarrow{\;h\nu\;} {}^1O_2$$

Dieser sogenannte *Singulett-Sauerstoff* (engl. singlet molecular oxygen) reagiert mit zahlreichen organischen Verbindungen unter Addition [4.63].
Die Photooxygenierung einfacher Olefine ergibt 1,2-Dioxetane [4.64], z. B.:

Tetramethyl-
1,2-dioxetan

1,3-Diene, z. B. α-Terpinen, reagieren mit Singulett-Sauerstoff unter 1,4-Addition [4.65]:

α-Terpinen

Photooxygenierungen von Olefinen mit mindestens einem H-Atom in α-Position zur Doppelbindung führen zu Hydroperoxiden:

Diese Reaktion bezeichnet man auch als En-Reaktion von Singulett-Sauerstoff mit Olefinen [4.66].

Photochemische Reaktionen gewinnen zunehmend für Synthesen im Laboratorium und in der Industrie an Bedeutung, insbesondere dann, wenn sie zu Produkten führen, die thermisch nicht oder nur schwierig zugänglich sind.

4.11 Enzymatische Reaktionen organischer Verbindungen

Enzymatische Reaktionen sind chemische Reaktionen, die durch Enzyme katalysiert werden. Enzyme kommen in Organismen vor. Die meisten chemischen Reaktionen, die in lebenden Organismen (in vivo) ablaufen, sind enzymatische Reaktionen. Man kann Enzyme daher auch als Biokatalysatoren bezeichnen. Andererseits katalysieren Enzyme die betreffenden Reaktionen unter geeigneten Bedingungen auch in vitro, d. h. außerhalb lebender Organismen.

Enzyme sind Proteine. Eine Ausnahme bilden die Ribozyme [4.67]. Etwa ein Drittel der 3000 bisher charakterisierten Enzyme enthält Metallionen. Die Anwesenheit von Metallionen bedingt entweder die katalytische Aktivität oder bewirkt eine Erhöhung der Aktivität und Stabilität von Enzymen.

Die Aktivität der Enzyme übertrifft die aller anderen Katalysatoren. Sie wird in Katal (abgekürzt kat) angegeben. 1 kat ist die Masse an Enzym, die unter definierten Reaktionsbedingungen die Umsetzung eines Mols Substrat pro Sekunde bewirkt. Die Aktivität stellt eine wichtige Kontrollgröße bei der Anreicherung und Isolierung von Enzymen dar. Je reiner ein Enzympräparat ist, desto höher liegt seine spezifische Aktivität in kat pro mg Protein.

Der Mechanismus der enzymatischen Reaktionen wurde aus ihrer Kinetik abgeleitet. Es handelt sich um Folgereaktionen mit reversiblem Schritt vor dem geschwindigkeitsbestimmenden Schritt:

$$E + S \underset{k_{-1}}{\overset{k_1}{\rightleftharpoons}} ES \xrightarrow{k_2} EP \underset{k_{-3}}{\overset{k_3}{\rightleftharpoons}} E + P$$

Die Reaktion wird durch Zugabe einer geringen Menge des Enzyms E zu einer Lösung gestartet, die das Substrat S in einer bestimmten Konzentration enthält. Durch spezifische Wechselwirkung der Substratmoleküle mit der aktiven Stelle der Enzymmoleküle entsteht ein Enzym-Substrat-Komplex ES. Dieser reagiert im geschwindigkeitsbestimmenden Schritt zum Enzym-Produkt-Komplex EP, der schließlich in das Enzym und das Produkt P zerfällt (s. Abb. 39).

Bei etwa 2000 der bisher charakterisierten Enzyme ist die katalytische Aktivität an die Anwesenheit eines bestimmten Coenzyms (eines Cofaktors) gebunden. So oxidiert die Aldehyddehydrogenase Aldehyde nur in Gegenwart von Nicotinsäureamid-adenin-dinucleotid (NAD$^+$) zu Carbonsäuren. Derartige Reaktionen verlaufen über einen Enzym-Coenzym-Substrat-Komplex.

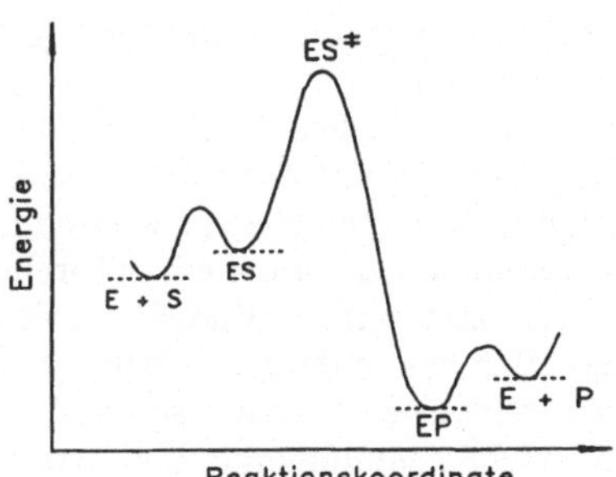

Abb. 39. Energieprofil einer enzymatischen Reaktion

ES   aktivierter Komplex des geschwindigkeitsbestimmenden Schrittes

Enzyme werden zunehmend als Katalysatoren bei Synthesen im Laboratorium und in der Industrie eingesetzt [4.68]. Dazu kann man zum einen lebende Mikroorganismen benutzen. Darauf beruht die Herstellung der meisten Antibiotica. Eine zweite Möglichkeit besteht darin, Enzyme anzureichern oder zu isolieren und in vitro als Katalysatoren für bestimmte Reaktionen einzusetzen. Präparative Herstellungen organischer Verbindungen unter Zuhilfenahme enzymatischer Reaktionen nennt man *chemoenzymatische Synthesen*. Sie verlaufen in den meisten Fällen enantioselektiv (s. S. 77) [4.69]. Im Folgenden werden einige Beispiele aufgeführt.

1. Reduktion von β-Ketocarbonsäureestern. Bei der Reduktion von β-Ketocarbonsäureestern zu den entsprechenden Hydroxycarbonsäureestern entsteht ein Chiralitätszentrum, z. B.:

Die Reduktion mittels Natriumtetrahydridoboranat verläuft nicht enantioselektiv, d. h., die enantiomeren 3-Hydroxybutansäureethylester entstehen in gleichen Mengen. Demgegenüber wird Acetessigsäureethylester, das Substrat S, durch NADH in Gegenwart des Enzyms Alkoholdehydrogenase zu (R)-(–)-3-Hydroxybutansäureethylester reduziert (ee = 100%):

$$S \ + \ NADH \ + \ H^+ \ \xrightarrow{\ (E)\ } \ P \ + \ NAD^+$$

NAD⁺   Nicotinsäureamid-adenin-dinucleotid

Demnach verläuft die Reaktion enantioselektiv und gehört somit zu den asymmetrischen Synthesen [3.9].

Die Enantioselektivität der enzymatischen Reaktionen wird dadurch bewirkt, daß die Proteinmoleküle der Enzyme homochiral sind, d. h., die Aminosäuren, aus denen sie bestehen, haben alle die gleiche Konfiguration. Enzyme sind sozusagen *chirale Katalysatoren*, sie enthalten eine Chiralitätsinformation. Das Substratmolekül kann sich entweder mit der Vorderseite oder mit der Rückseite an die aktive Stelle des Enzyms anlagern. Dabei bildet sich das neue Chiralitätszentrum bereits teilweise heraus, so daß die entsprechenden aktivierten Komplexe $ES^{\neq}$ nicht enantiomorph, sondern diastereomorph sind. Ihre Lage (Höhe) im Energieprofil gemäß Abb. 39 ist deswegen unterschiedlich, d. h., ein Enantiomer wird schneller gebildet als das andere.

Durch Bäckerhefe, die über 100 Enzyme enthält, wird Acetessigsäureethylester zu (S)-(+)-3-Hydroxybutansäureethylester reduziert (ee = 96%) [4.70].

2. **Bildung von Cyanhydrinen.** Bei der Reaktion von Aldehyden mit Cyanwasserstoff zu Cyanhydrinen entsteht ebenfalls ein Chiralitätszentrum, z. B:

Die Reaktion verläuft nicht enantioselektiv. In Gegenwart des Enzyms (R)-Oxynitrilase, das in bitteren Mandeln vorkommt, entsteht jedoch (R)-(+)-Benzaldehydcyanhydrin (ee = 99%), eine Verbindung, die zugleich das Nitril der (R)-Mandelsäure ist.

3. **Hydrolyse von Dicarbonsäurediestern zu Dicarbonsäuremonoestern.** Bei der Hydrolyse des achiralen cis-Cyclohexen-1,2-dicarbonsäuredimethylesters entstehen chirale Monoester, die Enantiomere sind:

Die Hydrolyse bei 25°C und pH = 8 in Gegenwart des Enzyms Schweineleber-Esterase ergibt das (1R,2S)-(+)-Enantiomer (ee = 97%) [4.71]. Demnach handelt es sich ebenfalls um eine asymmetrische Synthese.

5 Die Aufklärung des Mechanismus einiger ausgewählter Reaktionen

Bereits auf S. 75 wurde das prinzipielle Herangehen bei der Aufklärung von Reaktionsmechanismen kurz erklärt. In diesem Abschnitt erfolgt eine detailliertere Beschreibung an ausgewählten Beispielen.

5.1 Nitrierung benzoider Verbindungen

Von den elektrophilen Substitutionsreaktionen benzoider Verbindungen ist die Nitrierung besonders eingehend erforscht worden. Die Bruttoreaktionsgleichung lautet:

$$Ar-H \quad + \quad HNO_3 \quad \longrightarrow \quad Ar-NO_2 \quad + \quad H_2O$$

Die Kinetik dieser Reaktion wurde in verschiedenen Lösungsmitteln (konzentrierte Schwefelsäure, Essigsäure, Dioxan, Nitromethan) untersucht. Bei reaktionsfähigen Verbindungen wie Toluen und Anwendung eines Überschusses an Salpetersäure ist die Reaktion nullter Ordnung (die Reaktionsgeschwindigkeit bleibt konstant), und zwar nullter Ordnung in Bezug auf das Toluen und pseudonullter Ordnung in Bezug auf die Salpetersäure. Im Fall wenig reaktionsfähiger Verbindungen wie Nitrobenzen wird unter den gleichen Bedingungen eine Kinetik erster Ordnung gemessen, und zwar erster Ordnung in Bezug auf das Nitrobenzen und pseudonullter Ordnung in Bezug auf die Salpetersäure. Daraus läßt sich als erste Näherung das folgende kinetische Modell ableiten:

$$1. \quad HNO_3 \quad + \quad L \quad \longrightarrow \quad X$$

$$2. \quad Ar-H \quad + \quad X \quad \longrightarrow \quad Ar-NO_2$$

Die Nitrierung verläuft mindestens in zwei Schritten über eine Zwischenstufe X, unter Umständen unter Beteiligung des Lösungsmittels L. Im Fall des Toluens ist der 1. Schritt geschwindigkeitsbestimmend, im Fall des Nitrobenzens der 2. Schritt.

Aufschlüsse über die Natur der Zwischenstufe X ergaben sich aus der Messung der Gefrierpunktserniedrigung von konzentrierter Schwefelsäure durch einen Zusatz von konzentrierter Salpetersäure. Sie ist fast viermal so groß als zu erwarten wäre. Die Entstehung von vier neuen Teilchen in der Mischung läßt sich durch folgende Reaktion erklären:

$$HNO_3 \;+\; 2\,H_2SO_4 \;\rightleftharpoons\; NO_2^+ \;+\; H_3O^+ \;+\; 2\,HSO_4^-$$

Ein weiterer Hinweis auf die Existenz von Nitroniumionen $O{=}\overset{\oplus}{N}{=}O$ ist eine Bande bei 1400 cm^{-1} im Raman-Spektrum derartiger Mischungen. Sie kann nur durch ein lineares dreiatomiges Molekül oder Ion verursacht werden. Diese Bande wird, allerdings von geringerer Intensität, auch in konzentrierter Salpetersäure beobachtet. Daraus läßt sich auf das folgende Gleichgewicht schließen:

$$2\,HNO_3 \;\rightleftharpoons\; NO_2^+ \;+\; NO_3^- \;+\; H_2O$$

Die Bestätigung für die Existenz von Nitroniumionen in Lösung gelang durch die Herstellung von kristallinen Nitroniumsalzen, z. B. von Nitroniumtetrafluoroborat O_2NBF_4, die ebenfalls die Nitrierung benzoider Verbindungen bewirken.
Somit ist die Zwischenstufe X im kinetischen Modell von S. 199 als Nitroniumion NO_2^+ identifiziert. Nunmehr gilt es zu prüfen, ob sich hinter den Schritten 1 und 2 noch weitere Schritte verbergen. Die Beobachtung, daß ein Zusatz von Nitraten die Geschwindigkeit der Nitrierung mit konzentrierter Salpetersäure herabsetzt, ebenso ein Zusatz von viel Wasser, ist mit folgenden Schritten vereinbar:

$$2\,HO{-}NO_2 \;\underset{}{\overset{k_1}{\rightleftharpoons}}\; H_2\overset{\oplus}{O}{-}NO_2 \;+\; NO_3^-$$

$$H_2\overset{\oplus}{O}{-}NO_2 \;\underset{}{\overset{k_2}{\rightleftharpoons}}\; H_2O \;+\; NO_2^+ \qquad\qquad k_1 \gg k_2$$

Das erste Gleichgewicht stellt sich als Brönsted-Säure-Base-Reaktion schnell ein, das zweite, dem die Heterolyse einer O–N-Bindung zugrundeliegt, dagegen langsam. Die Protonierung der Salpetersäure entsprechend dem ersten Gleichgewicht kann auch durch Schwefelsäure erfolgen:

$$HO{-}NO_2 \;+\; H_2SO_4 \;\rightleftharpoons\; H_2\overset{\oplus}{O}{-}NO_2 \;+\; HSO_4^-$$

Bei der Reaktion des Elektrophils NO_2^+ mit der benzoiden Verbindung entsteht eine C–N-Bindung, und eine C–H-Bindung wird gelöst. Würde ein konzertierter Prozeß vorliegen, dann müßten deuterierte und tritiierte benzoide Verbindungen langsamer reagieren (*kinetischer Isotopeneffekt*). Dies wird jedoch nicht beobachtet. Die einfachste Erklärung besteht darin, daß auch hier zwei Schritte vorliegen (Additions-Eliminierungs-Mechanismus, s. S. 100), wobei der letzte, die Lösung der C–H- bzw. C–D- oder C–T-Bindung so schnell erfolgt, daß sich die unterschiedlichen Bindungsenergien C–H, C–D und C–T nicht auf die

Reaktionsgeschwindigkeit auswirken:

$$Ar-H \quad + \quad NO_2^+ \quad \xrightarrow{\ k_3\ } \quad Ar\overset{\oplus}{\underset{H}{\diagup}}^{NO_2}$$

$$Ar\overset{\oplus}{\underset{H}{\diagup}}^{NO_2} \quad + \quad NO_3^- \quad \xrightarrow{\ k_4\ } \quad Ar-NO_2 \quad + \quad HNO_3$$
$$\text{bzw. } HSO_3^- \qquad\qquad\qquad\qquad \text{bzw. } H_2SO_4$$

$$k_4 \gg k_3$$

Bei der Nitrierung benzoider Verbindungen handelt es sich demnach um eine Folgereaktion aus mindestens vier Schritten. Im Fall von Toluen ist der 2. Schritt geschwindigkeitsbestimmend, im Fall von Nitrobenzen der 3. Schritt. Der 1. und der 4. Schritt verlaufen sehr schnell [5.1].

5.2 Homogen katalysierte Hydrierung von Olefinen

Bei Anwendung löslicher Rhodium- oder Rutheniumkomplexe als Katalysatoren lassen sich Olefine bei Raumtemperatur unter Normaldruck hydrieren. Als besonders geeignet erweisen sich die *Wilkinson-Katalysatoren*, z. B. Tris(triphenylphosphan)chlororhodium(I) $RhClL_3$ (L = PPh_3):

$$R-CH=CH_2 \quad + \quad H_2 \quad \xrightarrow{(RhClL_3)} \quad R-CH_2-CH_3$$

In diesem Fall bedeutet die Aufklärung des Mechanismus, Anhaltspunkte dafür zu finden, wie sich der Katalysator an der Reaktion beteiligt. Aus Lösungen von $RhClL_3$ in Benzen oder Chloroform wurde der Komplex $RhClL_2$ isoliert. Daraus läßt sich auf das folgende Gleichgewicht in der Lösung schließen:

$$RhClL_3 \quad \rightleftharpoons \quad RhClL_2 \quad + \quad L$$

Gesättigte Lösungen von $RhClL_3$ absorbieren 1 mol Wasserstoff. Anschließend kann man einen farblosen Dihydridokomplex $RhClH_2L_2$ isolieren und spektroskopisch charakterisieren. Er entsteht durch oxidative Addition von H_2 an $RhClL_2$:

$$\overset{+1}{RhClL_3} \quad + \quad H_2 \quad \longrightarrow \quad \overset{+3}{RhClH_2L_2}$$

Aus der Kinetik der durch $RhClL_3$ katalysierten Hydrierung von Olefinen sowie aus den Resultaten beim Einsatz von H_2/D_2-Mischungen ergab sich, daß der katalytische Cyclus mindestens drei Schritte umfaßt [5.2]:

1. Aktivierung des Wasserstoffs
2. Aktivierung des Olefins
3. Wasserstoff-Übertragung

Um diese Schritte weiter aufzuklären, wurde die Energie von Zwischenstufen durch ab initio MO-Berechnungen ermittelt. Das ist möglich, weil es sich um relativ einfache molekulare Gebilde handelt. Danach entsteht im 2. Schritt durch Addition des Olefins an den Dihydridokomplex ein π-Komplex, der im 3. Schritt durch Olefin-Insertion (Einschiebung) zwischen das Zentralatom und einen Hydrido-Liganden in einen σ-Komplex übergeht (s. Abb. 40). Die Isomerisierung des Komplexes im 4. Schritt schafft die Voraussetzung für den 5. Schritt, die reduktive Eliminierung des Alkans aus dem Komplex.

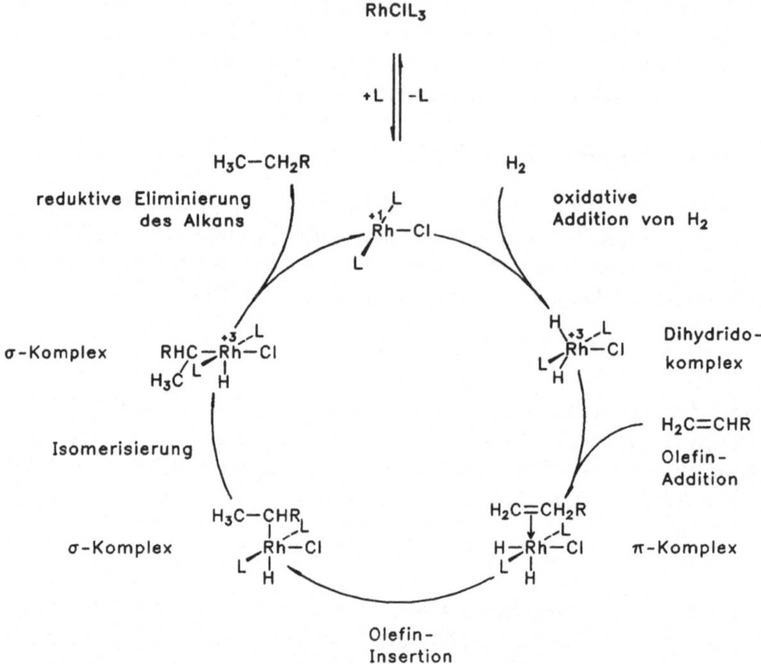

Abb. 40. Mechanismus der homogen katalysierten Hydrierung von Olefinen

Da MO-Methoden auch die Berechnung der zu den angegebenen Zwischenstufen führenden aktivierten Komplexe ermöglichen, kann das komplette Energieprofil des katalytischen Cyclus ermittelt werden [5.3].

Wenn ein Wilkinson-Katalysator mit einem chiralen Liganden L eingesetzt wird, dann verläuft die Hydrierung von Olefinen $R^1R^2C=CHR^3$ enantioselektiv [5.4].

5.3 Wittig-Reaktion und Horner-Emmons-Reaktion

Die Wittig-Reaktion, auch als Carbonyl-Olefinierung bezeichnet, ist eine Methode zur Synthese von Olefinen aus Carbonylverbindungen und Alkylidenphosphoranen (Phosphoniumyliden):

$$\begin{array}{c} R^1 \\ \diagdown \\ C=O \\ \diagup \\ R^2 \end{array} \quad + \quad R_3P=C\begin{array}{c} R^3 \\ \diagup \\ \diagdown \\ R^4 \end{array} \quad \longrightarrow \quad \begin{array}{c} R^1 \\ \diagdown \\ C=C \\ \diagup \\ R^2 \end{array}\begin{array}{c} R^3 \\ \diagup \\ \diagdown \\ R^4 \end{array} \quad + \quad R_3P=O$$

<table>
<tr><td>Aldehyd
oder Keton</td><td>Alkyliden-
phosphoran</td></tr>
</table>

Das Alkylidenphosphoran erhält man auf folgendem Weg:

$$R_3P \quad + \quad Cl-CHR^3R^4 \quad \longrightarrow \quad \left[R_3\overset{\oplus}{P}-CHR^3R^4 \right] Cl^-$$

$$\xrightarrow[\substack{-LiCl \\ -PhH}]{+PhLi} \quad R_3\overset{\oplus}{P}-\overset{\ominus}{C}HR^3R^4 \quad \longleftrightarrow \quad R_3P=CHR^3R^4$$

Ein Phosphan, meist Triphenylphosphan Ph_3P, wird zum quartären Phosphoniumsalz alkyliert und dieses mittels Phenyllithium oder n-Butyllithium deprotoniert.

Bei der Variante der Wittig-Reaktion nach Horner-Emmons werden Alkylphosphanoxide oder Alkylphosphonsäureester durch Basen deprotoniert. Die entstehenden Carbanionen reagieren mit der Carbonylverbindung:

$$R_2\overset{O}{\overset{\|}{P}}-CH_2-R^3 \quad \xrightarrow[-HOCMe_3]{+KOCMe_3} \quad \left[R_2\overset{O}{\overset{\|}{P}}-\overset{\ominus}{C}H-R^3 \right] K^+$$

$$\begin{array}{c} R^1 \\ \diagdown \\ C=O \\ \diagup \\ R^2 \end{array} \quad + \quad R_2\overset{O}{\overset{\|}{P}}-\overset{\ominus}{C}H-R^3 \quad \longrightarrow \quad \begin{array}{c} R^1 \\ \diagdown \\ C=C \\ \diagup \\ R^2 \end{array}\begin{array}{c} R^3 \\ \diagup \\ \diagdown \\ H \end{array} \quad + \quad R_2\overset{O}{\overset{\|}{P}}-O^{\ominus}$$

Schon kurz nach der Entdeckung der Wittig-Reaktion (1953) wurde beobachtet, daß sie diastereoselektiv verläuft. So ergeben durch Substituenten wie $-COOMe$, $-CN$ oder $-SO_2Ph$ stark stabilisierte Alkylidenphosphorane meist (E)-Alkene:

$$R^1-CHO \quad + \quad R_3P=CH-COOMe \quad \longrightarrow \quad \begin{array}{c} R^1 \\ \diagdown \\ C=C \\ \diagup \\ H \end{array}\begin{array}{c} H \\ \diagup \\ \diagdown \\ COOMe \end{array} \quad + \quad R_3P=O$$

Nichtstabilisierte Alkylidenphosphorane führen dagegen hauptsächlich zu (Z)-Alkenen:

$$R^1-CHO \quad + \quad R_3P{=}CH-CH_3 \quad \longrightarrow \quad \underset{H\quad H}{\overset{R^1\quad CH_3}{C{=}C}} \quad + \quad R_3P{=}O$$

Im Fall von mäßig stabilisierten Alkylidenphosphoranen, z. B. solchen mit Phenyl- oder Allylsubstituenten, entstehen Gemische, in denen ein Stereoisomer überwiegt.

Aus der Stereoselektivität lassen sich häufig entscheidende Rückschlüsse auf den Mechanismus ziehen. Bei der Wittig-Reaktion wird das folgende mechanistische Modell den Beobachtungen gerecht [5.5]:

diastereomere Betaine

diastereomere 1,2-Oxaphosphetane

$R^3 = CH_3$
kinetische
Kontrolle

$-R_3P{=}O$

$-R_3P{=}O$

$R^3 = COOCH_3$
thermodynamische
Kontrolle

(Z)-Olefin $\qquad$ (E)-Olefin

Demnach werden zwei Typen von Zwischenstufen in Betracht gezogen, Betaine und 1,2-Oxaphosphetane. Im Fall $R^3 = COOCH_3$ (stabilisiertes Alkylidenphosphoran) verläuft die Reaktion in drei Schritten:

1. Entstehung diastereomerer Betaine.
2. Cyclisierung zum trans-1,2-Oxaphosphetan, in dem R^1 und R^3 maximal voneinander entfernt sind.
3. Zerfall des trans-1,2-Oxaphosphetans.

Die Stereoselektion beginnt bereits im 1. Schritt, die Reaktion unterliegt thermodynamischer Kontrolle.

Im Fall $R^3 = CH_3$ (nichtstabilisiertes Alkylidenphosphoran) verläuft die Reaktion in zwei Schritten:

1. Entstehung eines cis-1,2-Oxaphosphetans.
2. Zerfall des cis-1,2-Oxaphosphetans.
Diese Reaktion unterliegt kinetischer Kontrolle, es entsteht das thermodynamisch weniger stabile (Z)-Olefin. Dafür wurden mehrere Begründungen vorgeschlagen. Eine geht davon aus, daß der zum cis-1,2-Oxaphosphetan führende aktivierte Komplex nicht quadratisch planar ist. Er kann durch folgende Newmann-Projektionsformel veranschaulicht werden [5.6]:

$\Delta H^{\neq}$ ist niedrig, weil der raumerfüllende Substituent PR_3 und R^1 antiperiplanare Konformation haben. Daraus folgt für CH_3 und R^1 synclinale Konformation, so daß das cis-1,2-Oxaphosphetan entsteht. Im zum trans-1,2-Oxaphosphetan führenden aktivierten Komplex hätten PR_3 und R^1 synclinale Konformation, so daß $\Delta H^{\neq}$ größere Werte annimmt. Diese Hypothese wird dadurch untermauert, daß der Aldehyd mit dem raumerfüllenden Substituenten R^1 = tert-Butyl ausschließlich das (Z)-Olefin ergibt.
Die Diastereoselektivität der Wittig-Reaktion hängt weiterhin von der Art der Substituenten R^1 und R^2 an der Carbonylgruppe, der Art der Substituenten R am Phosphor und sogar von der zur Deprotonierung verwendeten Base (PhLi oder Me_3COK) ab.
Bei der Horner-Emmons-Reaktion lassen sich in vielen Fällen β-Hydroxyalkylphosphanoxide als Zwischenstufe isolieren. Erst bei der Einwirkung von Natriumhydrid oder Kalium-tert-butanolat entstehen daraus die betreffenden Olefine [5.7]:

5.4 Fischersche Indolsynthese

Im Jahre 1883 fand E. Fischer, daß Arylhydrazone beim Erhitzen mit Zinkchlorid oder konzentrierter Schwefelsäure zu Indolen cyclisieren. In vielen Fällen ist bereits ein Erhitzen des Arylhydrazons in Essigsäure ausreichend:

Bei dieser Reaktion wird die N–N-Bindung gelöst, und eine C–C-Bindung entsteht. Desweiteren muß eine N–C-Bindung gelöst werden und eine andere neu entstehen. Somit ist klar, daß eine Folgereaktion aus mehreren Schritten vorliegt [5.8].

Aus den Ergebnissen polarographischer Untersuchungen in polaren Lösungsmitteln wurde geschlossen, daß sich Phenylhydrazone in Enhydrazine umlagern können (*Hydrazon-Enhydrazin-Tautomerie*). Die Enhydrazine lassen sich als Diacetylderivate aus dem Gleichgewicht entfernen:

Die Umlagerung der Hydrazone in Enhydrazine wird sowohl durch Brönsted- als auch durch Lewis-Säuren katalysiert:

Die 3-Nitrophenylhydrazone einiger Ketone ergeben höhere Ausbeuten an Indolen als die entsprechenden 2- und 4-Nitrophenylhydrazone. Daraus läßt sich schließen, daß die neue C–C-Bindung durch einen nucleophilen Angriff der π-Elektronen der Doppelbindung auf die 6-Position des Benzenrings zustande kommt (s. S. 105). Da ein sechsgliedriger cyclischer Übergangszustand formuliert werden kann, ist ein konzertierter Verlauf von N–N-Bindungslösung und C–C-Bindungsentstehung im Rahmen einer [3,3]sigmatropen Umlagerung (s. S. 134) wahrscheinlich:

Diimid

2-Amino-2,3-
dihydroindol

Durch Rearomatisierung des Diimids entsteht ein 2-Amino-2,3-dihydroindol - derartige Zwischenstufen ließen sich in einigen Fällen isolieren - und daraus durch Eliminierung von Ammoniak das Endprodukt. Beide Schritte werden durch Brönsted-Säuren katalysiert.

Bei der Fischerschen Indolsynthese handelt es sich demnach um eine Folgereaktion aus vier Schritten, wobei der 1. oder der 2. Schritt geschwindigkeitsbestimmend sein kann:

$$\text{Arylhydrazon} \longrightarrow \text{Enhydrazin} \longrightarrow \text{Diimid} \longrightarrow$$
$$\text{Aminodihydroindol} \longrightarrow \text{Indol} + NH_3$$

Die Beobachtung, daß ausgehend von Phenylhydrazonen

der gesamte ^{15}N im entstehenden Ammoniak gefunden wird, ist mit diesem Mechanismus vereinbar.

5.5 Sharpless-Epoxidierung

Die Epoxidierung von substituierten Allylalkoholen durch tert-Butylhydroperoxid in Gegenwart von Titaniumtetraisopropoxid $Ti(OCHMe_2)_4$ und (R,R)-(+)- oder (S,S)-(–)-Weinsäurediethylester (Diethyltartrat, abgekürzt DET) verläuft enantioselektiv (Katsuki und Sharpless 1980) [5.9]:

208

$$-(+)-(R,R)O \rangle \quad \underset{R^3 \ CH_2OH}{\overset{R^2 \ R^1}{\bigvee}} \quad \langle O(S,S)-(-)- \quad \xrightarrow[-Me_3C-OH]{+Me_3C-OOH} \quad \begin{cases} O \overset{R^1}{\underset{CH_2OH}{\overset{R^2}{\bigwedge}}} \quad P_1 \\ \\ \overset{R^2}{\underset{HOH_2C}{\overset{R^1}{\bigwedge}}} O \quad P_2 \end{cases} \qquad (5.1)$$

In Anwesenheit von (R,R)-(+)-DET entsteht das Enantiomer P_1 mit ee > 90%, in Anwesenheit von (S,S)-(–)-DET das Enantiomer P_2, ebenfalls mit ee > 90%. Die Sharpless-Epoxidierung zählt somit zu den asymmetrischen Synthesen.

Auf S. 176 wurde erläutert, daß die Epoxidierung von Olefinen konzertiert als cis-Addition an die C–C-Doppelbindung erfolgt, wobei das terminale O-Atom (das O-Atom der OH-Gruppe) vom Reagens auf das Substrat übertragen wird. Demnach muß aus dem Titaniumtetraisopropoxid, dem (R,R)-(+)-DET und dem Reagens tert-Butylhydroperoxid eine Zwischenstufe entstehen, die den Allylalkohol auf der linken Seite angreift (s. Schema 5.1, das σ-Bindungsgerüst des Olefins steht senkrecht auf der Papierebene). Demgegenüber bewirkt (S,S)-(–)-DET einen Angriff auf der rechten Seite. Außerdem muß die Hydroxylgruppe des Substrates an der Reaktion beteiligt sein, denn ihre Anwesenheit ist Voraussetzung für die Enantioselektivität.

Es wurde nachgewiesen, daß beim Zusammengeben äquimolarer Mengen von Titaniumtetraisopropoxid und (R,R)-(+)-DET in Dichlormethan durch Ligandenaustausch der zweikernige Komplex I (s. Schema 5.2) mit oktaedrisch koordiniertem Titanium entsteht. An jedem Ti-Atom wurden somit zwei $OCHMe_2$-Liganden durch die O-Atome der Hydroxylgruppen eines DET-Moleküls ausgetauscht, wobei jeweils ein O-Atom als Brückenligand fungiert. Die sechste Koordinationsstelle wird durch das Carbonyl-Sauerstoffatom einer COOEt-Gruppe besetzt. Derartige Strukturen ließen sich bei analogen Verbindungen, die zur Kristallisation gebracht werden konnten, durch Röntgenstrukturanalyse bestimmen.

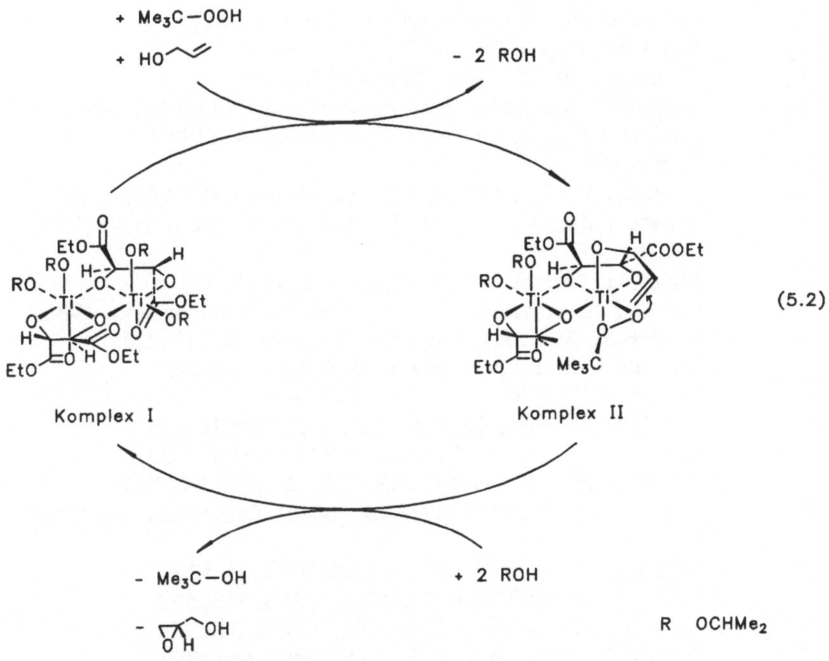

Nunmehr folgen, wahrscheinlich in zwei Schritten, weitere Ligandenaustauschprozesse, wobei ein Reagensmolekül und ein Substratmolekül an das gleiche Titaniumatom gebunden werden. Innerhalb des so entstehenden Komplexes II wird das ursprünglich terminale O-Atom auf die Doppelbindung übertragen (in Schema 5.2 durch einen gekrümmten Pfeil angedeutet). Die Abspaltung der Produkte tert-Butanol und Oxiran unter Koordinierung von 2 mol Isopropanol ergibt den Komplex I zurück [5.10]. Somit liegt ein katalytischer Cyclus vor, wobei der Katalysator, der Komplex I, die für die Enantioselektivität erforderliche Chiralitätsinformation in Gestalt von zwei homochiralen zweizähnigen Liganden enthält (s. S. 198).

Entscheidend für die Steuerung der Enantioselektivität (R,R)-(+)-DET $\longrightarrow$ P_1, (S,S)-(−)-DET $\longrightarrow$ P_2 ist die Orientierung des Allylrestes am Koordinationspolyeder des Komplexes II, des vor ihm liegenden oder des auf ihn folgenden Übergangszustandes. Dafür wurden spezielle Modelle entwickelt [5.11].

Literaturverzeichnis

[1.1]   Janoschek, R.: Chemie in unserer Zeit 21 (1988) S. 128
[2.1]   Hund, F.: Angew. Chem. 89 (1977) S. 89
         Haberditzl, W.: Z. Chem. 18 (1978) S. 353
[2.2]   Bingel, W. A.; Lüttke, W.: Angew. Chem. 93 (1981) S. 944
[2.3]   Fox, M. A.; Matsen, F. A.: J. Chem. Educ. 62 (1985)
         S. 367, 477, 551
         Norinder, U.; Wennerström, O.: Tetrahedron 41 (1985) S. 713
         Wennerström, O.; Norinder, U.: Acta Chem. Scand. B 40 (1986)
         S. 328
[2.4]   Maier, G.: Chemie in unserer Zeit 9 (1975) S. 131
         Garrat, P. J.: Aromaticity. New York: Wiley-Interscience 1986
[2.5]   Sanderson, R. T.: J. Chem. Educ. 65 (1988) S. 112, 227
         Bratsch, S. G.: J. Chem. Educ. 65 (1988) S. 34, 223
[2.6]   Jensen, W. B.: Chem. Rev. 78 (1978) S. 1
         Steinborn, D.: Wiss. Zeitschr. THLM 29 (1987) S. 48
[2.7]   Pearson, R. G.: J. Am. Chem. Soc. 85 (1963) S. 3533;
         J. Chem. Educ. 45 (1968) S. 581, 643; 64 (1987) S. 561;
         J. Am. Chem. Soc. 110 (1988) S. 7684; J. Org. Chem. 54 (1989)
         S. 1423
[2.8]   Klopman, G.: J. Am. Chem. Soc. 90 (1968) S. 223
         Salem, L.: J. Am. Chem. Soc. 90 (1968) S. 543, 553
[2.9]   Wiberg, K. B.: Angew. Chem. 98 (1986) S. 312
[2.10]   Davies, R. E.; Freyd, P. J.: J. Chem. Educ. 66 (1989) S. 279
         Mosher, H. S.; Tidwell, T. T.: J. Chem. Educ. 67 (1990) S. 9
[2.11]   Förster, H.; Vögtle, F.: Angew. Chem. 89 (1977) S. 443
         Beckhaus, H.-D.; u. a.: Chem. Ber. 123 (1990) S. 137
[3.1]   Landoldt-Börnstein: Zahlenwerte und Funktionen aus Physik,
         Chemie, Astronomie, Geophysik und Technik 6. Aufl. Band II
         4. Teil S.18-38. Berlin, Göttingen, Heidelberg:
         Springer-Verlag 1961
[3.2]   Rüchardt, C.; Beckhaus, H.-D.: Angew. Chem. 92 (1980) S. 417;
         97 (1985) S. 531
[3.3]   Landolt-Börnstein 6. Aufl. Band II 4. Teil S. 179-393
[3.4]   Landolt-Börnstein 6. Aufl. Band II 4. Teil S. 18-38
[3.5]   Dewar, M. J. S.; Krull, K. L.: J. Chem. Soc. Chem. Commun. 1990
         S. 333
[3.6]   Schlosser, M.; u. a.: Tetrahedron Lett. 25 (1984) S. 741;
         Chimia 40 (1986) S. 306
[3.7]   Flint, A.; Jansen, W.: J. Prakt. Chem. 331 (1989) S. 709
[3.8]   Wentrup, C.: Reaktive Zwischenstufen, Band I: Radikale, Carbene,
         Nitrene, gespannte Ringe; Band II: Carbokationen, Carbanionen,
         Zwitterionen. Stuttgart. Georg-Thieme-Verlag 1979

[3.9]   Enders, D.; Hoffmann, R. W.: Chemie in unserer Zeit 19 (1985)
           S. 177
           Apsimon, J. W.; Collier, T. L.: Tetrahedron 42 (1986) S. 5157
[3.10]   Jones, R. A. Y.; Bunnett, J. F.: Pure Appl. Chem. 61 (1989) S. 725
[3.11]   Ingold, C. K.: Structure and Mechanism in Organic Chemistry.
           1. Aufl. Ithaka: Cornell University Press 1953; 2. Aufl. 1969
[3.12]   Guthrie, R. D.: Pure Appl. Chem. 61 (1989) S. 23
           Guthrie, R. D.; Jencks, W. P.: Acc. Chem. Res. 22 (1989) S. 343
[4.1]   Tedder, J. M.: Tetrahedron 38 (1982) S. 313;
           Angew. Chem. 94 (1982) S. 433
           Ingold, K. U.: Acc. Chem. Res. 23 (1990) S. 219
[4.2]   Pasto, D. J.; u. a.: J. Org. Chem. 52 (1987) S. 3062
[4.3]   Farcasiu, D.: J. Chem. Educ. 52 (1975) S. 76
           Formosinho, S. J.: J. Chem. Soc. Perkin Trans. II 1988 S. 839
[4.4]   Katritzky, A. R.; Brycki, B. E.: Chem. Soc. Rev. 19 (1990) S. 83
[4.5]   Schlosser, M.; u. a.: Chimia 40 (1986) S. 306
[4.6]   v. Schleyer, P. R.; Spitznagel, G. W.: Tetrahedron Lett. 27 (1986)
           S. 4411
[4.7]   Taylor, R.: Electrophilic Aromatic Substitution. Wiley:
           Chichester 1990
[4.8]   Lin, K.-C.: J. Chem. Educ. 65 (1988) S. 857
[4.9]   Ravenscroft, M. D.; Zollinger, H.: Helv. Chim. Acta 71 (1988)
           S. 507
[4.10]   Bunnett, J. F.: Acc. chem. Res. 11 (1978) S. 413
           Abeywickrema, A. N.; Beckwith, A. L. J.: J. Org. Chem. 52 (1987)
           S. 2568
[4.11]   Galli, C.: Chem. Rev. 88 (1988) S. 765
[4.12]   Chupakhin, O. N.; u. a.: Tetrahedron 44 (1988) S. 1
[4.13]   Ruasse, M.-F.: Acc. Chem. Res. 23 (1990) S. 87
           Hamilton, T. P.; Schaefer, H. F.: J. Am. Chem. Soc. 112 (1990)
           S. 8260
[4.14]   Ramaiah, M.: Tetrahedron 43 (1987) S. 3541
[4.15]   Bernasconi, C. F.: Tetrahedron 45 (1989) S. 4017
[4.16]   Moss, R. A.: Acc. Chem. Res. 13 (1980) S. 58; 22 (1989) S. 15
[4.17]   Huisgen, R.: Angew. Chem. 75 (1963) S. 604, 742
           Blanch, G.; u. a.: Angew. Chem. 91 (1979) S. 781
           Haque, M. S.: J. Chem. Educ. 61 (1984) S. 490
[4.18]   Sauer, J.; Sustmann, R.: Angew. Chem. 92 (1980) S. 773
           Huisgen, R.: Pure Appl. Chem. 53 (1981) S. 305
           Sauer, J.: Naturwissenschaften 71 (1984) S. 37
[4.19]   Kahn, S. D.; u. a.: J. Am. Chem. Soc. 108 (1986) S. 7381
           Alston, P. V.; u. a.: Tetrahedron 42 (1986) S. 4403
[4.20]   Ginsburg, D.: Tetrahedron 39 (1983) S. 2095

[4.21]   Woodward, R. B.; Hoffmann, R.: Die Erhaltung der
         Orbitalsymmetrie. Leipzig: Akadenische Verlagsgesellschaft Geest
         & Portig KG 1970
         Nguyen, T. A.: Die Woodward-Hoffmann-Regeln und ihre
         Anwendung. Weinheim/Bergstraße: Verlag Chemie GmbH 1972
[4.22]   Dewar, M. J. S.: Angew. Chem. 83 (1971) S. 859
[4.23]   Bartsch, R. A.; Závada, J.: Chem. Rev. 80 (1980) S. 453
[4.24]   Seeman, J. I.: J. Chem. Educ. 63 (1986) S. 42
[4.25]   Dewar, M. J. S.; Yuan, Y.-C.: J. Am. Chem. Soc. 112 (1990)
         S. 2088, 2095
         Scudder, P. H.: J. Org. Chem. 55 (1990) S. 4238
[4.26]   Chou, T.; Tso, H.: Organic Preparations and Procedures Int.
         21 (1989) S. 257
[4.27]   Bianchi, G.; u. a.: Angew. Chem. 91 (1979) S. 781
[4.28]   Lasne, M.-C.; Ripoli, J.-L.: Synthesis 1985 S. 121
[4.29]   Maier, G.: Valenzisomerisierungen. Weinheim/Bergstraße:
         Verlag Chemie 1972
[4.30]   Grob, C. A.: Acc. Chem. Res. 16 (1983) S. 426;
         s. auch S. 432, 440, 448
[4.31]   Vogelbacher, U.-J.; u. a.: Angew. Chem. 98 (1986) S. 835
[4.32]   Nakai, T.; Mikami, K.: Chem. Rev. 86 (1986) S. 885
         Brückner, R.: Nachr. Chem. Tech. Lab. 38 (1990) S. 1506
[4.33]   Maruyama, K.; Katagiri, T.: Chem. Lett. 1987 S. 731, 735
         Orchin, M.: J. Chem. Educ. 66 (1989) S. 586
[4.34]   Fürstner, A.: Synthesis 1989 S. 571
[4.35]   Kuebrich, J. P.; u. a.: J. Am. Chem. Soc. 93 (1971) S. 1214
[4.36]   Rzepa, H. S.; Miller, J.: J. Chem. Soc. Perkin Trans. II 1985 S. 717
[4.37]   Bulman Page, P. C.; u. a.: Tetrahedron 45 (1989) S. 7643
         Hünig, S.; u. a.: Chem. Ber. 112 (1989) S. 1329
[4.38]   Neises, B.; Steglich, W.: Angew. Chem. 90 (1978) S. 556, 602
[4.39]   Song, B. D.; Jencks, W. P.: J. Am. Chem. Soc. 111 (1989) S. 8470
[4.40]   Shono, T.; u. a.: J. Org. Chem. 53 (1988) S. 720
         Choudhary, A.; Baumstark, A. L.: Synthesis 1989 S. 688
[4.41]   Ho, T.-S.: Chem. Rev. 75 (1975) S. 1
         Gompper, R.; Wagner, H.-U.: Angew. Chem. 88 (1976) S. 389
[4.42]   Hudlicky, M.: J. Chem. Educ. 54 (1977) S. 100
         Johnstone, R. A. W.; u. a.: Chem. Rev. 85 (1985) S. 129
[4.43]   Crabtree, R. H.: Chem. Rev. 85 (1985) S. 245
[4.44]   Woggon, W.-D.: Nachr. Chem. Tech. Lab. 36 (1988) S. 890
[4.45]   Dryuk, V. G.: Tetrahedron 32 (1976) S. 2855
[4.46]   Harvey, R. G.: Acc. Chem. Res. 14 (1981) S. 218
[4.47]   Piancatelli, G.; u. a.: Synthesis 1982 S. 245
         Agarwal, S.; u. a.: Tetrahedron 46 (1990) S. 4417

[4.48]	Tidwell, D. D.: Synthesis 1990 S. 857
[4.49]	Rabideau, P. W.: Tetrahedron 45 (1989) S. 1579
	Zimmerman, H. E.; Wang, P. A.: J. Am. Chem. Soc. 112 (1990) S. 1280
[4.50]	Garst, J. F.; Swift, B. L.: J. Am. Chem. Soc. 111 (1989) S. 241; Acc. Chem. Res. 24 (1991) S. 95
	Walborsky, H. M.; Rachon, J.: J. Am. Chem. Soc. 111 (1989) S. 1896; Tetrahedron Lett. 30 (1989) S. 7345
[4.51]	Lesage, M.; u. a.: Tetrahedron Lett. 30 (1989) S. 2733
[4.52]	Cha, J. S.: Organic Preparations and Procedures Int. 21 (1989) S. 451
[4.53]	Burdon, J.; Price, R. C.: J. Chem. Soc. Chem. Commun. 1986 S. 893
	Di Vona, M. L.; u. a.: Tetrahedron Lett. 31 (1990) S. 6081
	Di Vona, M. L.; Rosnati, V.: J. Org. Chem. 56 (1991) S. 4269
[4.54]	Kahn, B. E.; Rieke, R. D.: Chem. Rev. 88 (1988) S. 733
	Pons, J.-M.; Santelli, M.: Tetrahedron 44 (1988) S. 4295
[4.55]	McMurry, J. E.: Chem. Rev. 89 (1989) S. 1513
	Lenoir, D.: Synthesis 1989 S. 883
[4.56]	Wendt, H.: Chemie in unserer Zeit 19 (1985) S. 145
	Schäfer, H.-J.: Top. Curr. Chem. 152 (1990) S. 91
[4.57]	Reissig, H.-U.: Nachr. Chem. Tech. Lab. 34 (1986) S. 656
[4.58]	Steckhan, E.: Angew. Chem. 98 (1986) S. 681
[4.59]	Torii, S.: Synthesis 1986 S. 873
[4.60]	Pure Appl. Chem. 60 (1988) S. 1055
[4.61]	Liu, R. S. H.; Browne, D. T.: Acc. Chem. Res. 19 (1986) S. 42
[4.62]	Demuth, M.; Mikhail, G.: Synthesis 1989 S. 145
[4.63]	Adam, W.: Chemie in unserer Zeit 15 (1981) S. 190; 16 (1982) S. 169
[4.64]	Adam, W.; Baader, J. W.: Angew. Chem. 96 (1984) S. 156
[4.65]	Balci, M.: Chem. Rev. 81 (1981) S. 91
[4.66]	Stephenson, L. M.: Acc. Chem. Res. 13 (1980) S. 419
[4.67]	Altman, S.: Angew. Chem. 102 (1990) S. 735
[4.68]	Jones, J. B.: Tetrahedron 42 (1986) S. 3351
[4.69]	Gais, H.-J.; Hemmerle, H.: Chemie in unserer Zeit 24 (1990) S. 239
[4.70]	Sih, C. J.; Chen, C.-S.: Angew. Chem. 96 (1984) S. 556
	Servi, S.: Synthesis 1990 S. 1
[4.71]	Zhu, L.-M.; Tedford, M. C.: Tetrahedron 46 (1990) S. 6587
[5.1]	Schofield, K.: Aromatic Nitration. Cambridge: University Press 1980
	Olah, G. A.; u. a.: Nitration, Methods and Mechanisms. New York: VCH Publishers 1989
[5.2]	Osborn, J. A.; u. a.: J. Chem. Soc. A 1966 S. 1711

[5.3]   Koga, N.; u. a.: J. Am. Chem. Soc. 109 (1987) S. 3455

[5.4]   Brown, J. M.: Angew. Chem. 99 (1987) S. 169

Ojima, I.; u. a.: Tetrahedron 45 (1989) S. 6901

Noyori, R.; Takaya, H.: Acc. Chem. Res. 23 (1990) S. 345

[5.5]   Maryanoff, B. E.; Reitz, A. B.: Chem. Rev. 89 (1989) S. 863

Ward, W. J.; McEwen, W. E.: J. Org. Chem. 55 (1990) S. 493

[5.6]   Vedejs, E.; Marth, C. F.: J. Am. Chem. Soc. 110 (1988) S. 3948

[5.7]   Boutagy, J.; Thomas, R.: Chem. Rev. 74 (1974) S. 87

Buss, A. D.; Warren, S.: J. Chem. Soc. Perkin I 1985 S. 2307

[5.8]   Robinson, B.: Chem. Rev. 69 (1969) S. 227

Robinson, B.: The Fischer Indol Synthesis. Chichester, New York, Brisbane, Toronto, Singapore. Wiley 1982

Prochazka, M. P.; Carlson, R.: Acta Chem. Scand. 43 (1989) S. 651

[5.9]   Pfenninger, A.: Synthesis 1986 S. 89

Schinzer, D.: Nachr. Chem. Tech. Lab. 37 (1989) S. 1294

[5.10]   Carlier, P. R.; Sharpless, K. B.: J. Org. Chem. 54 (1989) S. 4016

[5.11]   Corey, E. J.: J. Org. Chem. 55 (1990) S. 1693

Sachwörterverzeichnis

Kummert/Stumm
Gewässer als Ökosysteme

Grundlagen des Gewässerschutzes

Von **Robert Kummert**
Eidg. Anstalt für
Wasserversorgung,
Abwasserreinigung
und Gewässerschutz,
EAWAG,
und Mittelschullehrer
an der Kantonschule
Büelrain, Winterthur

und Prof. **Werner Stumm**
Eidg. Technische Hoch-
schule
Zürich und Direktor der
EAWAG

2., überarbeitete Auflage.
1989. 331 Seiten mit zahlreichen Bildern und Tabellen.
16,2 x 22,9 cm.
Kart. DM 42,–
ISBN 3-519-03650-9

Schweiz: Kart. sfr 39,–
ISBN 3-7281-1695-5

Gemeinschaftsausgabe
B. G. Teubner Stuttgart –
Verlag der Fachvereine Zürich

Ziel dieses Buches ist es, ein Verständnis für die interdependenten biologischen, chemischen und physikalischen Prozesse in einem Gewässerökosystem zu wecken. Dies ist eine notwendige Voraussetzung, um die Beeinflussung der Gewässer durch Schadstoffzufuhr und verschiedene andere zivilisatorische Tätigkeiten beurteilen zu können, und um die chemisch-ökologischen Ziele des Gewässerschutzes zu umschreiben. Die zu ergreifenden Maßnahmen müssen sich nach diesen Zielen richten, wobei es nicht mehr ausreichend ist, sich auf kurative Maßnahmen (Abwasserreinigung) zu beschränken, sondern es muß in vermehrtem Maße Ursachenbekämpfung betrieben werden. Dabei müssen alle Eingriffe des Menschen in den Haushalt der Gewässer und in die Kreisläufe, welche Wasser, Land und Luft koppeln, berücksichtigt werden.

Das Buch richtet sich sowohl an Studenten und Praktiker der Bereiche Wassertechnologie, Gewässerschutz, Ökologie und Umweltschutz wie auch an alle an Fragen aus diesen Bereichen Interessierte.

Sigg/Stumm
Aquatische Chemie

Eine Einführung in die Chemie wässriger Lösungen und in die Chemie natürlicher Gewässer

Ziel dieses Buches ist es, ein Verständnis für die wichtigsten chemischen, biologischen und physikalischen Prozesse zu wecken, welche die chemische Zusammensetzung natürlicher Gewässer berühren. Die aquatische Chemie baut auf den physikalischen chemischen Gesetzmäßigkeiten der Elektrolytchemie (Chemie wässriger Lösungen, Redox- und Koordinationschemie) und der Grenzflächenchemie, insbesondere Grenzfläche Fest-Wasser, auf. Sie befaßt sich mit Zuständen gelöster und suspendierter Komponenten in natürlichen Gewässern, mit den Gleichgewichten und den Prozessen, in denen sie involviert sind. Die aquatische Chemie wird neben der Grundlagenchemie durch andere Wissenschaften – insbesondere der Geologie und der Biologie – beeinflußt; sie bildet aber auch eine wichtige Grundlage für verwandte Disziplinen, wie die Geochemie, die Hydrobiologie, die Boden- und Atmosphärenchemie und die Wassertechnologie.

Das Buch richtet sich ebenso an Praktiker und Forscher, die in der Chemie der Gewässer und ihrer Beeinträchtigung durch die Zivilisation und in ihren Wechselbeziehungen mit Luft und Boden engagiert sind. Die Autoren haben sich dabei bemüht, das Buch so zu gestalten, daß es auch von Lesern ohne umfangreiche chemische Vorbildung verstanden werden kann.

Von Priv.-Doz. Dr. **Laura Sigg** und Prof. Dr. **Werner Stumm,** Eidg. Technische Hochschule Zürich

1989. 369 Seiten. 16,2 × 22,9 cm. Kart. DM 48,–. ISBN 3-519-03651-7

Gemeinschaftsausgabe B.G. Teubner Stuttgart – Verlag der Fachvereine Zürich

Engelke
Aufbau der Moleküle

Eine Einführung

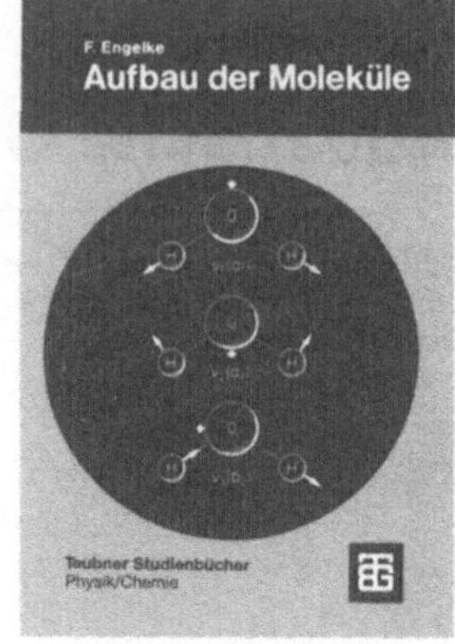

Aus dem Inhalt

Gruppentheorie – Symmetrieoperationen und Moleküle – Punktgruppen – Stereographische Projektionen – Matrizendarstellung – Charaktere – Schwingungen und ihre Spektroskopie – IR- und Ramanspektren – Zweiatomige Moleküle – Vielatomige Moleküle – Auswahlregeln und Polarisation – Orbitaltheorie: MO aus LCAO – Anwendungen der MO-Theorie – Elektronische Übergänge – Elektronenkonfigurationen – Symmetrie und Spin-Multiplizität – Elektronische Prozesse in vielatomigen Molekülen – Kernmagnetische Resonanz (NMR) – Anhang mit Darstellung direkter Produkte und Charaktertafeln

Von Prof. Dr.
Friedrich Engelke,
Universität Bielefeld

1985. 264 Seiten
mit 204 Bildern.
13,7 x 20,5 cm.
Kart. DM 38,–
ISBN 3-519-03056-X

(Teubner Studienbücher)

Teubner Studienbücher

Chemie

Aurich/Rinze: **Chemisches Praktikum für Mediziner**
236 Seiten. DM 27,80

Breitmaier: **Vom NMR-Spektrum zur Strukturformel organischer Verbindungen**
Ein kurzes Praktikum der NMR-Spektroskopie
267 Seiten. DM 38,–

Elschenbroich/Salzer: **Organometallchemie**
Eine kurze Einführung. 3 Aufl. 562 Seiten. DM 46, -

Engelke: **Aufbau der Moleküle**
Eine Einführung. 264 Seiten. DM 38, -

Fellenberg: **Chemie der Umweltbelastung**
258 Seiten. DM 32, -

Hauptmann: **Reaktion und Mechanismus in der organischen Chemie**
227 Seiten. DM 28,80

Hennig/Remorek: **Photochemische und Photokatalytische Reaktionen von Koordinationsverbindungen**
164 Seiten. DM 24,80

Kaim/Schwederski: **Bioanorganische Chemie**
zur Funktion chemischer Elemente in Lebensprozessen
462 Seiten. DM 44, 80

Kunz: **Molecular Modelling für Anwender**
Anwendung von Kraftfeld- und MO- Methoden in der organischen Chemie
243 Seiten. DM 29,80

Levine/Bernstein: **Molekulare Reaktionsdynamik**
607 Seiten. DM 59,80

Müller: **Anorganische Strukturchemie**
320 Seiten. DM 36,–

Primas/Müller-Herold: **Elementare Quantenchemie**
2. Aufl. 398 Seiten. DM 39,–

Vögtle: **Cyclophan-Chemie.** Synthesen, Strukturen, Reaktionen
Einführung und Überblick
595 Seiten. DM 48,–

Vögtle: **Reizvolle Moleküle der Organischen Chemie**
402 Seiten. DM 39,80

Vögtle: **Supramolekulare Chemie.** Eine Einführung
449 Seiten. DM 42,–

Preisänderungen vorbehalten.

B. G. Teubner Stuttgart